煤体瓦斯热力学

Thermodynamics of Gas in Coal Seam

冯增朝　周　动　赵　东　著

国家自然科学基金项目(21373146，51304142)青年三晋学者计划专项经费
山西省“1331”工程资助出版

科学出版社
北　京

内 容 简 介

本书详细地阐述了煤体与甲烷相互作用的热量变化物理机制，以及温度对煤体中甲烷解吸及运移的控制机制。本书分为相对独立的上下两篇。上篇主要讲述煤体与甲烷的热物理作用，包括吸附热理论、煤的非均匀势阱理论及基于红外热成像的煤中甲烷富集的分形规律；下篇主要讲述温度与水对煤吸附特性的影响规律，以及温度和应力共同作用下煤体中气液两相流动规律。

本书可供从事煤矿安全、瓦斯灾害防治、煤层气开采等领域的科技工作者参考，也可供相关专业的研究生、本科生参考。

图书在版编目(CIP)数据

煤体瓦斯热力学=Thermodynamics of Gas in Coal Seam / 冯增朝，周动，赵东著. —北京：科学出版社，2021.10

ISBN 978-7-03-063631-7

Ⅰ. ①煤…　Ⅱ. ①冯…　②周…　③赵…　Ⅲ. ①煤层瓦斯-热力学-研究　Ⅳ. ①TD712

中国版本图书馆CIP数据核字(2021)第200749号

责任编辑：吴凡洁　崔慧娴 / 责任校对：任苗苗
责任印制：吴兆东 / 封面设计：蓝正设计

科学出版社出版
北京东黄城根北街16号
邮政编码：100717
http://www.sciencep.com

北京中石油彩色印刷有限责任公司 印刷
科学出版社发行　各地新华书店经销

*

2021年10月第　一　版　开本：720 × 1000　1/16
2022年10月第二次印刷　印张：15 3/4
字数：300 000

定价：118.00 元

(如有印装质量问题，我社负责调换)

前言

煤与甲烷的相互作用是多方面的，但从煤矿瓦斯灾害防治和煤层气资源开采的角度来说，甲烷在煤体中的赋存机制及运移机制是关注的重点。煤体是富含孔隙和裂隙的多孔介质，甲烷是煤自生自储的流体。所以，人们通常把甲烷在煤体中的运移看成扩散—解吸—渗流这样一个连续的过程。在此过程中，伴随着吸热、放热、煤体膨胀、收缩等一系列物理变化。这些变化反过来又影响甲烷在煤体中的运移。为了揭示这些变化之间的关系，我们萌生了“煤吸附/解吸甲烷过程的能量迁移及其控制作用机制”的学术思想，并获得了国家自然科学基金（No.21373146）的资助，后来又获得国家自然科学基金（No.51304142）、山西省自然科学基金（No.2009011027-1，No.2013021029-3）等项目的资助。我们先后带领多名硕士生、博士生开展了此方面的研究工作。

开展此项研究工作的初心是寻求有效的煤层气抽采方法，以防治矿井瓦斯灾害和强化煤层气资源开采，最初的思想就是通过注热强化煤层气开采，以提高煤层气的开采效率。我国煤田中69%以上都属于低渗透煤层，科研团队在系统地开展利用密集钻孔抽采、本煤层水力割缝卸压抽采等物理方法改造煤层的研究中发现，即使经过增透改造仍然不能找到一种通用的方法有效地提高煤层气的抽采效率。基于此，赵东博士开展高温条件下煤吸附-解吸甲烷的实验研究，发现高温能降低煤吸附能力、增加煤体中的瓦斯压力、加快煤体中甲烷的解吸速度和解吸量，即使在煤体富含水的情况下也有同样的效果。以此为基础，王建美博士开展了高温条件下煤体中气液两相流动的实验研究。在从事这些与煤层气开采工程紧密相关的科学实验研究过程中，我们提出了一系列注热强化煤层气开采的技术，研制了一系列高温吸附实验装置和高温二相流实验装置。

甲烷对煤体的各种作用发生在煤的微孔隙之中。煤是由多种有机质与无机质组成的混合体，这也决定了煤的微孔隙结构及其物理特性的复杂性。煤微孔的表面能、势能与煤体的温度、煤体中的水、煤体应力、煤体变形紧密相关，是决定煤体吸附能力的关键因素。刘志祥硕士与周动博士先后利用研制的大煤样绝热吸附装置和小煤样的热红外成像吸附装置研究这些因素之间的关系，形成了以吸附热、煤体非均匀势阱为基本参数的煤体与甲烷的热物理作用研究。

从严格意义上讲，本书的内容属于介于热物理学与煤体瓦斯运移理论之间的交叉科学。目前尚有许多煤与甲烷作用的物理过程没有厘清，例如，煤体微孔隙表面的势能分布、无机质与有机质对甲烷吸附的相互影响、吸附与解吸导致的煤体变形机制、煤体内气液两相流体的微渗流通道的相互作用等。从煤层气开采的角度来看，急需建立一套完全不同于常规渗流力学的煤与甲烷作用的物理学理论，以指导煤层气热力开采技术的发展。

本书由冯增朝整体规划和统稿，共分为九章，归纳为三个部分。第一部分即第一章，主要论述开展煤体瓦斯热力学研究的必要性及本书的结构，由冯增朝撰写。第二部分为本书的上篇，主要介绍煤体吸附甲烷的细观机制的物理实验、数值模拟和基本理论，包括甲烷分子间的相互作用、吸附热的产生机制、吸附的热现象等。实验及理论研究工作由刘志祥硕士与周动博士完成，由周动博士撰写。第三部分为本书的下篇，主要介绍热作用下煤体吸附和解吸甲烷的特性，以及热作用下煤体中气液两相流动的特性。实验及理论研究工作由赵东博士和王建美博士完成，由赵东博士撰写。

本书凝练了上述成员攻读博士或硕士期间辛勤的研究成果，对他们的付出表示衷心的感谢。本书引用了国内外许多学者发表的论文、论著等研究成果，在此对他们表示衷心的感谢。

由于作者水平有限，书中难免有缺点和疏漏，恳请读者批评指正。本书是在全国共同抗击新型冠状病毒肺炎疫情的庚子年春节撰写完成的，以此献给为抗击疫情做出贡献的人们！

冯增朝　周　动　赵　东

庚子年丁丑月庚午日（2020 年 1 月 28 日）

目录

下篇　热与水作用下煤体中甲烷运移

CONTENTS

第一章　煤体瓦斯热力学引论

1.1　煤体瓦斯热力学的基本概念

无论是从煤矿瓦斯灾害治理角度来看，还是从煤层气资源开采的角度来看，煤体与其内部赋存的以甲烷为主要成分的混合气体被看成吸附剂与吸附质之间的关系。当甲烷被排采时，首先要从吸附态转变为游离态，然后游离态甲烷才能从煤体中渗流出来。煤体作为甲烷赋存和运移的基本介质，它的许多物理力学性质，如煤的孔容、比表面积、孔隙率、裂隙发育等决定着甲烷的吸附量；煤的弹性模量、孔隙率、裂隙及层理数量与方向、渗透率等影响着甲烷的渗流速度等。除此之外，煤体吸附或解吸甲烷时，其温度和体积还会发生变化。目前很少有人从甲烷与煤体作用的热物理过程对此进行研究，更多的是从吸附质的相变过程进行分析(White et al.，2005；Dutta et al.，2008；Zhang et al.，2009；Perea and Ranjith，2012)。例如，简单地说，煤吸附甲烷时，甲烷从游离态气体转变为类似压缩的气液混合的吸附态，在这个过程中，甲烷的内能减小，煤体温度升高并释放热量，同时煤体发生体积膨胀，由煤体与甲烷等气体构成的系统对外界做功；反之，煤体中甲烷解吸时，煤体温度下降，煤体发生收缩变形，吸附体系从外界吸收能量。因此，煤体与甲烷等气体之间的吸附或解吸过程存在热与机械作用。为了揭示煤体吸附或解吸甲烷等气体时发生的物理现象，建立了煤体与甲烷等气体作用过程的热平衡关系，即煤体与甲烷等气体的热力学关系。

热力学(thermodynamics)是从18世纪末期发展起来的理论，主要研究功与热量之间的能量转换，热力学中将功定义为力与位移的内积，热则被定义为在热力系统边界中由温度之差所造成的能量传递。两者都不是存在于热力系统内的，而是在热力过程中所产生的。1854年，英国科学家开尔文首次提出了热力学明确的定义，即热力学是一门描述热与物体中各部分之间作用力的关系，以及热与电器之间关系的学科。

热力学是从宏观角度研究物质的热运动性质及其规律的学科，属于物理学的分支。它与统计物理学分别构成了热学理论的宏观和微观两个方面。它是研究物质的平衡状态和准平衡态，以及状态发生变化时系统与外界相互作用(包括能量传递和转换)的物理、化学过程的学科。热力学适用于许多科学领域和工程领域，如发动机、相变、化学反应，甚至黑洞等。它是研究热现象中物态转变和能量转换规律的学科；它着重研究物质的平衡状态与准平衡态的物理、化学过程，主要是从能量转化的观点来研究物质的热性质。热力学不涉及物质的微观结构和微观粒子的相互作用，因此，它是一种唯象的宏观理论，具有高度的可靠性和普遍性。

在宏观过程中，分子运动介于快速运动与慢速运动之间。在所研究过程的时间尺度上，系统一般处于非平衡状态，或者系统达到平衡的时间很长。煤吸附或解吸甲烷具备这样的特点，即需要很长的时间才能完成。这不仅受渗流的控制，还受到与外界交换能量过程的控制。经典热力学主要是研究物质的状态方程，宏观力学量和温度比环境的变化要快很多，实际上是研究热力学平衡下的状态变量。状态方程表述的是系统的本构特性。状态方程常写为压强、体积及温度的函数。

热力学第一定律指出：自然界一切物质都具有能量，能量有不同的表现形式，可以从一种形式转化为另一种形式，也可以从一个物体传递给另一个物体，在转化和传递过程中能量的总和不变。热力学第一定律仅仅决定某一变化过程发生时的能量关系，不能决定此变化过程实际上是否发生。换句话说，热力学第一定律不决定实际变化过程的方向问题。克劳修斯将热力学第二定律表述为：热量不能自发地从低温物体转移到高温物体，揭示了能量变化过程的方向。对于煤和甲烷或其他气体组成的吸附系统而言，煤体吸附甲烷等气体时，系统的内能降低；反之，解吸时其内能增加。从能量观点来看，也就是从热力学第一定律的观点来看，只要将吸附时释放的能量或者解吸时需要的能量如数取走或提供，那么两个变化过程实际上都应允许自动发生。但同时由热力学第二定律可知，实际上能够自动发生的过程只可能是其中之一，即吸附过程或解吸过程。

1916 年，朗缪尔推导出单分子层吸附的状态方程，被后人称为朗缪尔单分子层吸附方程。该方程的推导有两条途径(严继民和张启元，1979)。一条是动力学的途径，在吸附平衡时吸附速度与解吸(脱附)速度相等，吸附速度与气相压力成正比，而解吸(脱附)速度则与已吸附的表面占总表面的百分数成正比，由此便很容易得到朗缪尔方程。由动力学方法推导朗缪尔方程容易给人以假象，认为方程仅与吸附或解吸机制有关，其实不然。另一条是统计热力学的途径，将吸附态的分子看成巨正则系综，具有确定的体积、温度和化学势；将游离态气体分子看成很大的热源和粒子源，交换能量和粒子不会改变源的温度和化学势。以吸附态分子为研究对象，可以讨论覆盖率和面密度随着温度、压强的变化关系。因为吸附方程是一个气体在固体表面的状态方程，是反映平衡态的，所以可以由统计热力学导出。

1.2 煤体瓦斯热力学研究构架

煤体瓦斯热力学是研究热作用下煤体与甲烷等气体的相互作用，以及煤体与甲烷等气体相互作用时释放或吸收热的过程。

瓦斯是煤体中以甲烷为主的混合气体的总称。从煤矿安全生产的角度来看，瓦斯是矿井瓦斯爆炸、煤与瓦斯突出等灾害的主要因素，因此把瓦斯定义为矿井的有害气体。瓦斯的热值为35.994MJ/m^3（100%的CH_4），是通用煤的2～5倍，其热值与天然气相当。高浓度的瓦斯可以与天然气混输混用，而且燃烧后很洁净，几乎不产生任何废气，所以瓦斯被当成重要的洁净能源与优质能源和化工原料使用。由于它是煤的伴生资源，人们又将其称为煤层气，以非常规天然气看待。

在煤层气开采过程中，人们主要关注煤体对煤层气的吸附作用，以及煤体的应力状态、透气性等物理力学参数对煤层运移的影响规律。在进行煤层气开采（或瓦斯抽采）时，有两个因素制约着煤层气的抽采效率。一是煤体的透气性，如果煤体的透气性低，瓦斯极难抽采，此时人们通常采用密集钻孔法或卸压增透法等技术提高煤体的透气性，达到改善抽采效率的目的；二是煤体的强吸附作用，这是开采煤层气（或抽采瓦斯）与开采天然气的根本性区别。在很多情况下，即使采用密集钻孔法或卸压增透法，也很难提高煤层气的开采效率。其主要原因是煤体对甲烷具有强吸附作用。

众所周知，煤体中的甲烷有两种赋存方式，其中90%以上的甲烷处于吸附状态，只有不到10%的甲烷处于游离状态。砂岩中的天然气全部处于游离状态。因此，抽采煤层气需要扩散、解吸、渗流三个连续的过程，而开采天然气仅需要渗流单一过程。由等温吸附的朗格缪尔方程可知，煤体对甲烷的吸附量与吸附压力有关，随着吸附压力减小，煤体中吸附的甲烷由吸附态转变为游离态。因此，通常认为煤体中甲烷的吸附与解吸是可逆的过程。但从能量交换的角度来看，煤体吸附或解吸甲烷时，不仅发生吸附体系与外界的热交换，还发生煤体体积膨胀，发生甲烷势能与煤体机械能转化，甚至还发生微破坏（Feng et al.，2016）。当热量交换受阻时，解吸过程将减缓，甚至停止。这是开采煤层气与开采天然气的根本区别。大量的事实表明，煤炭在开采过程中，破碎的煤块由皮带或矿车运输到煤仓。在几十千米的运输过程中，煤块完全暴露在空气中，但被运输到煤仓处于相对封闭的空间后，在煤仓内仍然发生瓦斯积聚。例如，1998年9月11日，永荣矿业荣昌洗选厂在精煤仓上电焊，引起煤仓瓦斯爆炸（姜其禄，2007）；2015年3月12日，山东省七五生建煤矿624水平煤仓发生瓦斯爆炸。这些事实说明，煤体中的甲烷解吸绝不会在瞬间完成，而是需要很长的时间。因此，需要从热力学角度研究煤吸附和解吸甲烷的机制。

煤体瓦斯热力学研究主要包括以下几个方面的内容。

（1）煤体吸附甲烷的细观机制，即煤体微孔隙结构特征及孔隙表面的结构特征对煤体吸附甲烷的影响作用机制及吸附/解吸过程的热交换机制。煤是以有机质为主，由不同分子量、不同化学结构的“相似化合物”组成的混合物，它不像一般的聚合物，由相同化学结构的单体聚合而成。因此，构成煤的大分子聚合物的“相似化合物”被称为基本结构单元。除了煤的大分子结构多样性以外，煤中还含有多种无机矿物质。煤中矿物质是指混杂在煤中的无机矿物质(不包括游离水，但包括化合水)。这些无机质成分复杂，通常多为黏土、硫化物、碳酸盐、氧化硅、硫酸盐等类矿物，含量变化也较大。由有机质及无机矿物质构成的微孔隙是甲烷赋存的主要场所，也是吸附/解吸过程中引起煤体变形、产生吸热或放热的主要部分。

(2)热作用下的煤体吸附特性的变化机制。杜比宁(Dubinin)建议按照孔径大小对孔隙进行分类，以区分各类孔隙在吸附剂中的作用。按此方法将煤中的孔隙分为三类：①孔径＞20.0nm 为大孔；②孔径在 2.0～20.0nm 之间为过渡孔；③孔径＜2.0nm 为微孔。煤中微孔的容积为 0.2～0.6cm^3/g，其孔隙数量约为 10^{20} 个。全部微孔的表面积，对于煤基活性炭来说为 500～1000m^2/g。微孔是决定吸附能力大小的重要因素。微孔表面凹凸起伏、极不均匀的褶皱使煤体的吸附位随机分布，且不同吸附位的吸附势能也不相同。在热的作用下，这些吸附位之间的距离发生变化，同时吸附位的吸附势能也会发生变化。

(3)水对煤体吸附特性影响机制。由于水分子与煤表面的作用力比较强，因此煤中水的存在对甲烷气体吸附量的影响较大(赵东等, 2014)。Billemont 等(2010)、熊健等(2017)用分子模拟的方法研究了碳纳米孔中存在水时对 CO_2 和 CH_4 的吸附，发现水的存在并不影响填充机制，而 CO_2 或 CH_4 的吸附量随着水分子的数量增加呈线性降低。熊健等用巨正则系综蒙特卡罗(grand canonical Monte Carlo, GCMC)方法研究了官能团化石墨结构中含水对于 CH_4 吸附的影响，分析 CH_4 和水之间不产生吸附位竞争而是产生吸附空间竞争，而 Lee 等(2013)和 Liu 等(2016)分析了在湿煤中水分会与 CO_2 和 CH_4 竞争吸附位。因此，煤中水的存在不仅影响了煤对甲烷的吸附量，还对煤体吸附甲烷的难易程度有所影响。

(4)热作用下煤体气液两相流体渗流机制。热对煤体中水及甲烷流动的影响，不能片面地理解为热作用下煤体膨胀变形导致裂隙连通性和渗流通道的变化抑制流体的流动。此外，还有其他原因，一是在初始的气液饱和度相同的条件下，随着温度的升高，束缚水的饱和度会减小，使得气液的相对饱和度发生变化；二是甲烷与水的黏度随着温度的增加向不同的方向变化，气体黏度增加，而液体黏度减小；三是由于黏度的变化，推动两相流体流动所需能量随着温度的变化也有所不同。

本书设计了许多不同于常规的等温吸附实验和气液两相流实验，在大量的物理实验与数值分析的基础上，结合理论推演，开展热作用下煤体吸附/解吸甲烷、煤体吸附/解吸甲烷的热力学，以及水和热作用下甲烷在煤体中的运移机制研究。

参 考 文 献

姜其禄. 2007. 煤仓突然爆炸. 当代矿工, (5): 24.

熊健, 刘向君, 梁利喜. 2017. 甲烷在官能团化石墨中吸附行为的影响因素研究. 中国矿业大学学报, 46(2): 337-346.

严继民, 张启元. 1979. 吸附与凝聚——固体的表面与孔. 北京: 科学出版社.

赵东, 冯增朝, 赵阳升. 2014. 基于吸附动力学理论分析水分对煤体吸附特性的影响. 煤炭学报, 39(3): 518-523.

Billemont P, Coasne B, de Weireld G. 2010. An experimental and molecular simulation study of the adsorption of carbon dioxide and methane in nanoporous carbons in the presence of water. Langmuir, 27(3): 1015-1024.

Dutta P, Harpalani S, Prusty B. 2008. Modeling of CO_2 sorption on coal. Fuel, 87 (10): 2023-2036.

Feng Z C, Zhou D, Zhao Y S, et al., 2016. Study on microstructural changes of coal after methane adsorption. Journal of Natural Gas Science and Engineering, 30: 28-37.

Lee H H, Kim H J, Shi Y, et al. 2013. Competitive adsorption of CO_2 /CH_4 mixture on dry and wet coal from subcritical to supercritical conditions. Chemical Engineering Journal, 230(16): 93-101.

Liu X Q, He X, Qiu N X, et al. 2016. Molecular simulation of CH_4, CO_2, H_2O and N_2 molecules adsorption on heterogeneous surface models of coal. Applied Surface Science, 389: 894-905.

Perera M S A, Ranjith P G. 2012. Carbon dioxide sequestration effects on coal's hydro-mechanical properties: A review. International Journal of Energy Research, 36: 1015-1031.

White C M, Smith D H, Jones K L, et al. 2005. Sequestration of carbon dioxide in coal with enhanced coalbed methane recovery a review. Energy & Fuels, 19(3): 659-724.

Zhang Q, Cui Y J, Zhong L W, et al. 2009. Temperature-pressure comprehensive adsorption model for coal adsorption of methane. Proceedings of the 9th International Symposium on CBM/CMM in China, Xuzhou.

上篇

煤体与甲烷的热物理作用

第二章　甲烷分子间的相互作用及凝聚现象

2.1　分子间的相互作用

2.1.1　甲烷的分子结构特征

煤层瓦斯的主要成分为甲烷，英文名称 methane，其分子式为 CH_4，分子量为 16.04，是最简单的烷烃。甲烷在常压下熔点为–161.5℃，沸点为–182.5℃，在常温下为无色无味的气体。甲烷在固态的结晶类型为分子晶体，液态相对密度(水=1)为 0.42(–164℃)，气态相对密度(空气=1)为 0.55。

甲烷分子的球棍模型如图 2-1 所示，分子直径为 0.414nm，由一个碳和四个氢原子通过 sp3 杂化的方式组成，四个键的键长相同、键角相等，甲烷分子中 C—H 键长约为 1.09Å，键能为 413kJ/mol，H—C—H 键角为 109°28′。因此，甲烷分子为正四面体结构的非极性分子。

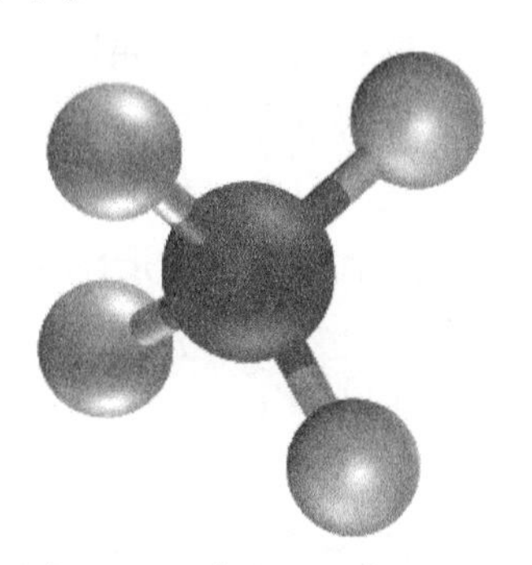

图 2-1　甲烷分子的球棍模型

2.1.2　分子间作用力

分子间作用力是只存在于分子(molecule)与分子之间或惰性气体(noble gas)、原子(atom)间的作用力，具有加和性，属于次级键。

范德瓦耳斯力(van der Waals force)是一种分子间弱作用力，包括取向力、诱导力和色散力。

取向力(orientation force，也称 dipole-dipole force)发生在极性分子与极性分子之间。由于极性分子的电性分布不均匀，一端带正电，一端带负电，形成偶极。因此，当两个极性分子相互接近时，由于它们偶极的同极相斥、异极相吸，两个分子必将发生相对转动。这种偶极子的互相转动，使得偶极子的相反的极相对，叫作“取向”。这时由于相反的极相距较近，同极相距较远，结果引力大于斥力，两个分子靠近，当接近到一定距离之后，斥力与引力达到相对平衡。这种由于极性分子的取向而产生的分子间的作用力，叫作取向力。取向力($E_{取}$)与分子的偶极矩平方成正比，即分子的极性越大，取向力越大。取向力与绝对温度成反比，温度越高，取向力就越弱，相互作用随着 $1/r^6$ 而变化，如

$$E_{取} = -\frac{2\mu^4}{3(4\pi\varepsilon)^2 kTr^6} \tag{2-1-1}$$

式中，μ 为分子固有偶极矩；ε 为介电常数；k 为弹性恢复力的力常数；T 为绝对温度；r 为两个分子间的距离。

由于极性分子偶极所产生的电场对非极性分子发生影响，非极性分子电子云变形(即电子云被吸向极性分子偶极的正电的一极)，结果使非极性分子的电子云与原子核发生相对位移，本来非极性分子中的正、负电荷重心是重合的，相对位移后就不再重合，使非极性分子产生了偶极。这种电荷重心的相对位移叫作“变形”，因变形而产生的偶极叫作诱导偶极，以区别于极性分子中原有的固有偶极。诱导偶极和固有偶极相互吸引，这种由于诱导偶极而产生的作用力，叫作诱导力(induction force)。在极性分子和非极性分子之间以及极性分子和极性分子之间都存在诱导力，在阳离子和阴离子之间也会出现诱导力。

诱导力($E_{诱}$)与极性分子偶极矩的平方成正比。诱导力与被诱导分子的变形性成正比，通常分子中各原子核的外层电子壳越大(含重原子越多)，它在外来静电力作用下越容易变形。相互作用随着 $1/r^6$ 而变化，诱导力与温度无关。

$$E_{诱} = -\frac{\alpha\mu^2}{(4\pi\varepsilon)^2 r^6} \tag{2-1-2}$$

式中，α 为极化率。

色散力(dispersion force)是分子的瞬时偶极间产生的吸引力，所有分子或原子间都存在。当两个非极性分子互相接近时，由于电子的不断运动，电子和原子核间会经常发生瞬时相对位移，使得正负电荷的中心不重合而产生瞬时偶极。这种瞬时偶极又会诱导邻近分子也产生和它相吸引的瞬时偶极。虽然瞬时偶极存在时间极短，但上述情况在不断重复着，使得分子间始终存在着引力。这种引力的计算公式与光的色散公式相似，所以把它称为色散力，又称伦敦力，相应的能量叫作色散能。一般分子量愈大，分子内所含的电子数愈多，分子的变形性愈大，色散力亦愈大。关于色散能的形式，伦敦曾经作了一个简单的半量子的计算，假设

两个分子，它们的内部电子都是沿相互垂直的三个方向做自由谐振动，色散力（$E_{色}$）的计算公式为

$$E_{色} = -\frac{2}{3}\frac{I_1 I_2}{I_1 + I_2}\frac{\alpha_1 \alpha_2}{r^6}\frac{1}{(4\pi\varepsilon)^2} \tag{2-1-3}$$

式中，α_1 与 α_2 分别为两个分子的极化率；I_1 与 I_2 分别为两个分子的电离能；ε 为介电常数；r 为两个分子间的距离。

对大多数分子来说，色散力是主要的；只有偶极矩很大的分子(如水)，取向力才是主要的；而诱导力通常是很小的。极化率 α 反映分子中的电子云是否容易变形。虽然范德瓦耳斯力只有 0.4～4.0kJ/mol，但是在大量大分子间的相互作用则会变得十分稳固。比如 C—H 在苯中范德瓦耳斯力有 7kJ/mol，而在溶菌酶和糖结合底物范德瓦耳斯力却有 60kJ/mol，范德瓦耳斯力具有加和性(大连理工大学无机化学教研室，2015)。

对三种力的关系汇总如下：非极性分子与非极性分子之间为色散力；极性分子与非极性分子之间为色散力和诱导力；极性分子与极性分子之间为色散力、诱导力和取向力。

三种类型的力的比例大小决定于相互作用分子的极性和变形性：极性越大，取向力的作用越重要；变形性越大，色散力作用越重要；诱导力与两种因素都有关。

2.1.3 几种常用的势能模型

势函数的构造是人工势场方法中的关键问题。势函数为物理上向量势或标量势的数学函数，又称调和函数，是数学上位势论的研究主题，同时在平摊分析(amortized analysis)的势能法中用来描述过去资源的投入可在后来操作中使用程度的函数。

1. 伦纳德-琼斯势能变化曲线

1924 年，伦纳德和琼斯用下述半经验公式表示两分子的相互作用势：

$$E_{\mathrm{p}}(r) = \phi_0 \left[\left(\frac{d_{\mathrm{mole}}}{r} \right)^{12} - 2\left(\frac{d_{\mathrm{mole}}}{r} \right)^{6} \right] \tag{2-1-4}$$

式中，d_{mole} 和 ϕ_0 是两个参量；d_{mole} 为单个分子的直径；$\phi_0 > 0$。

当两分子的距离为 d_{mole} 时，相互作用势取极小值 $-\phi_0$。有时采用较粗略的近似(图 2-2)：

$$E_p(r)=\begin{cases}+\infty, & r<d_{\text{mole}}\\ -\phi_0\left(\dfrac{d_{\text{mole}}}{r}\right)^6, & r\geqslant d_{\text{mole}}\end{cases} \tag{2-1-5}$$

式(2-1-5)与色散能的公式相近似，所以采用伦纳德-琼斯势能模型来描述色散能是合适的。

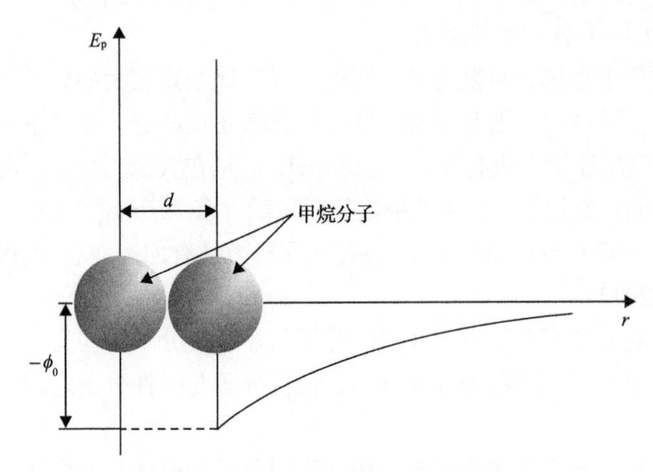

图 2-2　伦纳德-琼斯势能变化曲线

2. 无引力钢球模型

最简单的分子模型是一个直径为 d_{mole} 的钢球，而且假设分子之间没有吸引力。此模型定义如下：

$$E_p=\begin{cases}+\infty, & r<d_{\text{mole}}\\ 0, & r\geqslant d_{\text{mole}}\end{cases} \tag{2-1-6}$$

1901 年，荷兰物理学家昂内斯将物态方程展开为级数，得到昂内斯物态方程，可表示为

$$p=\frac{RT}{V_m}\left[1+\frac{1}{V_m}B(T)+\left(\frac{1}{V_m}\right)^2C(T)+\cdots\right] \tag{2-1-7}$$

式中，V_m 为摩尔体积；$B(T)=b-\dfrac{a}{N_AkT}=b-\dfrac{a}{RT}$，为第二维里系数，其中，$N_A$ 为阿伏伽德罗常量(Avogadro constant)；$C(T)$ 为第三维里系数。

将昂内斯物态方程取前两项，可以简化为

$$pV_{\mathrm{m}}=RT\left[1+\frac{B(T)}{V_{\mathrm{m}}}\right] \tag{2-1-8}$$

根据相互作用势式(2-1-6)计算第二维里系数 $B(T)$。用球坐标表示第二维里系数 $B(T)$：

$$B(T)=-2\pi N_{\mathrm{A}}\int_{0}^{\infty}\left(\mathrm{e}^{-\frac{\phi(r)}{kT}}-1\right)r^{2}\mathrm{d}r \tag{2-1-9}$$

将式(2-1-5)代入，得

$$B(T)=2\pi N_{\mathrm{A}}\left[\int_{0}^{r_0}r^{2}\mathrm{d}r-\int_{r_0}^{\infty}\left(\mathrm{e}^{-\frac{\phi(r)}{kT}}-1\right)r^{2}\mathrm{d}r\right] \tag{2-1-10}$$

如果气体的温度足够高，分子的平均动能将大于分子之间的相互作用势能，即 $\phi_0/(kT)\ll 1$。

$$\mathrm{e}^{-\frac{\phi}{kT}}\approx 1-\frac{\phi}{kT} \tag{2-1-11a}$$

于是

$$B=2\pi N_{\mathrm{A}}\left(\frac{d_{\mathrm{mole}}^{3}}{3}-\frac{\phi_0 d_{\mathrm{mole}}^{3}}{3kT}\right) \tag{2-1-11b}$$

或

$$\begin{cases} B=b-\dfrac{a}{N_{\mathrm{A}}kT} \\ b=\dfrac{2\pi}{3}N_{\mathrm{A}}d_{\mathrm{mole}}^{3}=\dfrac{16\pi}{3}N_{\mathrm{A}}r_{\mathrm{mole}}^{3} \\ a=\dfrac{2\pi}{3}N_{\mathrm{A}}^{2}\phi_0 d_{\mathrm{mole}}^{3}=\dfrac{16\pi}{3}N_{\mathrm{A}}^{2}\phi_0 r_{\mathrm{mole}}^{3} \end{cases} \tag{2-1-11c}$$

$$B(T)=-2\pi N_{\mathrm{A}}\int_{0}^{\infty}\left(\mathrm{e}^{-\frac{\phi(r)}{kT}}-1\right)r^{2}\mathrm{d}r=\frac{2\pi}{3}N_{\mathrm{A}}d_{\mathrm{mole}}^{3} \tag{2-1-12}$$

本节将着重讨论势能函数，因此将势能函数 ϕ 改用 E_{p} 表示，故式(2-1-12)可表示为

$$B(T)=2\pi N_{\mathrm{A}}\int_{0}^{+\infty}\left(1-\mathrm{e}^{\frac{-E_{\mathrm{p}}}{kT}}\right)r^{2}\mathrm{d}r=\frac{2\pi}{3}N_{\mathrm{A}}d_{\mathrm{mole}}^{3} \tag{2-1-13}$$

无引力钢球势能模型对应的物态方程可写为

$$pV_{\mathrm{m}} = RT\left(1 + \frac{2\pi N_{\mathrm{A}} d_{\mathrm{mole}}^3}{3V_{\mathrm{m}}}\right) \tag{2-1-14}$$

式(2-1-14)进一步简化为

$$pV_{\mathrm{m}} = RT\left(1 + \frac{b}{V_{\mathrm{m}}}\right), \quad b = \frac{2\pi}{3} N_{\mathrm{A}} d_{\mathrm{mole}}^3 \tag{2-1-15}$$

3. 基松势

相对于无引力钢球模型，更切合实际一些的模型是直径为 d_{mole} 的钢球，而钢球之间存在与距离的某一高次幂成反比的吸引力，这个模型的定义如下：

$$E_{\mathrm{p}} = \begin{cases} +\infty, & r < d_{\mathrm{mole}} \\ E_{\mathrm{p},0}\left(\dfrac{d_{\mathrm{mole}}}{r}\right)^m, & r \geqslant d_{\mathrm{mole}} \end{cases} \tag{2-1-16}$$

式中，m 是一个正的无因次的常数，通常取整数。当 $r = d_{\mathrm{mole}}$ 时，势能函数 E_{p} 取最小值 $E_{\mathrm{p},0}$；当 $r \geqslant d_{\mathrm{mole}}$ 时，势能函数均小于零，即 $E_{\mathrm{p}} < 0$。由式(2-1-16)所表示的分子间的作用势能称为基松(Keesom)势。将式(2-1-16)代入式(2-1-13)，得

$$\begin{aligned} B(T) &= 2\pi N_{\mathrm{A}} \int_0^{+\infty} \left(1 - \mathrm{e}^{\frac{-E_{\mathrm{p}}}{kT}}\right) r^2 \mathrm{d}r \\ &= \frac{2}{3}\pi N_{\mathrm{A}} d_{\mathrm{mole}}^3 + 4\pi N_{\mathrm{A}} \int_{d_{\mathrm{mole}}}^{+\infty} \left(1 - \mathrm{e}^{\frac{-E_{\mathrm{p},0}\left(\frac{d_{\mathrm{mole}}}{r}\right)^m}{kT}}\right) r^2 \mathrm{d}r \\ &= \frac{2}{3}\pi N_{\mathrm{A}} d_{\mathrm{mole}}^3 + 2\pi N_{\mathrm{A}} \int_{d_{\mathrm{mole}}}^{+\infty} \sum_{s=1}^{+\infty} \frac{r^2}{s!}\left(\frac{-E_{\mathrm{p},0} d_{\mathrm{mole}}^m}{r^m kT}\right) \mathrm{d}r \\ &= \frac{2}{3}\pi N_{\mathrm{A}} d_{\mathrm{mole}}^3 \left[1 - \sum_{s=1}^{+\infty} \frac{3}{s!(sm-3)}\left(\frac{-E_{\mathrm{p},0}}{kT}\right)^s\right] \end{aligned} \tag{2-1-17}$$

式(2-1-17)是基松给出的，当温度比较高的时候，用这个式子计算 $B(T)$ 比较合适。与此同时，将式(2-1-17)写成超几何函数的形式(张克武，1984；王竹溪和

郭敦仁，2004）：

$$
\begin{aligned}
\frac{B(T)}{\frac{2}{3}N_{\mathrm{A}}\pi d^3} &= \sum_{s=0}^{+\infty}\frac{-3}{sm-3}\left(-\frac{E_{\mathrm{p},0}}{kT}\right)^s = \frac{-3}{m}\sum_{s=0}^{+\infty}\frac{-3}{s!\left(s-\frac{3}{m}\right)}\left(-\frac{E_{\mathrm{p},0}}{kT}\right)^s \\
&= \frac{-3}{m}\sum_{s=0}^{+\infty}\frac{\Gamma\left(s-\frac{3}{m}\right)}{s!\left(s-\frac{3}{m}+1\right)}\left(-\frac{E_{\mathrm{p},0}}{kT}\right)^s = \frac{-3}{m}\frac{\Gamma\left(-\frac{3}{m}\right)}{\Gamma\left(-\frac{3}{m}+1\right)}\,{}_1F_1\left(-\frac{3}{m};1-\frac{3}{m};-\frac{E_{\mathrm{p},0}}{kT}\right) \\
&= {}_1F_1\left(-\frac{3}{m};1-\frac{3}{m};-\frac{E_{\mathrm{p},0}}{kT}\right)
\end{aligned}
\tag{2-1-18}
$$

对于低温的情形，可以将函数 ${}_1F_1$ 作渐近展开，则

$$
\begin{aligned}
\frac{B(T)}{\frac{2}{3}\pi N_{\mathrm{A}}d^3} &\sim \frac{\Gamma\left(1-\frac{3}{m}\right)}{\Gamma\left(-\frac{3}{m}\right)}\frac{kT}{-E_{\mathrm{p},0}}\mathrm{e}^{-\frac{E_{\mathrm{p},0}}{kT}}\,{}_2F_0\left(-\frac{3}{m};1-\frac{3}{m};-\frac{E_{\mathrm{p},0}}{kT}\right) \\
&= -\frac{1}{\Gamma\left(\frac{3}{m}\right)}\mathrm{e}^{-\frac{E_{\mathrm{p},0}}{kT}}\sum_{s=0}^{+\infty}\Gamma\left(s+\frac{s}{m}\right)\left(\frac{kT}{-E_{\mathrm{p},0}}\right)^s
\end{aligned}
\tag{2-1-19}
$$

将第二维里系数 $B(T)$ 代入式(2-1-8)，就得到了相应的物态方程，即昂内斯物态方程：

$$
pV_{\mathrm{m}} = RT\left(1+\frac{B}{V_{\mathrm{m}}}+\frac{C}{V_{\mathrm{m}}^2}+\frac{D}{V_{\mathrm{m}}^3}+\cdots\right) \tag{2-1-20}
$$

式中，B 为第二维里系数；C 为第三维里系数；D 为第四维里系数。

如果我们知道了分子间的相互作用势能，那么理论上可以计算出任何所需要的精确度，从而计算出准确的状态方程。然而实际上的计算是非常困难的，直到现在，除了应用简单的钢球模型所做的计算外，超过第二维里系数的计算还很少。但是如果我们要讨论临界点附近气体的性质或者高浓度气体的性质，高级维里系数的计算就变得非常重要了（约翰 M. 普劳斯尼茨等，2016）。迈耶在 1937 年曾求出各级维里系数的表示式，在原则上将问题解决了，并且他还根据自己的理论讨论了气体的凝聚现象。迈耶集团展开法将在 2.2 节进行详细讨论。

2.1.4 系综理论

在一定的宏观条件下，大量性质和结构完全相同的、处于各种运动状态的、各自独立的系统的集合，称为系综(ensemble)。系综是用统计方法描述热力学系统的统计规律性时引入的一个基本概念；系综是统计理论的一种表述方式。吉布斯(Gibbs)把整个系统作为统计的个体，提出研究大量系统构成的系综在相宇中的分布，克服了气体动理论的困难，建立了统计物理。设想有大量结构完全相同的系统，处在相同的给定的宏观条件下，我们把这大量系统的集合称为统计系综。在平衡态统计理论中，对于能量和粒子数固定的孤立系统，采用微正则系综；对于可以和大热源交换能量但粒子数固定的系统，采用正则系综；对于可以和大热源交换能量和粒子的系统，采用巨正则系综。这是三种常用的系综，各系综在相宇中的分布密度函数均可得出，见表 2-1。

1. 微正则系综

微正则系综研究的是一个孤立系统，给定的宏观条件是具有确定的粒子数 N、体积 V 和能量 E。实际上系统通过表面分子不可避免地与外界发生作用，使用孤立系统的能量不具有确定的数值 E 而是在 E 附近一个狭窄的范围之内，或者说在 E 到 $E+\Delta E$ 之间。对于宏观系统，表面分子数远小于总分子数，因此系统与外界的相互作用是弱的，$\Delta E/E \ll 1$。然而这种微弱的相互作用对系统微观状态的变化却产生了巨大的影响。

2. 正则系综

具有确定的粒子数 N、体积 V、温度 T 的系统可设想为与大热源接触而达到平衡的系统。由于系统与热源间存在热接触，二者可以交换能量，因此系统可能的微观状态可具有不同的能量值。因为热源很大，所以交换能量不改变热源的温度。在两者建立平衡后，系统将与热源具有相同的温度。

3. 巨正则系综

在很多实际问题中，系统的粒子数 N 不具有确定的值。与热源和粒子源接触而达到平衡的系统，与源不仅可以交换能量，还可以交换粒子，因此在系统的各个可能的微观状态之中，其粒子数和能量可以具有不同的数值。由于源很大，交换能量和粒子不会改变温度和化学势，达到平衡后系统将与源具有相同的温度和化学势。

表 2-1 系综理论公式表

系综类别		微正则系综	正则系综	巨正则系综
平衡态描述		孤立系统，与外界既无能量交换又无粒子交换	封闭系统，与大热源热接触平衡的恒温系统	开放系统，与大热源大粒子源热接触平衡而具有恒定的温度和化学势
系统宏观条件		E，N，V 恒定	N，V，T 恒定	V，T，μ 恒定
分布函数 ρ 的形式	经典	$\rho(q,p)=\begin{cases}常数c, & E\leqslant H\leqslant E+\delta E\\ 0, & H<E或H>E+\delta E\end{cases}$ $c=\lim\limits_{\delta E\to 0}\left(\int\int\cdots\int_{\delta E}\mathrm{d}q\mathrm{d}p\right)^{-1}$	$\rho(q,p)\mathrm{d}\Omega$ $=\dfrac{1}{N!h^{Nr}}\dfrac{\mathrm{e}^{-\beta E(q,p)}}{Z}\mathrm{d}\Omega$	$\rho_N\mathrm{d}q\mathrm{d}p$ $=\dfrac{1}{N!h^{Nr}}\dfrac{\mathrm{e}^{-\alpha N-\beta E(q,p)}}{\Xi}\mathrm{d}\Omega$
	量子	$\rho_{mn}=\rho_n\delta_{mn}$ $\rho_n=\begin{cases}\dfrac{1}{\Omega(N,E,V)}, & E\leqslant H\leqslant E+\delta E\\ 0, & H<E或H>E+\delta E\end{cases}$	$\rho_s=\dfrac{1}{Z}\mathrm{e}^{-\beta E_s}$ $\rho_l=\dfrac{1}{Z}\Omega_l\mathrm{e}^{-\beta E_l}$	$\rho_{Ns}=\dfrac{1}{\Xi}\mathrm{e}^{-\alpha N-\beta E_s}$
配分函数	经典	$\Phi=\Omega\mathrm{e}^{\beta E}$	$Z=\int\mathrm{e}^{-\beta E(q,p)}\times\dfrac{\mathrm{d}q\mathrm{d}p}{N!h^{Nr}}$	$\Xi=\sum\limits_{N=0}^{\infty}\sum\limits_{N}\dfrac{\mathrm{e}^{-\alpha N}}{N!h^{Nr}}\int\mathrm{e}^{-\beta E(q,p)}\mathrm{d}\Omega$
	量子	$\Phi=\Omega\mathrm{e}^{\beta E}$	$Z=\sum\limits_{s}\mathrm{e}^{-\beta E_s}$ $Z=\sum\limits_{l}\Omega_l\mathrm{e}^{-\beta E_l}$ Ω_l为能级E_l的简并度	$\Xi=\sum\limits_{N=0}^{\infty}\sum\limits_{s}\mathrm{e}^{-\alpha N-\beta E_s}$

续表

系综类别	微正则系综	正则系综	巨正则系综
配分函数的物理意义	由于微正则系综中任何成员的能量均被指定为 E 不变，而 Ω 依赖于 E、N、V，所以 Φ 依赖于 E、N、V 物理意义：对微正则系综的一成员的所有可及量子态的玻尔兹曼因子求和	对系统的一切能级求和 物理意义：对正则系统每一个成员的全部可能量子态的玻尔兹曼因子求和。Z 依赖于 T、V、N	先对系统粒子数取某一特定 N 值时的特定全部微观态求和，再对粒子数的所有可能值求和 $e^{\beta\mu}$ 为逸度，依赖于 T 和 μ，E_s 依赖于外参量 V，所以 Ξ 依赖于 T、V、μ
特性函数	熵 $S = k_B \ln \Omega(E,N,V)$	自由能 $F = -k_B T \ln Z(N,V,T)$	巨势 $\Omega_{巨} = -k_B T \ln \Xi(T,V,\mu)$
热力学公式	$\frac{1}{T} = \left(\frac{\partial S}{\partial U}\right)_{N,V}$ $\mu = -T\left(\frac{\partial S}{\partial N}\right)_{E,V}$ $p = T\left(\frac{\partial S}{\partial V}\right)_{E,N}$	$U = -\frac{\partial}{\partial \beta}\ln Z$ $Y = -\frac{1}{\beta}\frac{\partial}{\partial y}\ln Z$ $p = -\frac{1}{\beta}\frac{\partial}{\partial V}\ln Z$ $S = k_B\left(\ln Z - \beta\frac{\partial \ln Z}{\partial \beta}\right)$	$\overline{N} = -\frac{\partial}{\partial \alpha}\ln \Xi$ $U = -\frac{\partial}{\partial \beta}\ln \Xi$ $Y = -\frac{1}{\beta}\frac{\partial}{\partial y}\ln \Xi$ $p = -\frac{1}{\beta}\frac{\partial}{\partial V}\ln \Xi$ $S = k_B\left(\ln \Xi - \alpha\frac{\partial \ln \Xi}{\partial \alpha} - \beta\frac{\partial \ln \Xi}{\partial \beta}\right)$

注：$\alpha = -\frac{\mu}{kT}, \beta = \frac{1}{kT}$。

2.2 气-液凝聚现象

气-液凝聚现象是 20 世纪科学家争论的热门话题。随着对物质微观结构认识的深入，其独立为一门新的学科——低温物理。低温物理是当今科学家研究微观结构的前沿学科，如超导现象、超流现象。低温通常是指低于液氮温度(77K)，而更多的低温现象则发生在液氦温度(4.2K)以下。空气、氢气和氦气液化的技术的发展使得人们获得了极低温和超低温的实验条件，为科学家打开微观世界之门提供了实验依据。凝聚现象是低温物理学重要的组成部分。气-液凝聚现象，也称作“气-液相变”或者“物态变化”。它是我们日常生活中普遍存在的现象，如水蒸气凝聚成水、二氧化碳液化等。在此值得一提的是，荷兰物理学家范德瓦耳斯(van der Waals)研究气体和液体状态方程，并因此获得 1910 年诺贝尔物理学奖。正是范德瓦耳斯方程的提出，开始了人们对液化现象及相变理论的深入研究。

凝聚现象在我们日常生活中普遍存在，最常见的凝聚现象是气体凝结成液体或固体。液体区别于固体的是其具有流动性。从宏观而言，其切变弹性模量为零；从微观而言，其原子或分子是离域的，可在体内漫游。液体区别于气体是其具有明确的表面，分开密度较高的液体和密度较低的气体。一般而言，凝聚态物质是指固态和液态，其中还包括介于两者之间的一些中介相。

人们熟知的物质的三态是气态、液态、固态。这三态是我们赖以生存的地球环境中物质存在的形式。随着对客观世界的认识范围的逐渐扩大，我们知道除了气、液、固三态之外，还存在着很多种聚集态，如等离子态和超固态。气、液、固三态有时没有明确的界限。在临界点处，气态与液态趋同且界面消失。将有机物作固态、液态的区分，常常会遇到很大的障碍。例如，煤是一种混合物，有着极其复杂的分子结构，而其中部分有机物是以介于固态和液态之间的中介态存在着的(刘志祥，2012)。

从统计物理的观点来看，凝聚现象的本质在于相空间的分厢化。这种分厢化表现在自由表面的出现。自由表面的出现使得位形空间一分为二。在自由表面附近的特性完全不同于体相，在其附近存在明显的势垒，使得在热平衡状态下没有粒子流越过表面。这样，表面两侧保持着浓度差及密度差。随着位形空间的分厢化进一步发展，液体凝固成固体。固体本身就可以划分为大量的元胞，粒子(原子或离子)将在元胞之内囚禁着。

煤层气开采中的凝聚现象普遍存在。二氧化碳的临界温度是 31.04℃，甲烷的临界温度是–82.01℃，氮气的临界温度是–147℃。甲烷和氮气在室温(25℃)下是超临界气体，增大压强不能使之液化；二氧化碳在室温(25℃)下就能通过增大压强使之液化。凝聚现象是气体分子本身的特性，是气体分子与分子之间相互作用的结果。分子与分子之间的相互作用在分子与分子之间的距离减小到一定的距离(或者分子的密度增加到一定值)时才会起作用。体积的减小和外场(如煤对气体的吸附场)的作用都能导致这样的结果，所以研究气体本身的凝聚特性对于研究煤层气开采也有着重要的指导作用。

2.2.1 范德瓦耳斯方程对理想气体方程的修正

范德瓦耳斯方程是气-液系统的状态方程，很好地说明了在一定条件下气态和液态的相互转变，可表示为

$$\left(p+\frac{a}{V_{\mathrm{m}}^{2}}\right)\left(V_{\mathrm{m}}-b\right)=RT \tag{2-2-1}$$

1. 分子体积的修正

考虑气体分子本身的体积，在气体摩尔体积为V_{m}的情况下，分子可以自由活动的空间减小为$V_{\mathrm{m}}-b$。b为单位摩尔气体分子处在最紧密状态下所必须占有的最小空间，约等于单位摩尔气体分子固有体积总和的4倍。分子间的碰撞大多数情况下是两两相碰的，三个及三个以上分子相碰的情况极为少见。两个直径为d_{mole}的分子相碰时，其中的一个分子会由于分子本身的体积存在一个“禁区”不能进入(图2-3)。“禁区”的体积为

$$\frac{4}{3}\pi d_{\mathrm{mole}}^{3}=\frac{4}{3}\pi(2r_{\mathrm{mole}})^{3}=8\times\frac{4}{3}\pi r_{\mathrm{mole}}^{3} \tag{2-2-2a}$$

也就是说，两个分子的“禁区”的体积是分子体积的8倍。对于一个分子来说，运动的“禁区”等于分子体积的4倍。那么，对于1mol的气体(N_{A}个气体分子)，总的“禁区”体积为

$$4N_{\mathrm{A}}\times\frac{4}{3}\pi r_{\mathrm{mole}}^{3}=\frac{16}{3}\pi N_{\mathrm{A}}r_{\mathrm{mole}}^{3} \tag{2-2-2b}$$

常数b为

$$b=\frac{2}{3}\pi N_{\mathrm{A}}d_{\mathrm{mole}}^{3}=\frac{16}{3}\pi N_{\mathrm{A}}r_{\mathrm{mole}}^{3} \tag{2-2-2c}$$

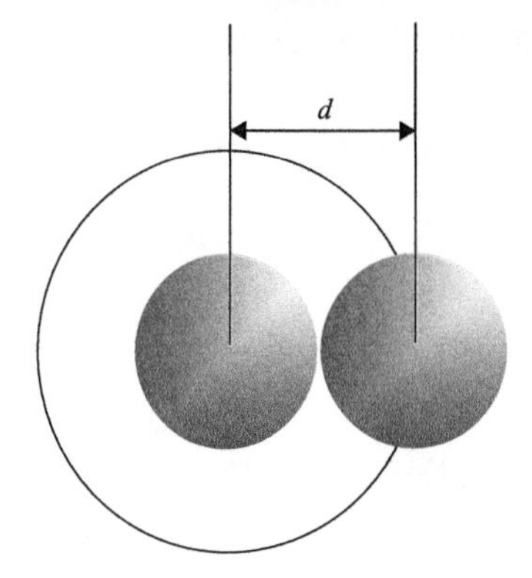

图 2-3 两个分子相碰不能进入的“禁区”

2. 分子引力引起的修正

理想气体状态方程没有考虑气体分子间的相互作用。考虑分子之间的引力作用，将削弱理想气体的压强。由分子之间的引力作用而产生的压强差值，称为内压强 p_{U} ，内压强小于零，即 $p_{\mathrm{U}} < 0$ 。其定义为

$$p_{\mathrm{U}} = p_{实际} - p_{理想} \tag{2-2-3}$$

于是有

$$p_{实际} = p_{理想} + p_{\mathrm{U}} = p_{理想} - |p_{\mathrm{U}}| \tag{2-2-4}$$

气体的分子引力从两个方面导致气体系统的压强降低。一方面，在无引力时，一个气体分子碰撞器壁一次，动量改变为 $2mv_i$（m 为分子质量，v_i 为分子运动速度），考虑引力后，一个分子碰撞器壁一次，动量改变为 $2mv_i - 2m\Delta v_i$ 。这说明引力使分子动量的改变减小而造成压强降低。另一方面，由于分子之间的引力作用，碰撞器壁的分子数目减少，该效应又使内压强 p_{U} 产生。该效应也使得气体的压强降低，并且气体系统的单位体积内的气体分子的物质的量 n 越大，上述两种效应越强，所以有 $|p_{\mathrm{U}}| \propto n$ 。结合以上两方面，则有

$$|p_{\mathrm{U}}| \propto n^2 = \frac{1}{V_{\mathrm{m}}^2} \tag{2-2-5}$$

或

$$p_{\mathrm{U}} = -\frac{a}{V_{\mathrm{m}}^2} \tag{2-2-6}$$

早在 1873 年，荷兰物理学家范德瓦耳斯在克劳修斯(Clausius)相关论文的启发下，对理想气体模型作出了这两条重要修正，得到了能够较好地描述实际气体

行为状态的范德瓦耳斯方程，即式(2-2-1)。

2.2.2 范德瓦耳斯方程的统计力学解释

迈耶(Mayer)在 1937 年根据他的理论讨论了气体的凝聚现象，从微观角度出发，用统计力学的方法很好地解释了范德瓦耳斯方程，这种方法叫做迈耶集团展开法。

由于压强只与分子的平动能有关，在计算压强时，多原子分子和单原子分子所得到的结果是一致的。我们着重讨论单原子分子的经典气体。设气体含有 N 个分子，气体的能量为

$$E=\sum_{i=1}^{3N}\frac{p_i^{\ 2}}{2m}+\sum_{i<j}\phi(r_{ij}) \tag{2-2-7}$$

式中，p_i 为第 i 个分子的动量，m 为分子的质量；第一项代表分子的动能；第二项代表分子相互作用的势能。假设总的相互作用势能可以表示为各分子对的相互作用势能量之和，第 i 个分子和第 j 个分子的相互作用能量 $\phi(r_{ij})$ 只与这两个分子的距离 r_{ij} 有关。任何一对分子的相互作用势能在求和中都出现且只出现一次，则相互作用势能共包括 $C_N^2=\frac{1}{2}N(N-1)\approx\frac{1}{2}N^2$ 项。

由正则分布求物态方程，配分函数 Z 为

$$Z=\frac{1}{N!h^{3N}}\int\cdots\int \mathrm{e}^{-\beta E}\mathrm{d}q_1\cdots\mathrm{d}q_{3N}\mathrm{d}p_1\cdots\mathrm{d}p_{3N} \tag{2-2-8}$$

式中，q_i 为第 i 个分子的位移；h 为普朗克常量。又因为

$$\prod_i\int_{-\infty}^{+\infty}\mathrm{e}^{-\beta\frac{p_i^{\ 2}}{2m}}\mathrm{d}p_i=\left(\frac{2\pi m}{\beta}\right)^{\frac{3N}{2}}$$

配分函数 Z 可表示为

$$Z=\frac{1}{N!}\left(\frac{2\pi m}{\beta}\right)^{\frac{3N}{2}}Q \tag{2-2-9}$$

其中位形积分为

$$Q=\int\cdots\int \mathrm{e}^{-\beta\sum\limits_{i<j}\phi(r_{ij})}\mathrm{d}\tau_1\cdots\mathrm{d}\tau_N \tag{2-2-10}$$

式中，τ_i 为第 i 级微分的体积微分量。定义函数为

$$f_{ij} = \mathrm{e}^{-\beta\phi(r_{ij})} - 1 \tag{2-2-11}$$

当 r_{ij} 大于分子的相互作用力程时，$\phi(r_{ij})=0$，这时 $f_{ij}=0$。分子的相互作用力是短程力，力程是分子直径的 3～4 倍（$10^{-10} \sim 10^{-9}\,\mathrm{m}$ 的量级）。因此，函数 f_{ij} 只在极小的空间范围不等于零。位形积分可表示为

$$\begin{aligned} Q &= \int \cdots \int \prod_{i<j} (1+f_{ij})\,\mathrm{d}\tau_1 \cdots \mathrm{d}\tau_N \\ &= \int \cdots \int \left(1 + \sum_{i<j} f_{ij} + \sum_{i<j} \sum_{i'<j'} f_{ij} f_{i'j'} + \cdots \right) \mathrm{d}\tau_1 \cdots \mathrm{d}\tau_N \end{aligned} \tag{2-2-12}$$

如果式(2-2-12)中只保留第一项，即得 $Q=V^N$（V 为相空间体积，N 为分子数量），相当于理想气体近似。第二项中的 f_{12} 项，仅当 1、2 两个分子在力程之内积分才不为零。式(2-2-12)保留前两项而略去以后各项后，Q 可以简化为

$$Q = \int \cdots \int \left(1 + \sum_{i<j} f_{ij}\right) \mathrm{d}\tau_1 \cdots \mathrm{d}\tau_N \tag{2-2-13}$$

在式(2-2-13)的第二项中，由不同的 i 和 j 构成的 $\frac{1}{2}N(N-1)$ 个积分都相等，即

$$\int \cdots \int f_{12} \mathrm{d}\tau_1 \cdots \mathrm{d}\tau_N = V^{N-2} \iint f_{12} \mathrm{d}\tau_1 \mathrm{d}\tau_2 \tag{2-2-14}$$

略去边界效应，即有

$$\iint f_{12} \mathrm{d}\tau_1 \mathrm{d}\tau_2 = V \int f_{12} \mathrm{d}\boldsymbol{r} \tag{2-2-15}$$

式中，$\boldsymbol{r}$ 为 1、2 两分子的相对坐标，于是

$$\begin{aligned} Q &= \int \cdots \int \left(1 + \sum_{i<j} f_{ij}\right) \mathrm{d}\tau_1 \cdots \mathrm{d}\tau_N \\ &= V^N + \frac{N^2}{2} V^{N-1} \int f_{12} \mathrm{d}\boldsymbol{r} \\ &= V^N \left(1 + \frac{N^2}{2V} \int f_{12} \mathrm{d}\boldsymbol{r}\right) \end{aligned} \tag{2-2-16}$$

取对数，有

$$\ln Q = N\ln V + \ln\left(1+\frac{N^2}{2V}\int f_{12}\mathrm{d}\boldsymbol{r}\right) \tag{2-2-17}$$

由 $\frac{N^2}{2V}\int f_{12}\mathrm{d}\boldsymbol{r} \to 0$ 和 x 为 $\ln(1+x)$ 的等价无穷小量，得

$$\ln Q = N\ln V + \frac{N^2}{2V}\int f_{12}\mathrm{d}\boldsymbol{r} \tag{2-2-18}$$

气体的压强 p 为

$$p = \frac{1}{\beta}\frac{\partial}{\partial V}\ln Z = \frac{1}{\beta}\frac{\partial}{\partial V}\ln Q = \frac{1}{\beta}\frac{N}{V}\left(1-\frac{N}{2V}\int f_{12}\mathrm{d}\boldsymbol{r}\right) \tag{2-2-19}$$

或

$$\begin{cases} pV = NkT\left(1+\dfrac{nB}{V}\right) \\ B = -\dfrac{N_{\mathrm{A}}}{2}\displaystyle\int f_{12}\mathrm{d}\boldsymbol{r} \end{cases} \tag{2-2-20}$$

为了计算出维里系数 B，应该知道分子之间的相互作用势 $\phi(r)$。如图 2-4 所示是分子之间的相互作用势 $\phi(r)$ 与分子距离 r 的关系。当 r 很小时两分子强烈相斥，r 稍大时两分子间存在微弱的吸力，r 再大一些时相互作用势为零。1924 年伦纳德和琼斯用下述半经验公式表示两分子的相互作用势。

$$\phi(r) = \phi_0\left[\left(\frac{d_{\mathrm{mole}}}{r}\right)^{12} - 2\left(\frac{d_{\mathrm{mole}}}{r}\right)^{6}\right] \tag{2-2-21}$$

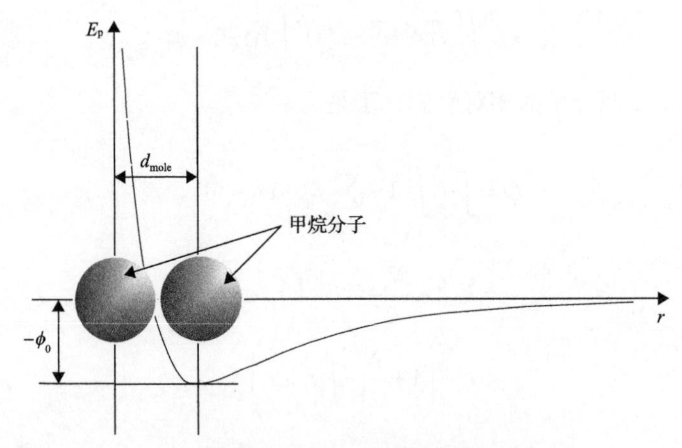

图 2-4　气体分子相互作用势随距离变化曲线

当两分子的距离为d_{mole}时，相互作用势取极小值$-\phi_0$。有时采用较粗略的近似：

$$\phi(r)=\begin{cases}+\infty, & r<d_{\text{mole}}\\ -\phi_0\left(\dfrac{d_{\text{mole}}}{r}\right)^6, & r\geqslant d_{\text{mole}}\end{cases} \tag{2-2-22}$$

根据式(2-1-9)～式(2-1-12)，可得

$$pV=NkT\left(1+\frac{nb}{V}\right)-\frac{n^2a}{V} \tag{2-2-23}$$

由于$\dfrac{nb}{V}\ll 1$，可取$1+\dfrac{nb}{V}\approx\dfrac{1}{1-\dfrac{nb}{V}}$，于是式(2-2-23)可表示为

$$p=\frac{NkT}{V-nb}-\frac{n^2a}{V^2} \tag{2-2-24a}$$

或

$$\left(p+\frac{n^2a}{V^2}\right)(V-nb)=NkT \tag{2-2-24b}$$

或

$$\left(p+\frac{a}{V_{\text{m}}^2}\right)(V_{\text{m}}-b)=RT \tag{2-2-24c}$$

式(2-2-24a)、式(2-2-24b)、式(2-2-24c)为范德瓦耳斯方程。上述粗略的结果得到的a和b是与温度无关的，实际气体的a和b是否与温度有关视具体气体而定，这部分内容将在第三章中讨论。a和b的数值是由实验方法测定的，表 2-2 列出常见气体的a和b的数值。

表 2-2 范德瓦耳斯方程常量

气体	$a/(\text{Pa}\cdot\text{m}^6/\text{mol}^2)$	$b/(10^{-3}\,\text{m}^3/\text{mol})$
氢气 H_2	0.02476	0.02661
氦气 He	0.003456	0.02370
氩气 Ar	0.1367	0.03227

续表

气体	a / (Pa · m^6/mol^2)	b / (10^{-3} m^3/mol)
氮气 N_2	0.1408	0.03913
氧气 O_2	0.1378	0.03183
一氧化碳 CO	0.1475	0.03954
二氧化碳 CO_2	0.3639	0.04267
二氧化硫 SO_2	0.6863	0.05678
氨气 NH_3	0.4253	0.03737
水 H_2O	0.5535	0.03049
甲烷 CH_4	0.2283	0.04278
乙炔 C_2H_2	0.4476	0.05154
乙烷 C_2H_6	0.5571	0.06500
丙烷 C_3H_8	0.9378	0.09033

2.2.3 其他状态方程

我们最熟悉的就是理想气体状态方程，其表示为

$$pV = nRT \quad 或 \quad pV_{\mathrm{m}} = RT \tag{2-2-25}$$

昂内斯将物态方程展开为级数，得到昂内斯物态方程，其表示为

$$p = \frac{RT}{V_{\mathrm{m}}}\left[1 + \frac{1}{V_{\mathrm{m}}}B(T) + \left(\frac{1}{V_{\mathrm{m}}}\right)^2 C(T) + \cdots\right] \tag{2-2-26}$$

式中，$B(T) = b - \dfrac{a}{N_{\mathrm{A}}kT} = b - \dfrac{a}{RT}$，为第二维里系数；$C(T)$ 为第三维里系数。范德瓦耳斯方程是昂内斯方程的近似结果。

狄特里奇(Dieterici)状态方程在临界状态时比范德瓦耳斯方程更精确(张克武，1984；Polishuk，2007)，可表示为

$$p(V_{\mathrm{m}} - b) = RT\mathrm{e}^{-\frac{a}{RTV_{\mathrm{m}}}} \tag{2-2-27}$$

该方程在讨论临界现象时(2.1.5 节)重点讨论。

2.2.4 等温线

气态和液态的相互转变，是在相变领域中研究得最早的相变现象之一。范德瓦耳斯理论是第一个成功的相变理论，属于平均场理论。范德瓦耳斯状态方程能

够解释临界现象，用它可以预测和计算一条临界等温线。根据范德瓦耳斯方程可模拟出等温线（图 2-5）。当温度 T 恒定时，范德瓦耳斯方程描述的压强 p 是体积 V 的三次方程。于是，对于一个 p 值可以有三个 V 值。在较高温度下，范德瓦耳斯等温线与实验所测得的等温线基本相同；而在较低温度下，等温线与实验所测定的等温线有所不同，它出现了一段弯曲的∽型曲线（图 2-6）。等温压缩时气体刚开

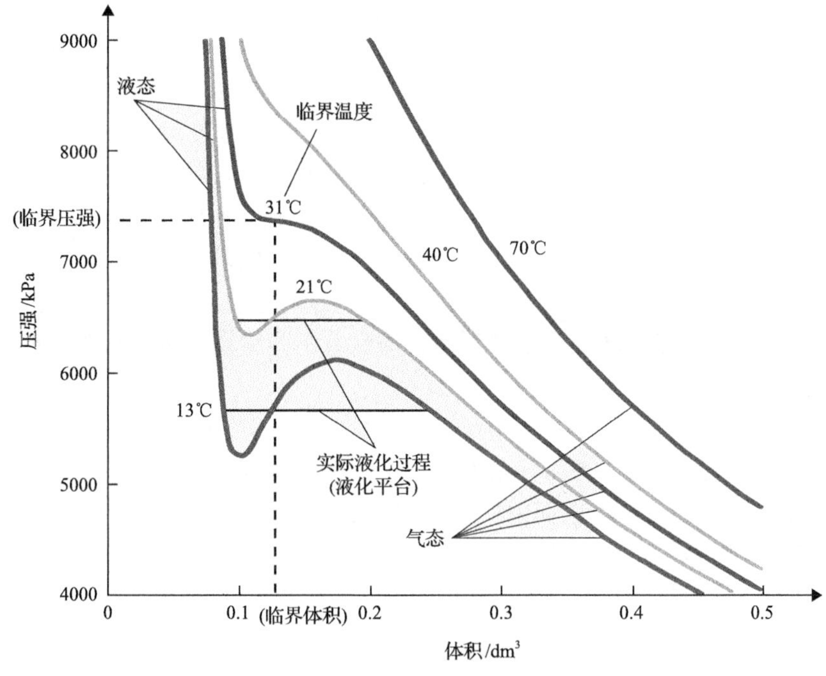

图 2-5　范德瓦耳斯方程模拟的二氧化碳等温线

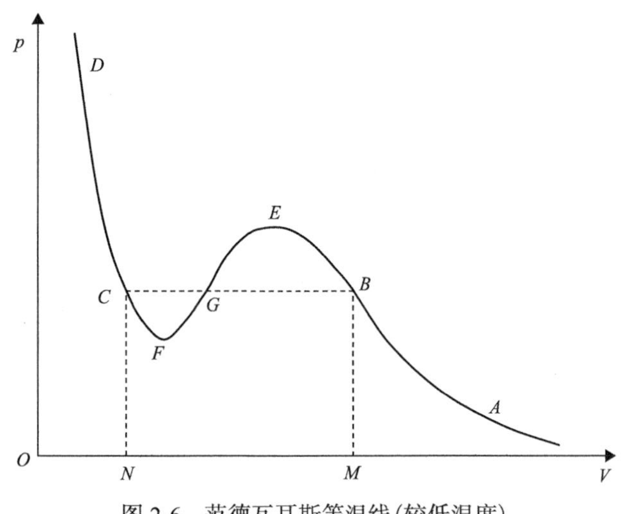

图 2-6　范德瓦耳斯等温线（较低温度）

始液化和气体刚好全部液化时的状态与∽型曲线上起点和终点(如图 2-6 中的 B 点和 C 点)相对应。用虚线 BC 将这两个端点连接起来，线段 BC 与 V 轴平行。虚线 BC 点对应着一个压强，这个压强称为在此温度下的饱和蒸气压。

范德瓦耳斯在 1873 年讨论了气、液两态转变和临界现象等问题(图 2-6)。用范德瓦耳斯方程可以分析气-液两态相互转变的过程。AB 段表示气体等温压缩的过程，在 B 点对应的饱和蒸气压下气体应该开始液化，但是范德瓦耳斯等温线并不能表现出这一点。范德瓦耳斯等温线可以描述气体经过 B 状态可进入 BE 段，BE 段对应着过饱和状态。实验等温线中气体液化过程在 C 点结束，C 状态是气体在饱和蒸气压下全部转换为液体的状态。陡直上升的 CD 段是液体被压缩的过程。考虑液体膨胀过程，其与上述过程相反。在 C 状态时，按范德瓦耳斯等温线，液态并不立刻转变为气态，而是进入 CF 状态，CF 状态对应着过热状态。过饱和状态和过热状态都是亚稳态。亚稳态的稳定性较差，如果系统受较大扰动，亚稳态将转变为更加稳定的气液共存态。例如，系统内有凝结核或汽化核的扰动。可见，气液两态间的相互转变存在滞后性，即沿着不同路径，系统状态并不一定在同一点发生改变。

实验中出现气态和液态间的相互转变过程在图 2-6 上对应着水平直线段 BC，这个水平直线段 BC 用范德瓦耳斯方程并不能描述出来。直线段 BC 的两个端点 B、C 分别对应着在这个过程中物质处在气态和处在液态的摩尔体积 V_B、V_C。直线段 BC 上的体积为 V 的某一点对应的气态比例 x 和液态比例 $1-x$，可以通过“杠杆法则”进行计算(汪志诚，2000；李政道，2006)：

$$V = xV_C + (1-x)V_B \tag{2-2-28}$$

随着温度的升高，直线段 BC 的长度缩短。换句话说，气-液两态摩尔体积之差在减小，这表明物质气态和液态的性质随温度的升高而逐渐接近。当温度上升至临界温度 T_{C} 时，直线段将缩成一点，物质气态和液态的差异完全消失，在临界等温线上物质处于气液不分的状态(图 2-7)。当温度高于临界温度 T_{C} 时，物质将进入超临界态，即气液不分状态。由范德瓦耳斯方程可以计算出系统在临界点的三个临界参量 V_{mC}，p_{C}，T_{C}。在临界点处，等温线的切线是水平的，即斜率 $\frac{\mathrm{d}p}{\mathrm{d}V}=0$；而在∽型等温线极大点的右边和极小点的左边的斜率均是负的，可知在临界点处等温线的斜率 $\frac{\mathrm{d}p}{\mathrm{d}V}$ 取极大值，即 $\frac{\mathrm{d}^2 p}{\mathrm{d}V^2}=0$，亦即临界点是临界等温线的拐点，于是临界点的条件是

$$\left.\frac{\mathrm{d}p}{\mathrm{d}V}\right|_{T=T_{\mathrm{C}}}=0,\qquad \left.\frac{\mathrm{d}^2 p}{\mathrm{d}V^2}\right|_{T=T_{\mathrm{C}}}=0 \tag{2-2-29}$$

得到临界参量的表达式为

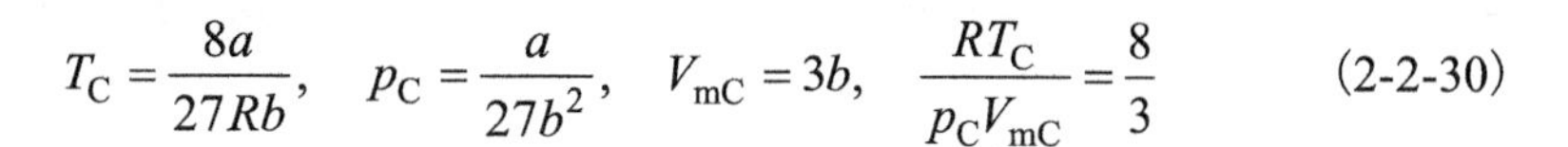

$$T_C = \frac{8a}{27Rb}, \quad p_C = \frac{a}{27b^2}, \quad V_{mC} = 3b, \quad \frac{RT_C}{p_C V_{mC}} = \frac{8}{3} \tag{2-2-30}$$

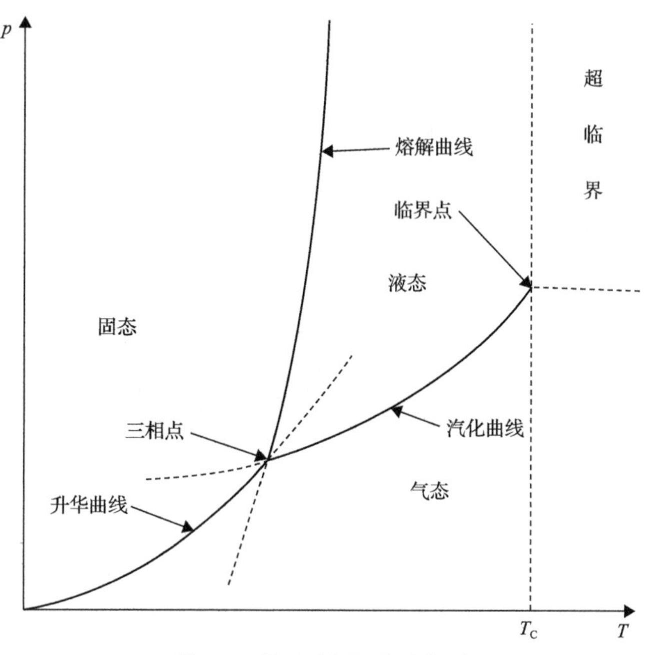

图 2-7　单元系相图的示意图

2.2.5　临界现象

连续相变的相变点又称为临界点，临界现象是物质在连续相变临界点邻域的行为。在连续相变临界点的邻域，与化学势的二阶导数相对应的热容量、等温压缩系数表现出非解析特性。人们用幂函数表述一些热力学量在临界点邻域的特性，其幂次(负幂次)称为临界指数。煤层气开采过程中，也应该研究气体本身的临界特性，如甲烷和氮气的临界温度都很低，而二氧化碳的临界温度在室温(25℃)附近。气体本身的临界特性反映了气体分子之间的相互作用能量的大小。在考虑气体分子之间的相互作用时，临界温度有利于我们选择合适的吸附模型，指导煤层气开采的工程应用。在室温下，增大压强甲烷和氮气不能被液化，不需要考虑凝聚热，所以在相当大的温度范围内，甲烷和氮气使用朗缪尔单分子层吸附模型。而二氧化碳临界温度在室温附近，在低压下，采用朗缪尔单分子层吸附模型；在高压下，应采用多分子层吸附模型。

对于一般物质而言，当温度逐渐升高时，压强逐渐增大，处在气态的物质不可能液化，即汽化线存在一终点，称为临界点(图 2-7)。将温度高于临界温度、压强高于临界压强的状态称为超临界态。由范德瓦耳斯方程确定的临界点相关物理量为式(2-2-30)。

临界系数为

$$\frac{RT_{\mathrm{C}}}{p_{\mathrm{C}}V_{\mathrm{mC}}}=\frac{8}{3} \tag{2-2-31}$$

狄特里奇状态方程在临界状态时比范德瓦耳斯方程更精确，表示为

$$p(V_{\mathrm{m}}-b)=RT\mathrm{e}^{-\frac{a}{RTV_{\mathrm{m}}}} \tag{2-2-32}$$

相应的临界点相关物理量为

$$T_{\mathrm{C}}=\frac{a}{4Rb},\quad p_{\mathrm{C}}=\frac{a}{4e^2b^2},\quad V_{\mathrm{mC}}=2b \tag{2-2-33}$$

临界系数为

$$\frac{RT_{\mathrm{C}}}{p_{\mathrm{C}}V_{\mathrm{mC}}}=\frac{e^2}{2} \tag{2-2-34}$$

从狄特里奇状态方程与范德瓦耳斯方程的临界点可以看出：参数 a 、b 具有相同的物理意义。在气态和液态的相互转化过程中，分子间的距离远比分子自身的半径大，那么

$$\frac{a}{RTV_{\mathrm{m}}}=\frac{16\pi}{3}\frac{N_{\mathrm{A}}\phi_0}{RT}\frac{N_{\mathrm{A}}r_{\mathrm{mole}}^3}{V_{\mathrm{m}}}\to 0 \tag{2-2-35}$$

于是可得

$$\begin{aligned}
p&=\frac{1}{V_{\mathrm{m}}-b}RT\mathrm{e}^{-\frac{a}{RTV_{\mathrm{m}}}}\\
&\approx\frac{1}{V_{\mathrm{m}}-b}RT\left(1-\frac{a}{RTV_{\mathrm{m}}}\right)\\
&=RT\left[\frac{1}{V_{\mathrm{m}}-b}-\frac{a}{RTV_{\mathrm{m}}(V_{\mathrm{m}}-b)}\right]\\
&\approx RT\left(\frac{1}{V_{\mathrm{m}}-b}-\frac{a}{RTV_{\mathrm{m}}^2}\right)\\
&=\frac{RT}{V_{\mathrm{m}}-b}-\frac{a}{V_{\mathrm{m}}^2}
\end{aligned} \tag{2-2-36}$$

所以，狄特里奇状态方程与范德瓦耳斯方程在描述气-液状态时其结果是近似的，以下相关参数的确定主要以范德瓦耳斯方程为主。

超临界流体有着很多独特的性质，其密度接近于液体，而黏度接近于气体，扩散系数大、黏度小、介电常数大。超临界流体由于液体和气体分界消失，处在气液不分状态，是一种不管压强多高都不会液化的非凝聚性流体。因此，在提取、精制、反应等各个方面，超临界流体被越来越多地作为代替原来有机溶媒的新型溶媒使用，分离效果显著，是很好的溶剂。

2.3 凝聚热理论计算

2.3.1 克劳修斯-克拉珀龙方程

利用从相平衡的角度出发的克劳修斯-克拉珀龙方程，能计算出凝聚热（或相变潜热），这是计算凝聚热常用的热力学方法。

取 α 态为与 β 态距离很接近的状态，满足相平衡条件，即

$$\mu^{\alpha}(T,p)=\mu^{\beta}(T,p)\,,\quad \mu^{\alpha}(T+\mathrm{d}T,p+\mathrm{d}p)=\mu^{\beta}(T,p)$$

亦即

$$\mathrm{d}\mu^{\alpha}=\mathrm{d}\mu^{\beta}$$

而化学势的全微分为

$$\mathrm{d}\mu=\mathrm{d}G_{\mathrm{m}}=-S_{\mathrm{m}}\mathrm{d}T+V_{\mathrm{m}}\mathrm{d}p$$

式中，G_{m} 为摩尔吉布斯自由能（Gibbs free energy）；S_{m} 为摩尔熵。那么

$$-S_{\mathrm{m}}^{\alpha}\mathrm{d}T+V_{\mathrm{m}}^{\alpha}\mathrm{d}p=-S_{\mathrm{m}}^{\beta}\mathrm{d}T+V_{\mathrm{m}}^{\beta}\mathrm{d}p$$

即

$$\frac{\mathrm{d}p}{\mathrm{d}T}=\frac{S_{\mathrm{m}}^{\beta}-S_{\mathrm{m}}^{\alpha}}{V_{\mathrm{m}}^{\beta}-V_{\mathrm{m}}^{\alpha}} \tag{2-3-1}$$

用 $Q_{\mathrm{m,L}}$ 表示 1mol 物质由 α 相转变到 β 相时所吸收的凝聚热（或相变潜热）。由于相变时物质的温度不变，于是有

$$Q_{\mathrm{m,L}}=T(S_{\mathrm{m}}^{\beta}-S_{\mathrm{m}}^{\alpha}) \tag{2-3-2}$$

将式（2-3-2）代入式（2-3-1）可得

$$\frac{\mathrm{d}p}{\mathrm{d}T}=\frac{Q_{\mathrm{m,L}}}{V_{\mathrm{m}}^{\beta}-V_{\mathrm{m}}^{\alpha}} \tag{2-3-3}$$

这就是克拉珀龙-克劳修斯方程，给出了两相平衡时压强 p 随温度 T 变化曲线的斜率。克拉珀龙-克劳修斯方程与实验结果符合得很好，为热力学的正确性提供了一个直接的实验验证。

当物质发生蒸发时，通常比体积增大，且凝聚热(或相变潜热)是正的(混乱度增加，因而比熵增加)，相平衡曲线的斜率 $\mathrm{d}p/\mathrm{d}T$ 通常是正的；当物质发生凝聚时，通常比体积减小，且相变潜热是负的，相平衡曲线的斜率 $\mathrm{d}p/\mathrm{d}T$ 也是正的。

由克拉珀龙-克劳修斯可以推导蒸汽压方程。与凝聚相达到平衡的蒸汽称为饱和蒸汽，因为两相平衡时压强与温度间存在一定的关系，饱和蒸汽的压强是温度的函数。描述饱和蒸汽压与温度的关系的方程称为蒸汽压方程。以 α 表示凝聚相，以 β 表示气相。凝聚相的摩尔体积远小于气相的摩尔体积。于是在式(2-3-1)中略去 V_{m}^{α}，并把气相看成理想气体，满足 $pV_{\mathrm{m}}^{\beta}=RT$。那么，式(2-3-1)可简化为

$$\frac{1}{p}\frac{\mathrm{d}p}{\mathrm{d}T}=\frac{Q_{\mathrm{m,L}}}{RT^{2}} \tag{2-3-4}$$

如果更进一步，近似地认为相变潜热与温度无关，式(2-3-4)可积分为

$$\ln p=-\frac{Q_{\mathrm{m,L}}}{RT}+A \tag{2-3-5}$$

这里蒸气压的近似表达式，式中 A 为式(2-3-4)的积分常数。

于是饱和蒸汽压为

$$\ln p_{\mathrm{s}}=-\frac{Q_{\mathrm{m,L}}}{RT}+A \tag{2-3-6}$$

式中，$Q_{\mathrm{m,L}}$ 为气体的凝聚热(或相变潜热)。对此作了改进的经验公式，即 Antoine 方程为

$$\ln p_{\mathrm{s}}=A-\frac{B}{C+T} \tag{2-3-7}$$

2.3.2 范德瓦耳斯方程常数得到的凝聚热

在 2.1 节中，我们讨论了几种势能模型，从势能模型本身就可以得到凝聚热的相关信息，只是因为这几种势能模型都不够精确，所得的结果存在较大的误差，但也是一种较好的计算方法。我们选用伦纳德-琼斯势能模型来计算。

由伦纳德-琼斯势能模型可求得凝聚热(或相变潜热)：

$$Q_{m,L} = -N_A \phi_0 = -\frac{a}{b} \tag{2-3-8}$$

又因临界温度 $T_C = \frac{8a}{27Rb}$ ，亦可表示为

$$Q_{m,L} = -N_A \phi_0 = -\frac{27}{8} RT_C \tag{2-3-9}$$

由此可计算凝聚热的值。

对于甲烷分子，分子半径 r=1.619×10^{-10}m， $Q_{m,L} = -5.337\text{kJ/mol}$ ，室温下为气态。对于氮气分子， $Q_{m,L} = -3.598\text{kJ/mol}$ ，室温下为气态。对于二氧化碳分子， $Q_{m,L} = -8.528\text{kJ/mol}$ ，室温下为气态，易液化。对于水分子， $Q_{m,L} = -18.153\text{kJ/mol}$ ，室温下为液态。可见，系统放出的凝聚热越大，气体分子越容易液化。

表 2-3 范德瓦耳斯方程计算的凝聚热

气体	a / (Pa·m^6/mol^2)	b / (10^{-3}m^3/mol)	$Q_{m,L}$ / (kJ/mol)	$\xi_L = \left.\frac{\lvert Q_{m,L}\rvert}{RT}\right\rvert_{T=298K}$
氢气 (H_2)	0.02476	0.02661	–0.9305	0.376
氦气 (He)	0.003456	0.02370	–0.1458	0.0588
氮气 (N_2)	0.1408	0.03913	–3.598	1.452
氧气 (O_2)	0.1378	0.03183	–4.329	1.747
一氧化碳 (CO)	0.1475	0.03954	–3.730	1.505
二氧化碳 (CO_2)	0.3639	0.04267	–8.528	3.441
水 (H_2O)	0.5535	0.03049	–18.153	7.326
甲烷 (CH_4)	0.2283	0.04278	–5.337	2.154
乙烷 (C_2H_6)	0.5571	0.06500	–8.571	3.459

参 考 文 献

大连理工大学无机化学教研室. 2015. 无机化学. 5 版. 北京: 高等教育出版社.
李政道. 2006. 统计力学. 上海: 上海科学技术出版社.
刘志祥. 2012. 煤层气开采中的热效应和变形效应研究. 太原: 太原理工大学.
汪志诚. 2000. 热力学・统计物理. 北京: 高等教育出版社.
王竹溪, 郭敦仁. 2004. 特殊函数概论. 北京: 北京大学出版社.

约翰 M. 普劳斯尼茨, 吕迪格 N. 利希滕特勒, 埃德蒙多·戈梅斯·德阿泽维多. 2016. 流体相平衡的分子热力学. 陆小华, 刘洪来,译. 北京: 化学工业出版社.

张克武. 1984. 论物质的分子结构与临界温度. 化学学报, 42: 1227-1233.

Polishuk I, Vera J H, Segura H. 2007. Azeotropic behavior of dieterici binary fluids. Fluid Phase Equilibria, 257: 18-26.

人 物 简 介

昂内斯

卡末林 · 昂内斯(Kamerlingh Onnes)，低温物理学家，1853 年 9 月 21 日生于荷兰的格罗宁根，1926 年 2 月 21 日卒于荷兰的莱顿。于 1901 年提出用幂级数形式表达物态方程，因制成液氦和发现超导现象获 1913 年诺贝尔物理学奖。

吉布斯

约西亚 · 威拉德 · 吉布斯(Josiah Willard Gibbs)，美国物理化学家、数学物理学家，生于 1839 年 2 月 11 日，于 1903 年 4 月 28 日去世。1871 年吉布斯成为全美国第一个数学物理学教授，他提出了吉布斯自由能与吉布斯相律，创立了向量分析并将其引入数学物理之中，奠定了化学热力学的基础。

范德瓦耳斯

约翰尼斯 · 迪德里克 · 范德瓦耳斯(Johannes Diderik van der Waals)，著名的物理学家，1837 年 11 月 23 日出生在荷兰莱顿，于 1923 年 3 月 8 日在阿姆斯特丹去世，享年 85 岁。1877 年 9 月被任命为新成立的阿姆斯特丹市立大学的第一位物理学教授，提出了著名的范德瓦耳斯状态方程，发现了对应状态定律，于 1910 年获得诺贝尔物理学奖。

克劳修斯

鲁道夫 · 尤利乌斯 · 埃马努埃尔 · 克劳修斯(Rudolf Julius Emanuel Clausius)，1822 年 1 月 2 日生于普鲁士的克斯林，1888 年 8 月 24 日卒于波恩，是德国物理学家和数学家，热力学的主要奠基人之一。他重新陈述了萨迪·卡诺的定律(又被称为卡诺循环)，把热理论推至一个更真实更健全的基础。

迈耶

迈耶(Julius Robert Mayer)，德国物理学家，1814 年 11 月 25 日出生于德国，于 1878 年 3 月 20 日因病在海尔布隆逝世。他是能量守恒定律的发现者之一，是历史上第一个提出能量守恒定律并计算出热功当量的人，是热力学与生物物理学的先驱。

曼德布罗特

曼德布罗特(B. B. Mandelbrot)，美籍法国数学家，美国国家科学院院士。1967年在美国《科学》杂志上发表了《英国的海岸线有多长》的划时代论文，提出了分形几何学的整体思想，是分形理论的创始人。在许多领域做出了重要贡献，横跨数学、物理学、地学、经济学、生理学、计算机、天文学、情报学、信息与通信、城市与人口、哲学与艺术等学科与专业，是一位名副其实的博学家。

朗缪尔

欧文·朗缪尔(Irving Langmuir)，美国化学家、物理学家。1881年出生于美国纽约，从1909年至1950年，在通用电气公司工作。他推进了物理和化学的一些领域的发展，发明了充气的白炽灯、氢焊接技术，因在表面化学上的工作被授予1932年诺贝尔化学奖。

波拉尼

迈克尔·波拉尼(M. Michael Polanyi)，英国物理化学家。1891年生于匈牙利的布达佩斯，1976年2月22日卒于北安普敦。其对物理化学的贡献主要是化学动力学，特别是反应速率理论方面。1920年利用稳态近似法得到反应的速率方程；1928年提出了激发态分子自发分解的理论解释(弹性介质理论)；1935年几乎与艾林同时提出反应速率的过渡态理论，总结出了估算同系列反应活化能的经验式，并沿用至今。

玻尔兹曼

路德维希·玻尔兹曼(Ludwig Edward Boltzmann)，1844年2月20日生于奥地利的维也纳，1906年9月5日卒于意大利的杜伊诺，是热力学和统计物理学的奠基人之一。玻尔兹曼的贡献主要是热力学和统计物理方面。1869年，他将麦克斯韦速度分布律推广到保守力场作用下的情况，得到了玻尔兹曼分布律。1872年，建立了玻尔兹曼方程(又称输运方程)，用来描述气体从非平衡态到平衡态过渡的过程。1877年又提出了著名的玻尔兹曼熵公式。

第三章　煤与甲烷的吸附现象及吸附热

3.1　煤体的基本特性

3.1.1　煤的分子结构特征

煤是以有机质为主，并有不同分子量、不同化学结构的一组“相似化合物”的混合物，它不像一般的聚合物，由相同化学结构的单体聚合而成，因此构成煤的大分子聚合物的“相似化合物”被称为基本结构单元(朱银惠，2011)。也就是说，煤是由许许多多的基本结构单元组合而成的大分子结构。煤的大分子结构是由周边连接有多种原子基团的芳香核通过各种桥键三维交联而成的，因此，基本结构单元包括规则部分和不规则部分。规则部分为基本单元的核部分，由几个或十几个苯环、脂环、氢化芳香环及杂环(含氮、氧、硫)所组成，在苯核的周围连接着各种含氧基团和烷基侧链，属于基本结构单元的不规则部分。图 3-1 为煤体的大分子结构图，表 3-1 为煤中主要元素组成对比。

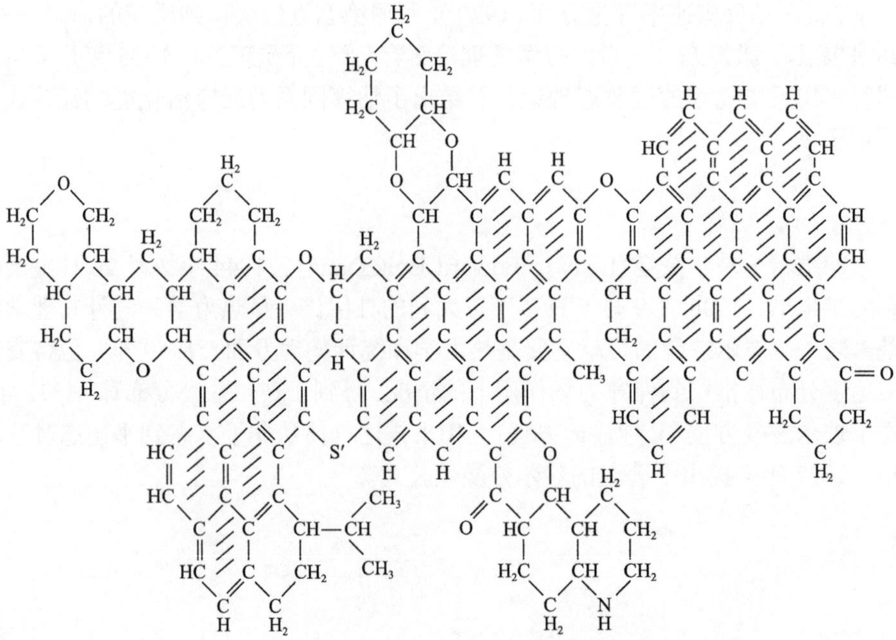

图 3-1　煤体的大分子结构图

表 3-1 煤中主要元素组成对比 （单位：%）

元素	无烟煤	中挥发分烟煤	低挥发分烟煤	褐煤
C	93.7	88.4	80.8	71.0
H	3.4	5.4	5.5	5.4
O	3.4	4.1	11.1	21.0
N	0.9	1.7	1.9	1.4
S	0.6	0.67	0.82	0.87

煤体的大分子结构与煤的变质程度有密切的关系，随着煤化程度由低到高，苯核发生缩聚，而不规则部分逐渐减少。褐煤苯环不直接相连，由桥键相连，并且侧链多而长；次烟煤苯环互连在一起，但杂环多，侧链多；高挥发分烟煤，苯环互连在一起，杂环减少，侧链减少；低挥发分烟煤，苯环互连增多，杂环进一步减少，无侧链；无烟煤，大批苯环相连，偶有杂环。

除了煤的大分子结构多样性以外，煤中含有多种无机矿物质。煤中矿物质是指混杂在煤中的无机矿物质(不包括游离水，但包括化合水)，成分复杂，通常多为黏土、硫化物、碳酸盐、氧化硅、硫酸盐等类矿物，含量变化也较大；所含元素可达数十种，主要有硅、铝、铁、钙、镁、钠、钾、硫、磷等。煤中矿物质按来源可分为内在矿物质和外来矿物质。内在矿物质是在成煤过程中形成的矿物质，其灰分称为内在灰分。

3.1.2 煤体的孔隙与裂隙结构特征

1. 孔隙结构类型

随着煤体孔隙结构观测与测试手段的不断发展，如扫描电镜法、压汞法、计算机层析扫描法等，国内外学者对煤的孔隙裂隙的认识逐步加深。煤是天然的非均质、各向异性多孔介质，含有数量众多、大小悬殊、形态各异的孔隙。煤的孔隙性测定表明，煤的孔隙分布是很不均匀的，并且各种煤孔隙及孔隙连通类型也不同。煤的孔隙包括互相连通和互不连通的两大部分，前者指流体气体、液体可以通过的孔隙，后者指流体不能通过的部分。通常将相互连通的孔隙空间称为有效空间，不能相互连通的孔隙空间称为无效孔隙空间，而整个孔隙空间称为总孔隙空间(李祥春和聂百胜，2006)。

煤中孔隙按成因可分成原生孔和次生孔。原生孔是煤在沉积过程中形成的孔，包括植物组织的孔；次生孔是在煤化作用过程中形成的孔，其中最有意义的是因挥发作用煤结构变化形成的微孔。孔径只有几纳米的微孔，可能是煤大分子结构内的空穴。按照孔的几何形状分类，有墨水瓶孔、楔形孔、柱状孔等，与之相关联的概念包括孔径、孔容、孔分布、孔体积等(张慧等，2003)。图 3-2 为煤中形态各异的孔隙结构。

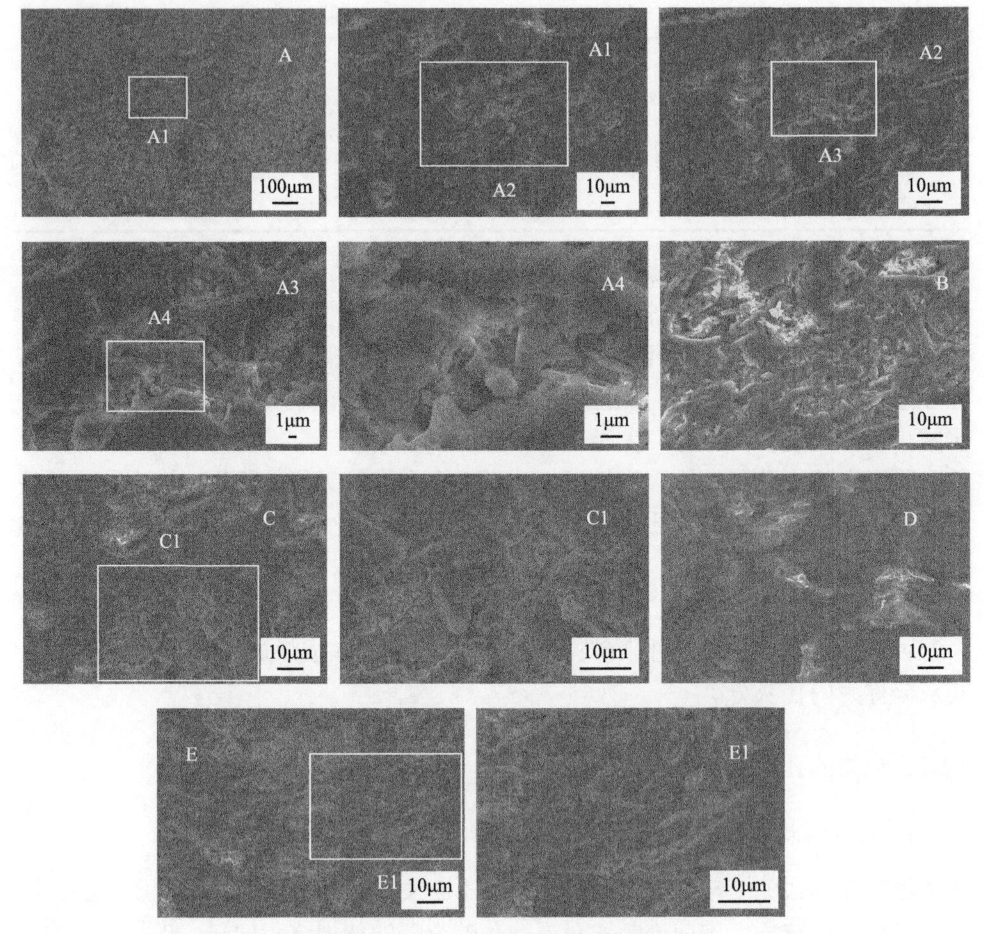

图 3-2　煤中形态各异的孔隙结构

煤中孔隙的孔径大小变化在毫米级至纳米级（10^{-9}～10^{-3}m）。霍多特在工业吸附体孔隙分类的基础上，根据煤的力学与渗透性质，对煤的孔隙分类方法如下：直径小于0.01μm的孔为超孔或微孔，是甲烷吸附的容积；直径为0.01～0.1μm的孔为过渡孔，是甲烷毛细凝结与扩散区域；直径为0.1～1μm的孔为中孔，是甲烷缓慢层流和渗透的区域；直径为1～100μm的孔为大孔，构成剧烈层流渗透区域，是高度破坏煤的破碎面；肉眼可见孔隙和大于100μm的裂缝，构成层流与紊流同时存在区域，是坚固与中等强度煤的破碎面（霍多特，1966）。国际纯粹与应用化学联合会（IUPAC）根据孔隙直径大小区分为大孔（$\varphi \geqslant$50nm或500nm）；中孔（2nm或20nm$\leqslant \varphi \leqslant$50nm或500nm），又称过渡孔，也叫介孔；微孔（$\varphi \leqslant$2nm或20nm）（曾春梅，2007）。煤体中微孔隙的体积很小，为0.2～0.6cm^3/g，而全部超微孔的表面积为 500～1000m^2/g。因此，丰富的微孔结构使得煤体内部具有巨大的表面积。这样巨大的表面积为煤体吸附瓦斯气体创造了条件。煤的微孔结构特征决定了煤的吸附容积和煤的储存性能。煤中的中孔构成吸附容积和瓦斯运移扩散区；大孔及大于 0.1mm 的裂隙则构成渗透容积。

煤级是煤孔隙度的重要影响因素。根据煤化学研究，煤的孔隙度在低煤级时最高，当镜质体反射率等于 1%时最小，随煤级增高又有增大的趋势。煤中不同级别的孔隙分布随煤级而变化。低煤级时，埋深浅，压实作用小，煤层以大中孔为主；随埋深增大，煤级增高，压实作用增强，煤中微孔比例增大，比表面积增大。在煤层气运移研究中对孔隙结构分布变化的研究比孔隙度更为重要。随大、中孔增多，孔隙体积增大(李小彦和解光新，2004)。

2. 孔隙结构的分形特征

分形几何是一门以不规则几何形态为研究对象的几何学，是法国数学家曼德勃罗创建的研究复杂性科学的新的数学方法，用于描述极其复杂、极不规则的几何形体、结构或功能。由于不规则现象在自然界普遍存在，因此分形几何学又被称为描述大自然的几何学。分形几何学建立以后，很快就引起了各个学科领域的关注。分形几何不仅在理论上，在实用上也具有重要价值。

自相似性是分形集的本质特征。在分形几何中，维数可以是分数，分形维数是描述分形集不规则程度的一种特征量。常用的分形维数有豪斯道夫维数、盒维数、信息维数等。分形几何主要包括分形维数的估计与算法、分形集的生成与局部结构、分形插值方法、随机分形和多重分形等。

大量已有研究证明，煤体的孔隙几何和粒子几何从原子尺度到晶粒尺度范围内均表现出分形特征，利用分形维数概念可以对煤体孔隙结构进行定量描述(秦跃平和傅贵，2000；傅雪海等，2005)。根据分形学定义，具有相同尺度物体的数量与其测量的线性尺度之间满足幂律关系：

$$N \propto r^{-D} \tag{3-1-1}$$

式中，N 为分形物体容纳标尺特征体的数目；r 为孔隙半径；D 为分形物体的分形维数；对于煤体有 $N = Cr^{-D}$，其中 C 为比例常数。当用高为 l、横截面半径为 r 的圆柱体去测量煤的孔隙体积 V'_{m} 时有

$$V'_{\mathrm{m}} = C\pi r^{2-D} l \tag{3-1-2}$$

式中，r 为煤的最小孔隙半径；C 为比例常数；D 为分形维数；l 为圆柱体高度。

对式(3-1-2)两边同时取对数，得

$$\lg V_{\mathrm{m}}' = (D-2)\lg r + \lg(C\pi l) \tag{3-1-3}$$

令 $Y = \lg V_{\mathrm{m}}'$，$X = \lg r$，得到

$$Y = (D-2)X + \lg(C\pi l) \tag{3-1-4}$$

在式(3-1-4)中，由于 $D-2$，$C\pi l$ 均为常数，故 Y 随 X 线性变化，令该直线斜率为 K，则 $D=2+K$。因此，孔隙分形维数 D 可由 Y 随 X 变化的直线斜率 K 来确定。只要 $\lg V_{\mathrm{m}}'$ 与 $\lg r$ 存在直线关系，孔隙分布即具有分形特征。具体方法为：求得孔隙分形规律的直线斜率 K，进而根据 $D=2+K$ 计算出孔隙的分形维数。

根据已有研究，煤样孔隙的分形维数变化在 3.27～3.97。对于同种变质程度的煤而言，煤岩成分越复杂，孔隙的分形维数越大(冯增朝，2008)。

目前，对煤体孔隙结构的研究主要包括压汞法、BET 比表面积测试法和数字岩心法。

压汞法(mercury intrusion porosimetry，MIP)，又称汞孔隙率法，是测定部分中孔和大孔孔径分布的方法。由于汞对大多数固体材料具有非润湿性，需外加压力才能进入固体孔中，对于圆柱形孔模型，汞能进入的孔的大小与压力符合 Washburn 方程，控制不同的压力，即可测出压入孔中汞的体积，由此得到对应于不同压力的孔径大小的累积分布曲线或微分曲线。压汞法测试煤体孔隙结构可通过压汞仪实现，图 3-3 为 AutoPore IV 9500 型压汞仪。详细测试方法可参考 GB/T 21650.3—2008《压汞法和气体吸附法测定固体材料孔径分布和孔隙度》。

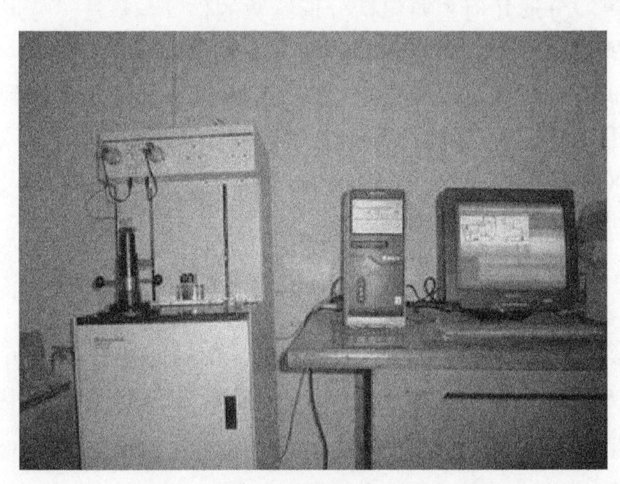

图 3-3　AutoPore IV 9500 型压汞仪

BET 比表面积测试法简称为 BET 测试法。在液氮温度下，煤体表面对氮气分子具有吸附作用。当煤体表面吸附了满满的一层氮分子时，可求出煤体的比表面积。而实际的吸附量 V 并非是单层吸附，即所谓多层吸附理论，通过对比发现了

氮气实际的吸附量 V 与单层吸附量 V_m 之间的关系，即 BET 方程：

$$\frac{p}{V(p_0-p)}=\frac{1}{V_m C}+\frac{C-1}{V_m C}\frac{p}{p_0} \tag{3-1-5}$$

式中，p 为氮气分压；p_0 为液氮温度下氮气饱和蒸汽压；C 是与样品吸附能力相关的常数。

BET 比表面积测试法测试煤体孔隙结构可通过 BET 测试仪实现，图 3-4 为 Kubo1108 型 BET 测试仪。BET 测试是建立在 3～5 层在不同氮气分压下多层吸附量，以 p/p_0 为 X 轴，$p/[V(p_0-p)]$ 为 Y 轴，由 BET 方程作图进行线性拟合，得到直线的斜率 $[(C-1)/(V_m C)]$ 和截距 $[1/(V_m C)]$，从而求得 V 值，计算出被测样品比表面积。p/p_0 取点在 0.05～0.35 范围内时，BET 方程与实际吸附过程相吻合，因此实际测试过程中选点在此范围内。

图 3-4　Kubo1108 型 BET 测试仪

数字岩心技术是近年兴起的岩心分析的有效方法，在常规砂岩和碳酸盐岩等岩心分析领域应用广泛，获得了极大的成功。其基本原理是基于二维扫描电镜图像或三维 CT 扫描图像，运用计算机图像处理技术，通过一定的算法完成数字岩心重构。

数字岩心建模方法可分为两大类：物理实验方法和数值重建方法。物理实验方法均借助高倍光学显微镜、扫描电镜或 CT 成像仪等高精度仪器获取岩心的平面图像，之后对平面图像进行三维重建即可得到数字岩心；数值重建方法则借助岩心平面图像等少量资料，通过图像分析提取建模信息，之后采用某种数学方法建立数字岩心。

早期的数字岩心是基于二维扫描电镜图片，通过数值算法实现三维重构。Hazlett（1997）提出模拟退火算法，这种算法首先随机产生孔隙度为 ϕ 的随机多孔介质，通过不断调整孔隙和骨架的位置，产生符合条件的多孔介质。Bakke 和 Øren (1997) 提出过程法，该方法模拟了真实岩心的形成过程，包括沉积、压实和成岩作用，重构的数字岩心有较好的连通性。Wu 等(2004)提出马尔可夫-蒙特卡罗方法，该方法首先通过邻域模板对原始图片进行遍历，获取条件概率函数，然后用蒙特卡罗算法确定重构图像的每一点的状态。随着 CT 扫描技术的发展，可以直接获取岩心三维图像，并提取孔隙网络模型，用于数字化分析和流动模拟。Dong (2007)提出了一种提取孔隙网络模型的球体膨胀法。赵秀才(2009)采用居中轴线法提取孔隙网络模型并开展了流动模拟研究。姚军等(2013)构建出碳酸盐岩的双重孔隙网络模型，模拟计算渗透率，与实验室测量结果吻合较好。Raeini (2013) 模拟了多孔介质中的两相流动，并分析了孔喉结构及润湿性等对流动特征的影响。图 3-5 为基于 CT 扫描三维数字岩心技术的煤体孔隙结构重建。

图 3-5　基于 CT 扫描三维数字岩心技术的煤体孔隙结构重建

3. 煤体的裂隙结构特征

一般认为，裂隙是指岩石受力后断开并沿断裂面无显著位移的断裂构造。它包括岩石节理在内，常将其与节理看成同义词，按其成因分为原生裂隙和次生裂隙两类，前者是在成岩过程中形成，后者则是岩石成岩后遭受外力所成；按力的来源又分为非构造和构造两类裂隙，前者由外力地质作用形成，后者则由构造作用形成。

早在 19 世纪人们就已经认识到煤中裂隙的存在。20 世纪的前期已有关于煤中裂隙研究的报道，但进展缓慢。对于裂纹扩展理论方面的研究，20 世纪 20 年代，英国物理学家 Griffith 提出裂纹增长是物体内部能量的释放所产生的裂纹驱动力导致的。Griffith 对脆性材料的裂隙演化机制进行了研究，他认为脆性材料的内在原始裂纹是导致材料破坏的主要因素。Weibull 建立了基于“最弱环”理论的统计强度理论。到 20 世纪 60 年代，苏联 Ammosov 等的 *Fracturing in coal*（《煤中裂隙》）一书问世，标志着煤田地质学领域对煤中裂隙的研究在方法和理论上达到了相对系统、成熟的阶段(贾建称等，2015)。

煤是孔隙裂隙双重介质。如图 3-6 所示，煤层中的裂隙被认为是后生的，其形成原因很复杂。由于构造运动，煤中分布有几组方向不同的裂隙，它们大多与煤层垂直或高角度相交，互相垂直或斜交，呈网状或呈不规则状出现，把煤切割成不同大小的基质块，煤田地质学称其为外生裂隙。

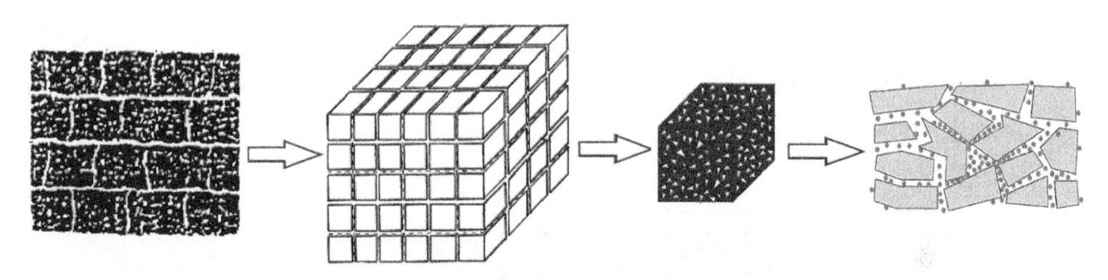

图 3-6 煤体的孔隙裂隙双重结构图

一般区域构造应力方向控制着裂隙分布的基本格局，裂隙的方向反映了主应力的方向。主裂隙的长度、宽度、频率一般高于次裂隙，次裂隙相交于主裂隙，其长度、宽度受限于主裂隙，但分布频率有时高于主裂隙。有些矿区经受多期构造运动，发育多期裂隙，可依据裂隙形迹的交切关系推断其生成先后次序。各种应力的综合作用以地应力方式作用于煤层，适宜的地应力可能使裂隙开启，而强烈的地应力可能使裂隙闭合。除此而外，煤化作用的压实脱水也可在煤层中形成次一级的内生裂隙，与外生裂隙方向一致或斜交，分布不规则。

裂隙系统是气体运移的主系统，孔隙系统是气体运移的子系统。煤储层孔隙结构分布状况决定了气体在煤中的储集状态和扩散方式；裂隙系统是煤层气质量传递的载体，其发育程度反映了气体运移路径方面的信息，裂隙系统对煤层气的流动起导流作用，因此，裂隙系统的展布控制着气体在煤体中的运移和质量传递运动。

分形维数可以很好地描述岩体裂隙网络的复杂程度，现有文献中分形维数计算方法有多种，针对钻孔孔壁裂隙分布，采用盒维数法也称覆盖法(赵阳升，1994；高明忠等，2012)，其计算式中如下：

$$D_B = \lim_{\delta \to 0} \frac{\lg N_\delta(F)}{-\lg \delta} \tag{3-1-6}$$

式中，$N_\delta(F)$ 为覆盖区 F 所需边长为 δ 的正方形的数量；D_B 为该裂隙集合的盒维数。

裂隙网络分形维数表征了裂隙的二维空间分布，可度量裂隙在空间的复杂程度。20 世纪 90 年代以来，现代数学的渗透使非线性科学在岩体力学中得以应用，国内外学者采用分形几何的理论来研究裂隙岩体的复杂特征也取得了很大的进展。大量研究表明，煤体裂隙的分布规律具有一定的自相似性。所谓自相似性是指局部与整体在形态、功能、信息、时间和空间等方面具有统计意义上的相似性，而分形理论又恰好是研究自相似性的有力工具(傅雪海等，2001)。

3.1.3 煤体表面特征

表界面是多相体系中相与相之间的过渡区域。从表界面的定义可知，表界面的研究对象是不均匀的多相体系，更确切地说，研究的是不均匀体系从一个相到另一个相的过渡区域(图 3-7)。

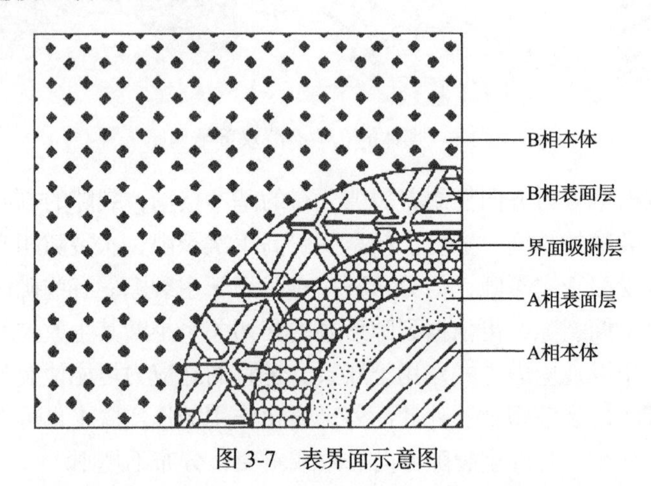

图 3-7 表界面示意图

表界面的分类(物质聚集态)：

表面：固–气；液–气

界面：固–液；液–液；固–固

本体相是宏观的，其组成和结构相对是比较均匀和简单的。表界面相是亚微观的，有着极其复杂的结构和组成。通常，表面和界面之间没有严格的区分。在两相复合形成表界面的过程中，常常会出现热效应、表界面化学效应和表界面结晶效应。这些效应所导致的表界面微观结构和性能特征的变化，对材料的宏观性将会产生直接的影响。因此，表界面也称为表界面相或表界面层。

煤体表面与液体一样，由于煤体表面上的分子的力场是不均衡的，所以煤体表面也有表面张力并且存在着表面能。但由于煤体表面的分子不易自由移动，因此表现出以下特点：

(1)煤体表面分子移动困难。对于液体，表面易于缩小和变形，表面张力和表面能很好测定。对于煤体，表面不易缩小和变形，煤体表面张力和表面能的直接测定较困难。任何表面都趋向于降低表面能。由于煤体表面难于收缩，所以只能靠降低表面张力的办法来降低表面能，这也是煤体表面产生吸附作用的根本原因。

(2)煤体表面是不均匀的。煤体表面看上去是平滑的，但经过放大后，即使磨光的表面也会表现出不规整性。可以说，煤体的表面是粗糙的。在这些粗糙的表面上总是有台阶、裂缝、沟槽、位错等现象。

(3)煤体内部与表面层的组成不同。由于煤体形成的环境的不同，煤体表面层由表向里往往呈现出多层次结构。煤体表面研究方法较常用的是分形几何学。煤体表面不是简单的二维平面结构，裂隙迹线的分维数介于 1 和 2 之间。通过数值仿真与实物统计表明：煤体内部的三维裂隙面的分形参数(分形维数与分布初值)之间存在投影的关系(冯增朝等，2005)。除裂隙外，对吸附的研究更注重煤的孔隙结构。

从吸附的角度来看，煤体表面存在容量维数。一个分形表面，若用半径 r 足够小的球(简称 r 球)去覆盖或填充，所需小球最少量 $N(r)$ 与 r 的关系为

$$N(r) \propto r^{-D^c} \tag{3-1-7}$$

式中，D^c 为容量维数，严格定义为

$$D^c = \frac{\ln N(r)}{\lim\limits_{\varepsilon \to 0} \ln\left(\frac{1}{r}\right)} \tag{3-1-8}$$

容量分维数提供了用原子、分子(即 r 球)吸附法来研究煤体表面分形的一个依据。吸附分子相当于 r 球，吸附的总粒子数相当于 $N(r)$。改变表面吸附的分子类型 $(r_1, r_2, \cdots, r_n)$，得到 $(N(r_1), N(r_2), \cdots, N(r_n))$，由此可以计算出表面的容量维数。用不同的分子(如甲烷、二氧化碳、氮气等)对煤体表面进行研究，就可以得到煤体表面的容量维数 D^c。

煤体表面的分形维数反映出煤体表面凹凸的程度。对于分维数介于 2 和 3 之间的煤体表面，其表面的复杂程度随分形维数 D 的增加而增大。对于 $D \approx 3$ 的表面，应认为它占有体积，而不能只看作一个薄层。当 $D \approx 3$ 时，其表面疏松，有着

丰富的孔隙，复杂的褶皱、卷曲，并且还有很大的比表面积。这种表面的吸附非常强烈(如活性炭、硅胶)。因此，分形维数越大，煤体吸附瓦斯的量越多，所放出的吸附热总量就越多。理论上的推导一般认为吸附面为平面，而实际表面的分维数是介于 2 和 3 之间。

3.2 固-气吸附现象

固-气吸附现象是日常生活和生产实践中很常见的一种物理现象。研究固-气表面吸附规律及其影响因素，在科学研究和生产实践中都具有非常重要的意义。对吸附现象的深入研究促进了工农业的快速发展。自然科学整体水平的提高带动了表界面科学的飞速发展，如用量子化学研究吸附和催化、用分形理论研究吸附剂的形貌、用统计力学研究高分子等。用现代精密的测量技术可以研究表界面科学的实际问题，如用不同的力学显微镜研究表面分子的形态，用不同的能谱仪研究表面分子的相互作用的具体细节。吸附现象的观点和方法广泛应用于医学、生理学、土壤学、环境科学、大气科学、能源科学等诸多学科之中。美国物理化学家朗缪尔(Langmuir)通过研究表界面吸附现象，得到了朗缪尔单分子层吸附方程，并因此获得 1932 年诺贝尔化学奖。

固体表面上的分子(或原子)力场不饱和，存在剩余力场，有表面能，因而可以吸附气体分子来降低表面能，被吸附的分子在固体表面的聚集，就是固-气吸附现象。通常把比表面积相当大的固体称为吸附剂(adsorbent)，把被吸附剂所吸附的物质称为吸附质(adsorbate)。吸附现象是表界面现象，不同于吸收，也不同于气体与固体的化学反应。吸收现象是整体现象，实际上气体分子在固体中的吸收相当于气体分子在液体中溶解，被吸收的气体量在温度一定的情况下与压强成正比，遵循 Henry 定律①。

由于固体表面剩余力场的作用，固体表面处的能量比游离状态的能量要低。当气体分子运动到固体表面上时，气体分子就有可能以很大的概率停留在固体表面上，从而使得在固体表面上气体分子的浓度和密度增大。这种现象就是我们通常所说的固-气吸附现象。吸附现象很普遍，对于半导体的制备、催化技术和煤层气(或天然气)的开采和储运都具有重要意义。

煤层气开采是将煤层瓦斯由吸附态转化成游离态的过程。在这个过程中，其中两个物理量是很重要的，一个是化学势，另一个是甲烷在煤体吸附场的势能。在未达到热平衡条件下，物质总是从化学势高的状态趋向化学势低的状态。减小

---

① Henry 定律是物理化学的基本定律之一，由英国的 Henry 在 1803 年研究气体在液体中的溶解度规律时发现。可表述为：在一定温度的密封容器内，气体的分压与该气体溶在溶液内的摩尔浓度成正比。

压强或者升高温度都将削弱游离态瓦斯的化学势，从而使吸附态瓦斯向游离态瓦斯转化。瓦斯的吸附势能可以反映煤表面对瓦斯的吸附能力。吸附势能越大，甲烷越不容易解吸。升高温度，等效于削弱吸附势能，其结果取决于吸附势能与温度的比值。升高温度，有利于吸附态甲烷向游离态甲烷的转化。

煤层气(或天然气)的储运也是固-气吸附现象的重要课题。如何安全、经济、有效地储存气体燃料仍是急需解决的问题。较常用的方法是利用高比表面积的活性炭、碳纳米管和碳纳米纤维吸附储存。这种方法相对于用高压气体储罐要安全得多，其储量大，平衡压强小，更加安全实用。

煤层气开采是将吸附态瓦斯转化为游离态瓦斯，而煤层气(或天然气)储存是将游离态瓦斯转化为吸附态瓦斯。不同的工程背景下，需要达到不同的目的。这需要我们对其微观机制充分地了解，才能正确地应用。因此，研究固-气吸附现象对煤层气的开采和储运都具有重要的价值。

3.2.1 朗缪尔方程——单分子层吸附

朗缪尔方程是吸附态甲烷分子的状态方程，能很好地解释单分子层吸附现象。朗缪尔方程描述的是具有确定的体积V、温度T和化学势μ的巨正则系综。朗缪尔方程可写为

$$\theta=\frac{bp}{1+bp}=\frac{1}{1+1/bp} \tag{3-2-1}$$

式中，θ为覆盖度；p为吸附压力；b为与温度有关的吸附速率常数，分别按照动力学和统计热力学推导，得到b的表达式如下：

$$b=\frac{k_{\mathrm{a}}}{k_{\mathrm{d}}}(2\pi mkT)^{-\frac{1}{2}}\mathrm{e}^{\frac{-Q_{\mathrm{m,a}}}{RT}}, \qquad \text{动力学推导} \tag{3-2-2}$$

其中，k_{a}、k_{d}分别为分子吸附、解吸速率；m为分子质量；k为玻尔兹曼常数；$Q_{\mathrm{m,a}}$为单个气体分子的吸附热

$$b=\frac{1}{kT}\left(\frac{h^2}{2\pi mkT}\right)^{\frac{3}{2}}\mathrm{e}^{\frac{-Q_{\mathrm{m,a}}}{RT}}, \qquad \text{统计力学推导} \tag{3-2-3}$$

这里，h为普朗克常量。

1. 朗缪尔方程动力学推导

关于气体在固体上的吸附，早在1916年，朗缪尔就首先提出单分子层吸附模

型，并从动力学观点推导了单分子层吸附方程。他认为当气体分子碰撞固体表面时，既有弹性碰撞又有非弹性碰撞。如果是弹性碰撞，那么气体分子就会跃回气相，并且与固体表面无能量交换；如果是非弹性碰撞，那么气体分子就“逗留”在固体表面上，并与固体表面有能量交换，经过一段时间后又有可能跃回气相。气体分子在固体表面上的这种“逗留”现象就是吸附现象。

根据单分子层吸附模型，朗缪尔作了如下假设：

(1)吸附是单分子层的。气体分子碰在已被固体表面吸附的气体分子上是弹性碰撞，只有碰在空白的固体表面上时才被吸附。

(2)不考虑气体分子间的相互作用力。被吸附的气体分子从固体表面跃回气相的概率不受周围气体分子的影响，只与吸附热有关。

(3)固体吸附剂表面是均匀的。表面上吸附位置的能量是相同的，也就是吸附热是相等的。

设表面上有 N_0 个吸附位置，当有 N_a 个位置被吸附质分子占据时，则空白位置数为 $N_0 - N_a$。定义 $\theta = N_a / N_0$，并称之为覆盖度(degree of coverage)。若所有吸附位置上都被分子占据，则 $\theta = 1$，所以 $1-\theta$ 代表空白位置在总的吸附位置的分数。当吸附平衡时，吸附速度和脱附速度相等。

通常吸附速率取决于：气体分子与煤体表面碰撞的速率和未占表面吸附位置的覆盖度。从气体动力学理论可知，压强为 p 时的碰撞速率为 $p/(2\pi mkT)^{1/2}$。设占表面吸附位置的覆盖度为 θ，未占表面吸附位置的覆盖度(未覆盖度)为 $1-\theta$，因此吸附速率为

$$R_a = k_a(1-\theta)\frac{p}{(2\pi mkT)^{1/2}} \tag{3-2-4}$$

解吸速率取决于：占表面吸附位置的覆盖度和具有能量大于或等于解吸能量的被吸附分子占总被吸附分子数的比例(即玻尔兹曼因子 $e^{\frac{q_a}{kT}} = e^{\frac{Q_{m,a}}{RT}}$，$Q_{m,a} < 0$，记放热为负)。因此解吸速率为

$$R_d = k_d \theta e^{\frac{Q_{m,a}}{RT}} \tag{3-2-5}$$

吸附量和解吸量采用物质的量 n、分子数 N 和体积 V (在标准状况下)表征，物理之间可以相互换算，如 $N = N_A n$，$n = V/22.4$。对于热量，记系统吸热为正，放热为负。覆盖率 θ 是净吸附量 n_a 与单分子层饱和吸附量 n_s 的比例，即 $\theta = n_a / n_s$。在吸附过程中，$R_a > R_d$；在解吸过程中，$R_a < R_d$；在吸附平衡时，$R_a = R_d$。于是，可得到朗缪尔方程：

$$\theta=\frac{bp}{1+bp},\quad b=\frac{k_{\mathrm{a}}}{k_{\mathrm{d}}}(2\pi mkT)^{-\frac{1}{2}}\mathrm{e}^{\frac{-Q_{\mathrm{m,a}}}{RT}} \tag{3-2-6}$$

2. 朗缪尔方程统计力学推导

从单分子层的朗缪尔模型出发，以吸附态分子为研究对象，讨论覆盖率θ和面密度σ随着温度T、压强p的变化关系。将吸附态的分子看作巨正则系综，具有确定的体积、温度和化学势。将游离态气体分子看作很大的热源和粒子源，交换能量和粒子不会改变源的温度T和化学势μ。

1）覆盖率θ

将游离态气体分子近似看作单原子理想气体，满足理想气体状态方程。设吸附表面有N_0个吸附中心，每个吸附中心可吸附一个气体分子。因为是单分子层吸附，所以$N_{\mathrm{a}}<N_0$。假设被吸附的分子的能量（势能）为q_{a}（吸附放热为负值），游离态的甲烷分子的能量（势能）为零。将游离态的甲烷分子看作热源和粒子源，被吸附的甲烷分子看作可与游离态甲烷分子交换粒子和能量的系统，遵从巨正则分布。当有N_{a}个分子被吸附时，系统的能量（势能）为$N_{\mathrm{a}}q_{\mathrm{a}}$。考虑到$N_{\mathrm{a}}$个分子在$N_0$个吸附中心上有$\dfrac{N_0!}{N_{\mathrm{a}}!(N_0-N_{\mathrm{a}})!}$个不同的排列，系统的巨配分函数$\Xi$为

$$\begin{aligned}
\Xi&=\sum_{N_{\mathrm{a}}=0}^{N_0}\sum_{s}\mathrm{e}^{-\alpha-\beta E_s}\\
&=\sum_{N_{\mathrm{a}}=0}^{N_0}\sum_{s}\mathrm{e}^{-\alpha-\beta q_{\mathrm{a}}}\\
&=\sum_{N_{\mathrm{a}}=0}^{N_0}\mathrm{e}^{(-\alpha-\beta q_{\mathrm{a}})N_{\mathrm{a}}}\frac{N_0!}{N_{\mathrm{a}}!(N_0-N_{\mathrm{a}})!}\\
&=\left(1+\mathrm{e}^{-\alpha-\beta q_{\mathrm{a}}}\right)^{N_0}
\end{aligned} \tag{3-2-7}$$

式中，$\alpha=-\dfrac{\mu}{kT}$，$\beta=\dfrac{1}{kT}$；s为某一微观状态；E_s为处在微观状态s时的能量。

被吸附甲烷分子的平均数$\overline{N_{\mathrm{a}}}$为

$$\begin{aligned}
\overline{N_{\mathrm{a}}}&=-\frac{\partial}{\partial\alpha}\ln\Xi=kT\frac{\partial}{\partial\mu}\ln\Xi\\
&=\frac{N_0}{1+\mathrm{e}^{\alpha+\beta q_{\mathrm{a}}}}=\frac{N_0}{1+\mathrm{e}^{-\frac{\mu-q_{\mathrm{a}}}{kT}}}
\end{aligned} \tag{3-2-8}$$

达到平衡时，系统(吸附态分子)与源(游离态分子)的化学势μ和温度T应相等，所以式(3-2-8)中的μ和T也就是游离态气体分子的化学势和温度。由单原子理想气体的化学势得

$$
\begin{aligned}
\mathrm{e}^{-\alpha} = \mathrm{e}^{\frac{\mu}{kT}} &= \frac{p}{kT}\left(\frac{h^2}{2\pi mkT}\right)^{3/2} \\
&= \frac{N_\mathrm{f}}{V_\mathrm{f}}\left(\frac{h^2}{2\pi mkT}\right)^{3/2}
\end{aligned}
\tag{3-2-9}
$$

式中，m为甲烷分子的质量；V_f为游离态气体分子的体积；N_f为游离甲烷分子数量。

由式(3-2-8)、式(3-2-9)，并代入$\frac{Q_{\mathrm{m,a}}}{RT}=\frac{N_\mathrm{A}q_{\mathrm{m,a}}}{N_\mathrm{A}kT}=\frac{q_{\mathrm{m,a}}}{kT}$，可得

$$
\theta = \frac{\overline{N_\mathrm{a}}}{N_0} = \frac{1}{1+\dfrac{kT}{p}\left(\dfrac{2\pi mkT}{h^2}\right)^{3/2}\mathrm{e}^{\frac{Q_{\mathrm{m,a}}}{RT}}}
\tag{3-2-10a}
$$

或

$$
\theta = \frac{\overline{N_\mathrm{a}}}{N_0} = \frac{bp}{1+bp}, \quad b = \frac{1}{kT}\left(\frac{h^2}{2\pi mkT}\right)^{\frac{3}{2}}\mathrm{e}^{\frac{-Q_{\mathrm{m,a}}}{RT}}
\tag{3-2-10b}
$$

2)面密度σ

将游离态气体分子近似看作单原子理想气体，满足理想气体状态方程。吸附态的分子看作巨正则系综。设游离态气体分子与煤体吸附面接触达到平衡，被吸附的分子可以在吸附面上做二维运动，其能量为$\frac{p^2}{2m}+q_\mathrm{a}$(吸附放热$q_\mathrm{a}<0$)(汪志诚，2000)。吸附态气体分子的巨配分函数Ξ为

$$
\begin{aligned}
\Xi &= \sum_{N_\mathrm{a}=0}^{\infty}\frac{\mathrm{e}^{-\alpha N_\mathrm{a}}}{N_\mathrm{a}!h^{2N_\mathrm{a}}}\int \mathrm{e}^{-\beta E(q,p)}\mathrm{d}\Omega \\
&= \sum_{N_\mathrm{a}=0}^{\infty}\frac{\mathrm{e}^{-\alpha N_\mathrm{a}}}{N_\mathrm{a}!h^{2N_\mathrm{a}}}\int\cdots\int \mathrm{e}^{-\beta\left(\frac{p^2}{2m}+q_\mathrm{a}\right)}\mathrm{d}q_1\cdots\mathrm{d}q_{2N_\mathrm{a}}\mathrm{d}p_1\cdots\mathrm{d}p_{2N_\mathrm{a}}
\end{aligned}
\tag{3-2-11}
$$

式中，$\alpha=-\frac{\mu}{kT}$，$\beta=\frac{1}{kT}$；Ω为微观状态数；p_i为广义动量；q_i为广义位移。

在直角坐标系中的二维气体的单个吸附态分子的配分函数 Z_1 为

$$
\begin{aligned}
Z_1 &= \frac{1}{h^2}\iiiint \mathrm{e}^{-\beta\left(\frac{p^2}{2m}+q_{\mathrm{a}}\right)}\mathrm{d}q_1\mathrm{d}q_2\mathrm{d}p_1\mathrm{d}p_2 \\
&= \frac{1}{h^2}\iiiint \mathrm{e}^{-\beta\left(\frac{{p_x}^2+{p_y}^2}{2m}+q_{\mathrm{a}}\right)}\mathrm{d}x\mathrm{d}y\mathrm{d}p_x\mathrm{d}p_y \\
&= A\frac{2\pi m}{\beta h^2}\mathrm{e}^{-\beta q_{\mathrm{a}}} \\
&= A\frac{2\pi mkT}{h^2}\mathrm{e}^{-\beta q_{\mathrm{a}}}
\end{aligned}
\tag{3-2-12}
$$

式中，x、y 为直角坐标；A 为煤体表面积；p_x、p_y 分别为二维平面中 x 和 y 方向的广义位移。

所以，巨配分函数 $\varXi$ 为

$$
\begin{aligned}
\varXi &= \sum_{N_{\mathrm{a}}=0}^{\infty}\frac{\mathrm{e}^{-\alpha N_{\mathrm{a}}}}{N_{\mathrm{a}}!}\left(A\frac{2\pi m}{\beta h^2}\mathrm{e}^{-\beta q_{\mathrm{a}}}\right)^{N_{\mathrm{a}}} \\
&= \sum_{N_{\mathrm{a}}=0}^{\infty}\frac{1}{N_{\mathrm{a}}!}\left(A\frac{2\pi m}{\beta h^2}\mathrm{e}^{-\alpha-\beta q_{\mathrm{a}}}\right)^{N_{\mathrm{a}}} \\
&= \exp\left(A\frac{2\pi m}{\beta h^2}\mathrm{e}^{-\alpha-\beta q_{\mathrm{a}}}\right)
\end{aligned}
\tag{3-2-13}
$$

吸附面上的平均分子数 $\overline{N_{\mathrm{a}}}$ 为

$$
\overline{N_{\mathrm{a}}} = -\frac{\partial}{\partial\alpha}\ln\varXi = A\frac{2\pi m}{\beta h^2}\mathrm{e}^{-\alpha-\beta q_{\mathrm{a}}}
\tag{3-2-14}
$$

因为 $\alpha = -\frac{\mu}{kT}$，$\beta = \frac{1}{kT}$，所以

$$
\overline{N_{\mathrm{a}}} = A\frac{2\pi mkT}{h^2}\mathrm{e}^{\frac{\mu-q_{\mathrm{a}}}{kT}}
\tag{3-2-15}
$$

将式(3-2-9)代入式(3-2-15)，得面密度 σ 为

$$
\sigma = \frac{\overline{N_{\mathrm{a}}}}{A} = \frac{p}{kT}\left(\frac{h^2}{2\pi mkT}\right)^{1/2}\mathrm{e}^{\frac{-q_{\mathrm{a}}}{kT}}
\tag{3-2-16}
$$

3) 在覆盖率 θ 较低情况下的讨论

在较低覆盖率的情况下

$$\theta=\frac{\overline{N_a}}{N_0}=\frac{1}{1+\frac{kT}{p}\left(\frac{2\pi mkT}{h^2}\right)^{3/2}e^{\frac{q_a}{kT}}} \approx \frac{p}{kT}\left(\frac{h^2}{2\pi mkT}\right)^{3/2}e^{\frac{-q_a}{kT}} \tag{3-2-17}$$

与式(3-2-16)比较，得

$$A=N_0\frac{h^2}{2\pi mkT} \quad 或 \quad \left(\frac{A}{N_0}\right)^{1/2}=\left(\frac{h^2}{2\pi mkT}\right)^{1/2} \tag{3-2-18}$$

对于游离态气体分子满足经典极限条件，即

$$e^{\alpha}=\frac{V}{N_f}\left(\frac{2\pi mkT}{h^2}\right)^{3/2}\gg 1$$

或

$$\left(\frac{V}{N_f}\right)^{1/3}\gg\left(\frac{h^2}{2\pi mkT}\right)^{1/2} \tag{3-2-19}$$

游离态气体分子的德布罗意波长为 $\lambda=\frac{h}{p}=\frac{h}{\sqrt{2m\varepsilon}}$，由能量均分定理，可知分子热运动的平动能为 $\varepsilon=\frac{3}{2}kT$，故德布罗意波的平均热波长 λ 为

$$\lambda=\frac{h}{\sqrt{2m\varepsilon}}=\frac{h}{\sqrt{3mkT}}=\left(\frac{h^2}{2\pi mkT}\right)^{1/2}\sqrt{\frac{2\pi}{3}} \tag{3-2-20}$$

因此，$\left(\frac{V}{N_f}\right)^{1/3}\gg\sqrt{\frac{3}{2\pi}}\lambda$，经典极限条件可表达为气体中分子的平均距离远大于德布罗意波的平均热波长。

二维吸附态分子的德布罗意平均热波长 λ 为

$$\lambda=\frac{h}{p}=\frac{h}{\sqrt{2m\varepsilon}}=\frac{h}{\sqrt{2m\times 2\times\frac{1}{2}kT}}=\frac{h}{\sqrt{2mkT}} \tag{3-2-21}$$

于是有

$$\left(\frac{A}{N_0}\right)^{1/2}=\frac{h}{\sqrt{2\pi mkT}}=\frac{\lambda}{\sqrt{\pi}} \tag{3-2-22}$$

所以，吸附中心的平均距离约等于德布罗意波的平均热波长，不满足经典极限条件。吸附中心只是煤体表面吸附态甲烷分子的等效模型，是吸附态甲烷分子可能存在的一种极限情况，反映出吸附态分子的微观性质。因此，吸附态分子要考虑微观粒子的全同性，其性质与经典粒子迥然不同，必须要用量子统计进行推导。

将式(3-2-22)推广到分形维数的凝聚系统：

$$\frac{A}{N_0}=\left(\frac{\lambda}{\sqrt{\pi}}\right)^{D^c}=\left(\frac{h}{\sqrt{D^c\pi mkT}}\right)^{D^c} \tag{3-2-23}$$

由式(3-1-7)可类比出

$$N(\lambda)=CN_0=CA\left(\frac{\sqrt{\pi}}{\lambda}\right)^{D^c},\qquad C\text{为常数} \tag{3-2-24}$$

煤体表面积和分形维数都只跟煤体结构有关，因此对于不同的气体分子而言，应该是常数。

将式(3-2-20)、式(3-2-21)近似取为

$$\lambda\approx\left(\frac{h^2}{2\pi mkT}\right)^{\frac{1}{2}} \tag{3-2-25}$$

将式(3-2-25)代入式(3-2-10a)，可得

$$\theta=\frac{\overline{N_a}}{N_0}=\frac{1}{1+\dfrac{kT}{p\lambda^3}e^{\frac{q_a}{kT}}} \tag{3-2-26}$$

同样地，式(3-2-16)可表示为

$$\sigma=\frac{\overline{N_a}}{A}=\frac{p\lambda}{kT}e^{\frac{-q_a}{kT}} \tag{3-2-27}$$

3. 朗缪尔吸附方程的应用

从朗缪尔吸附方程(3-2-1)，可见：

(1)当压强足够低时，$bp \leqslant 1$，则 $n_a \approx n_s bp$，这时 n_a 与 p 成直线关系；

(2)当压强足够大时，$bp \gg 1$，则 $n_a \approx n_s$，这时 n_a 与 p 无关，吸附已经达到单分子层饱和；

(3)当压强适中时，n_a 与 p 是曲线关系，式(3-2-1)保持原来的形式。

朗缪尔公式也可以写成下列形式：

$$\frac{p}{n_a}=\frac{1}{n_s b}+\frac{1}{n_s}p \tag{3-2-28a}$$

或

$$\frac{1}{n_a}=\frac{1}{n_s}+\frac{1}{n_s b}\frac{1}{p} \tag{3-2-28b}$$

显然，若按式(3-2-28a)以 $\frac{p}{n_a}$ 对 p 作图，得到的是直线。由直线的斜率和截距可以求得 n_s 和 b。某组吸附数据是否符合朗缪尔公式，就要看按式(3-2-28a)作图时是否满足直线关系。若该吸附数据符合朗缪尔公式并求得 n_s 后，则可进一步计算吸附剂的比表面积 $A_{比}$：

$$A_{比}=n_s N_A \sigma_0 = N_0\sigma_0 \tag{3-2-29}$$

式中，N_A 为阿伏伽德罗(Avogadro)常量；σ_0 为吸附质分子的截面积；N_0 为吸附中心个数；n_s 为吸附中心物质的量(摩尔数)。

对于不同的吸附质所得到的比表面积的差异是很大的。这是因为吸附质分子是亚微观的，具有波粒二象性，满足不确定关系，所以吸附质分子的截面积是测不准的，它与吸附质的动量(或德布罗意波长)有着密切的关系，这也是量子力学的基本观点。因此，对于吸附剂比表面积的估算常常是失败的，并不是实验方法的问题，而是从基本原理上就讲不通。

通过上面的分析可知，在低压下，吸附量 n_a 与压强 p 成直线关系。但实际上有时并非直线，曲线常有点凸起，这是由于实际的固体表面是不均匀的，不符合朗缪尔单分子层吸附模型的假设(3)。在不均匀的表面上，吸附作用首先发生在具有最高吸附热的部位上，即吸附热随着覆盖度增加而降低，这意味着 b 并不是常数。

一般地，单分子层吸附具有朗缪尔型等温线。但对于微孔吸附剂(孔半径在1.5nm 以下)，当孔中已经装满吸附质分子后，吸附量 n_a 将不再随压强 p 增大而增大，因此同样呈现出饱和吸附现象，并得到朗缪尔型等温线，即第 I 型曲线。因此，具有第 I 型曲线，并非都是单分子层吸附。

多数的物理吸附是多分子层的，所以在压强比较大时，往往不遵循朗缪尔公式，这与气体本身的物理性质有关。但化学吸附绝大部分是单分子层的。

当吸附质是多种混合气体时，我们需要讨论混合吸附的情况。若气相中含有A、B 两种气体，且均能被吸附，或被吸附的 A 分子在表面上发生反应后生成的产物 B 也能被吸附，这些都可以认为是混合吸附。在混合吸附中，在同一表面上的吸附，各占一个吸附中心，此时，A 分子的吸附速度为

$$R_a = k_a p_A (1 - \theta_A - \theta_B) \tag{3-2-30}$$

式中，p_A 为 A 气体的分压；θ_A、θ_B 分别为 A 和 B 气体的覆盖率；k_a 为 A 分子的吸附速率。A 分子的脱附速度为

$$R_d = k_d \theta_A \tag{3-2-31}$$

在吸附平衡状态有 $R_a = R_d$，所以

$$k_a p_A (1 - \theta_A - \theta_B) = k_d \theta_A \tag{3-2-32}$$

即

$$\frac{k_a}{k_d} = \frac{\theta_A}{p_A (1 - \theta_A - \theta_B)} \tag{3-2-33}$$

令

$$\frac{k_a}{k_d} = b_A \tag{3-2-34}$$

则

$$\frac{\theta_A}{1 - \theta_A - \theta_B} = b_A p_A \tag{3-2-35}$$

同样，B 分子的吸附速度为

$$R'_a = k'_a p_B (1 - \theta_A - \theta_B) \tag{3-2-36}$$

式中，p_B 为 B 气体的分压；k'_a 为 B 分子的吸附速率。B 分子的脱附速度为

$$R'_d = k'_d \theta_B \tag{3-2-37}$$

式中，k'_d 为 B 分子的脱附速率。

吸附平衡时，$R'_{\mathrm{a}} = R'_{\mathrm{d}}$，故

$$\frac{k'_{\mathrm{a}}}{k'_{\mathrm{d}}} = \frac{\theta_{\mathrm{B}}}{p_{\mathrm{B}}(1-\theta_{\mathrm{A}}-\theta_{\mathrm{B}})} \tag{3-2-38}$$

令

$$\frac{k'_{\mathrm{a}}}{k'_{\mathrm{d}}} = b_{\mathrm{B}} \tag{3-2-39}$$

则

$$\frac{\theta_{\mathrm{B}}}{1-\theta_{\mathrm{A}}-\theta_{\mathrm{B}}} = b_{\mathrm{B}} p_{\mathrm{B}} \tag{3-2-40}$$

联立式(3-2-35)和式(3-2-40)，得

$$\begin{cases} \theta_{\mathrm{A}} = \dfrac{b_{\mathrm{A}} p_{\mathrm{A}}}{1 + b_{\mathrm{A}} p_{\mathrm{A}} + b_{\mathrm{B}} p_{\mathrm{B}}} \\ \theta_{\mathrm{B}} = \dfrac{b_{\mathrm{B}} p_{\mathrm{B}}}{1 + b_{\mathrm{A}} p_{\mathrm{A}} + b_{\mathrm{B}} p_{\mathrm{B}}} \end{cases} \tag{3-2-41}$$

于是，若有多种分子均能同时被吸附，则其中第 i 种气体的朗缪尔吸附等温式为

$$\theta_i = \frac{b_i p_i}{1 + b_1 p_1 + b_2 p_2 + \cdots + b_n p_n} = \frac{b_i p_i}{\sum\limits_{i=1}^{n} b_i p_i} \tag{3-2-42}$$

3.2.2 BET 方程——多分子层吸附

1938 年，Brunauer、Emmett 和 Teller 三人在朗缪尔单分子层吸附理论的基础上，提出了多分子层吸附理论，简称为 BET 吸附理论。对应的 BET 方程和朗缪尔方程一样，也有动力学推导和统计力学推导，其详细过程参见《吸附与凝聚》(严继民和张启元，1979)，这里不再赘述。

当吸附质的温度低于正常沸点时，容易形成凝聚现象，往往发生多分子层吸附。多分子层吸附就是除了直接和固体吸附剂表面的第一层吸附外，还有相继各层的吸附。第二层以上的吸附，因为是吸附质分子之间相接触，可以看作凝聚。一般在日常所遇到的吸附，多分子层的吸附居多，尤其是物理吸附。在物理吸附中，不仅吸附剂与吸附质之间有范德瓦耳斯力，吸附质分子间还有范德瓦耳斯力，

因此气相中的分子若碰撞在已被吸附的分子上，也有可能被吸附，所以吸附层可以是多分子层的，这一点不同于朗缪尔的假设。

BET 理论是在朗缪尔理论的基础上加以发展而得到的。BET 理论是吸附理论与凝聚理论的综合，必须考虑吸附热和凝聚热。他们接受了朗缪尔理论的基本假设，并对此作了改进。他们认为表面已经吸附了一层分子之后，由于被吸附气体本身的范德瓦耳斯引力，还可以继续发生多分子层的吸附。当然第一层的吸附与以后各层的吸附有本质的不同。前者是气体分子与固体表面直接发生作用，而第二层以后各层则是相同分子之间的相互作用。更确切地说，第二层以后各层的相互作用就是凝聚。所以，第一层的吸附热与以后各层不尽相同，而第二层以后各层的吸附热都相同，而且接近于气体的凝聚热。当吸附达到平衡以后，气体的吸附量等于各层吸附量的总和。

基于只有第一层吸附质分子与固体表面接触，自第二层起吸附质只与自身分子接触，范德瓦耳斯力的有效距离很小，因此，第二层以上的分子可以看作不受固体表面引力的影响或影响很小。于是又引进两个假设。

(1)第二层以上的吸附热都等于吸附质的液化热或凝聚热，它们不同于第一层的吸附热。

(2)第二层以上的吸附和脱附性质与液态吸附质的凝聚和蒸发是一样的。经过分析和推导，BET 二常数吸附公式为

$$\theta=\frac{n_{\mathrm{a}}}{n_{\mathrm{s}}}=\frac{Cp}{(p_{\mathrm{s}}-p)\left[\frac{1+(C-1)p}{p_{\mathrm{s}}}\right]} \tag{3-2-43}$$

式中，n_{a} 为在平衡压强 p 时的吸附量；n_{s} 为在固体表面上铺满单分子层时的饱和吸附量的物质的量(与朗缪尔方程中的 n_{s} 定义相同)；θ 为覆盖度(这里可以大于1)；p_{s} 为气体的饱和蒸气压，p/p_{s} 为气体的相对压强；C 为与吸附热有关的常数，可表示为

$$C\approx\exp\left(\frac{Q_{\mathrm{m,1}}-Q_{\mathrm{m,L}}}{RT}\right) \tag{3-2-44}$$

如果求出 C 值，并从表中查得吸附质的凝聚热或液化热 $Q_{\mathrm{m,L}}$，就可以计算出第一层的吸附热 $Q_{\mathrm{m,1}}$。

为了便于验证，BET 公式可改写成直线形式

$$\frac{p}{n_{\mathrm{a}}(p_{\mathrm{s}}-p)}=\frac{1}{n_{\mathrm{s}}C}+\frac{C-1}{n_{\mathrm{s}}C}\frac{p}{p_{\mathrm{s}}} \tag{3-2-45}$$

或

$$\frac{\dfrac{p}{p_s}}{n_a\left(1-\dfrac{p}{p_s}\right)}=\frac{1}{n_s C}+\frac{C-1}{n_s C}\frac{p}{p_s} \tag{3-2-46}$$

若吸附发生在多孔性介质上，吸附层就要受到限制，例如只能吸附 n 层，则 BET 二常数吸附公式需加入第三个常数 n，即成为 BET 三常数吸附公式。BET 三常数吸附公式为

$$\frac{n_a}{n_s}=\frac{Cx}{1-x}\times\frac{1-(n+1)x^n+nx^{n+1}}{1+(C-1)x-Cx^{n+1}} \tag{3-2-47}$$

式中，$x=\dfrac{p}{p_s}$。

当 $n=1$ 时，式(3-2-47)可简化为朗缪尔单分子层吸附方程

$$\frac{n_a}{n_s}=\frac{Cx}{1+Cx}=\frac{\dfrac{C}{p_s}p}{1+\dfrac{C}{p_s}p}=\frac{bp}{1+bp} \tag{3-2-48}$$

当 $n\to+\infty$ 时，式(3-2-47)又变为二常数吸附公式。

BET 理论公式也存在局限性，有一定的适用范围。它没有考虑到表面的不均匀性和分子之间的侧向相互作用。许多实验结果表明，在低压时实验吸附量比理论值偏高，而在高压时实验吸附量又比理论值偏低。

3.2.3 吸附等温线

吸附曲线反映了固体吸附气体时吸附量和温度、压强的关系。对于吸附体系来说，吸附量 n_a 和温度 T、气体的压强 p 有关，可表示为

$$n_a=f(T,p) \tag{3-2-49}$$

对于不同吸附剂之间的比较，我们常用强度量，即单位质量的吸附剂所吸附的吸附质的质量；对于确定的吸附剂，理论推导时常用广延量，即吸附剂所吸附的吸附质的总物质的量 n_a。实验测定时常用的是在标准状况下的体积 V。这些物理量之间可以相互换算。

在温度一定的条件下，改变气体的压强，并测定相应压强的平衡吸附量，所作出的吸附量 n_a 与压强 p 曲线，称为吸附等温线(adsorption isotherm)；做出不同温度下的吸附等温线，并固定某一压强，作吸附量 n_a 与温度 T 曲线，称为吸附等压线(adsorption isobar)；固定某一吸附量，作压强 p 和温度 T 曲线，称为吸附等量线(adsorption isostere)。吸附等量线是计算等量吸附热的重要实验依据，等量吸附热将在 3.3 节讨论。这三种吸附曲线是相互联系的，其中任何一种曲线都可以用来描述吸附作用规律，而比较常用的是吸附等温线。

从物理吸附的大量实验研究来看，不同的吸附体系的吸附等温线形状差异很大，Brunauer 将其分为五类(图 3-8)。这种分类方法通常称为吸附等温线的 BET 分类。这 5 种吸附等温线反映了 5 种不同吸附剂的表面性质、孔分布性质，以及吸附质和吸附剂相互作用的性质。

第Ⅰ类吸附等温线首先被朗缪尔称为单分子层吸附类型，因此又称为朗缪尔型，可用朗缪尔单分子层吸附方程解释。在较低覆盖率的情况下，覆盖率 θ 与压强 p 成正比关系。随着压强的升高，覆盖率 θ 趋近于 1。在压强 p 远低于饱和蒸

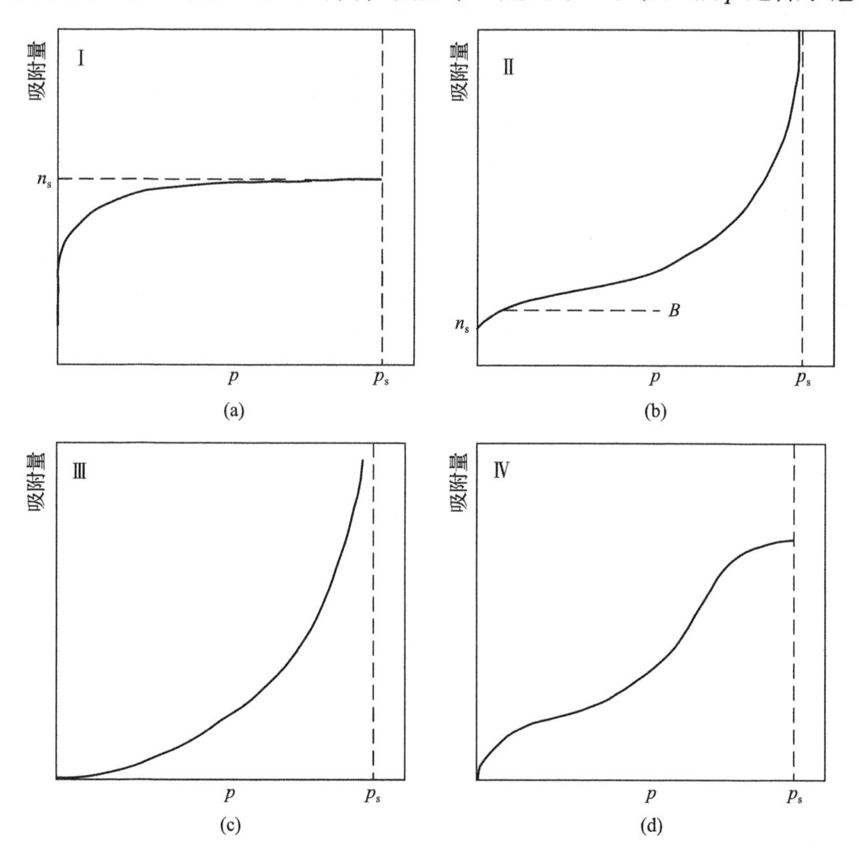

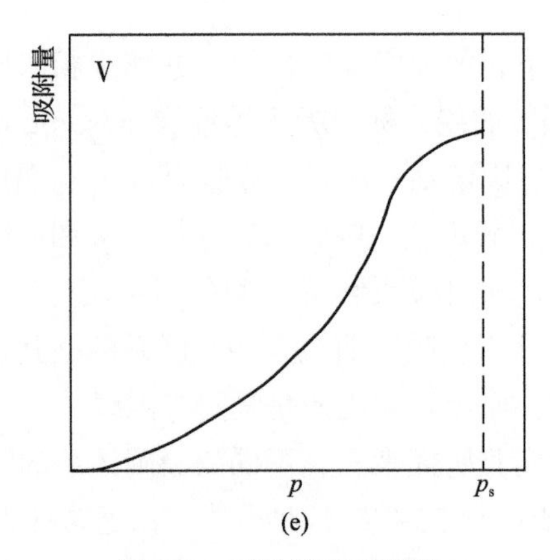

图 3-8　五类等温吸附线

气压 p_s 时，吸附量就达到了饱和吸附量 n_s，固体表面就吸满了单分子层气体分子（饱和吸附量 n_s 与饱和蒸气压 p_s 没有对应关系）。在通常温度下，煤体吸附甲烷就属于这种类型。化学吸附通常也是这种吸附等温线。从吸附剂的孔径大小来看，当孔半径在 1.5nm 以下时，常表现为第Ⅰ类。

第Ⅱ类吸附等温线被称为反 S 型吸附等温吸附线。曲线的前半段上升缓慢，呈上凸的形状，可由 B E T 方程解释。后半段急剧上升，并一直到接近饱和蒸气压也未呈现出吸附饱和现象，可解释为发生了毛细孔凝聚，由开尔文方程解释。这类等温线是一类常见的物理吸附等温线。在低压下首先形成单分子层吸附（相当于 B 点，在 B 点的吸附量为 n_s），随着压强的增加逐渐产生多分子层吸附，当压强相当高时，吸附量会急剧上升，这表明被吸附的气体已经开始逐渐凝结为液态。由于在室温下二氧化碳本身就容易液化，煤体对二氧化碳的吸附属于这种类型。

第Ⅲ类吸附等温线比较少见。在低压下等温线是凹的，说明吸附质和吸附剂之间的相互作用很弱，从而在低压下的吸附热较小。但是压强稍微增加，吸附量就强烈增大，当压强接近饱和蒸气压 p_s 时，便与第Ⅱ类等温线相似，曲线成为与纵轴平行的渐近线，这表明吸附剂表面上由多分子层吸附逐渐转变为吸附质的凝聚。这类吸附等温线的吸附剂，其表面和孔分布情况与第Ⅱ类的相同，只是吸附质与吸附剂的相互作用性质与第Ⅱ类有区别，第一层吸附热比液化热小。低温下溴在硅胶上的吸附属于这种类型。

第Ⅳ类吸附等温线可与第Ⅱ类对照，在低压下是凸的，表明吸附质和吸附剂有相当强的亲和力，易于确定覆盖满单分子层时的饱和吸附量 n_s。随着压强的增加，又由多层吸附逐渐产生毛细凝结，所以吸附量强烈增加，最后因为毛细孔中均装满吸附质液体，所以吸附量不再增加，等温线又将平缓起来。室温下苯蒸气在氧化铁凝胶或硅胶上的吸附属于这种类型。

第Ⅴ类吸附等温线可与第Ⅲ类对照，在低压下也是凹的，随着压强的增大也产生多分子层和毛细管凝结，这与第Ⅳ类的高压部分相似。100℃水蒸气在活性炭上的吸附等温线属于这种类型。

BET 理论归纳了第Ⅰ、Ⅱ、Ⅲ 3 种类型的等温吸附规律。当$n=1$时，BET 公式可用于说明单分子层吸附等温线；当$n>1$时，根据不同的C值，BET 公式可用于说明第Ⅱ类和第Ⅲ类吸附等温线。

根据式(3-2-44)，若$C>1$，则$Q_{m,1}>Q_{m,L}$，即吸附剂与吸附质分子之间的吸引力大于吸附质液化时分子之间的引力，此时低压下曲线是上凸的，吸附等温线呈 S 型，是第Ⅱ类吸附等温线。若$C\leqslant 1$，则$Q_{m,1}\leqslant Q_{m,L}$，即吸附质分子之间的吸引力大于吸附剂与吸附质分子之间的吸引力，此时低压下曲线是下凹的，吸附等温线是第Ⅲ类吸附等温线。

对于第Ⅱ类吸附等温线，C越大，曲线越凸，等温线的转折点越明显。这是容易理解的，吸附剂的剩余力场越大于吸附质分子之间的相互作用力场，越容易产生单分子吸附。Brunauer 等将等温线的转折点B(图 3-8)所对应的体积n_s视为单分子层饱和吸附量，它与n_s真实值的一般误差在 10%以内。

Ⅳ和Ⅴ类吸附等温线存在着毛细凝聚作用的吸附，因此，BET 二常数或三常数吸附方程均不能说明这两种类型等温吸附线，因为气体在毛细管中凝聚时，最后的吸附层要被两个面所吸引，并且有两个面消失，这不仅有液化热，还有两倍于表面张力的能量释放出来。考虑到这个因素，有人推广出四常数等温吸附方程，其公式更为复杂，但实际意义不大。

通过吸附等温线的测定，大致可以了解吸附剂和吸附质之间的相互作用及有关吸附剂表面性质的信息。在实际工作中，常常遇到的等温线形状不够典型，其具体情况具体分析。与煤层气相关的吸附主要是第Ⅰ类和第Ⅱ类吸附等温线，将对这两种等温线进行着重讨论。

从吸附等温线的类型可知有关吸附剂的表面性质、孔径及吸附剂与吸附质相互作用的信息和知识；反过来，用各种理论公式对实验测得的各种类型的吸附等温线加以描述，并提出各种吸附模型来说明所得的实验结果，可以从理论上加深认识。除了已经介绍的朗缪尔吸附等温式和 BET 等温式，还有弗罗因德利希(Freundlich)吸附等温式等。下面我们对弗罗因德利希吸附等温式稍作介绍。

弗罗因德利希通过大量实验数据，总结出弗罗因德利希吸附方程：

$$n_a = Kp^{1/n} \tag{3-2-50}$$

式中，n_a为吸附体积；K为常数，与温度、吸附剂种类和采用的计量单位有关；n为常数，和吸附体系的性质有关，通常$n>1$，n决定了等温线的形状。为了更好地验证吸附数据是否满足弗罗因德利希公式，应将式(3-2-50)改写成直线式，对等式两边取对数可得

$$\lg n_{\mathrm{a}} = \lg K + \frac{1}{n} \lg p \tag{3-2-51a}$$

或

$$\ln n_{\mathrm{a}} = \ln K + \frac{1}{n} \ln p \tag{3-2-51b}$$

并以$\lg n_{\mathrm{a}}$对$\lg p$作图，若为一条直线，则满足式(3-2-51a)。由直线的截距和斜率可求得K、n。实验证明，在压强不太高时，一氧化碳在活性炭上的吸附按弗罗因德利希直线式，能得到很好的直线。弗罗因德利希吸附方程的特点是没有饱和吸附值，广泛应用于物理吸附和化学吸附，也可用于溶液吸附。弗罗因德利希公式有一定的理论依据。弗罗因德利希公式最早为经验式，但可以从固体的表面是不均匀的观点出发，并假定吸附热随覆盖度增加而呈指数下降，则可导出式(3-2-50)。

3.2.4 固-气吸附的影响因素

固-气吸附现象是最常见的一种吸附现象。研究固-气吸附规律及其影响因素，对工业生产和科学研究都有非常重要的意义。影响固-气吸附的因素较多，主要有吸附体系的温度、压力，以及吸附剂与吸附质分子的属性。当外界条件(如温度、压强等)固定时，体系的本身的性质，即吸附剂和吸附质分子本身属性是根本的因素。

1. 温度

固-气吸附现象是放热过程。无论是物理吸附还是化学吸附，温度升高时吸附量将减少。在实际工作中，获得低温也需要很多条件，我们要根据实际情况来确定温度，并不是温度越低越好。

在物理吸附中，要发生明显的吸附作用，一般来说，温度要控制在气体的沸点附近。通常的吸附剂(如活性炭、硅胶、三氧化二铝等)要在氮气的沸点–195.8℃附近吸附氮气，要在氦气的沸点–268.6℃附近才能吸附氦气。而在室温下这些吸附剂都不吸附氮气、氦气和空气，所以在色谱实验中才能用氦气等气体作为载气。在化学吸附中情况更为复杂。

一般来说，温度越高吸附能力越差。随着温度的升高，吸附质分子的平动能增大，吸附质分子摆脱吸附势场的能力增强。这正是煤层气注热开采的重要依据。温度越低，越有利于吸附和凝聚。随着温度的降低，吸附质分子的平动能减小，吸附质分子很容易被吸附势场和分子间相互作用势场所束缚。煤层气的吸附和解吸对温度因素是很敏感的。总之，温度对于煤层气开采具有非常重要的意义。

2. 压强

无论是物理吸附还是化学吸附，压强增加，吸附量皆增大。物理吸附类似于气体的液化，故吸附随压强的变化而可逆地变化。通常在物理吸附中，当相对压强 $p/p_s \approx 0.1$ 时，便可形成单分子层饱和吸附，压强较高时易形成多层吸附。化学吸附实际上是一种表面化学反应，只能是单分子层的，但当它开始有显著吸附，时所需要的压强较物理吸附要低得多。在一定压强下，化学吸附平衡后，要想吸附分子脱附，单靠降低压强是不行的，必须升高温度，所以化学吸附往往是不可逆的。无论是物理吸附还是化学吸附，吸附速率都随着压强的增加而增加。

3. 吸附剂和吸附质的性质

吸附剂和吸附质种类繁多，因此吸附行为非常复杂。下面介绍影响吸附的五个规律，对于常见的吸附现象可通过这些规律做出大致的判断。

(1)极性吸附剂易于吸附极性吸附质。

(2)非极性吸附剂易于吸附非极性吸附质。

(3)无论是极性还是非极性吸附剂，一般吸附质分子的结构越复杂、沸点越高，被吸附的能力越强。因为分子结构越复杂，范德瓦耳斯力越大，沸点越高，气体的凝结力越大，这都有利于吸附凝聚过程。

(4)酸性的吸附剂易于吸附碱性的吸附质，碱性的吸附剂易于吸附酸性的吸附质。

(5)吸附剂的孔结构。

以上吸附规律在很大程度上反映出吸附剂表面性质对吸附的影响。在很多情况下，吸附剂的孔隙大小不仅影响其吸附速度，还直接影响吸附量的大小。

3.3 吸附热理论

吸附热的研究方法可分为三类：理论研究、实验研究和分子模拟。三种研究方法都必须基于一定的实验基础。瓦斯吸附热是游离态瓦斯与吸附态瓦斯的能量(势能)差值，反映了瓦斯分子在煤体表面吸附场中的能量变化情况，是煤体表面分子与瓦斯分子的相互作用的宏观表现。吸附热可以通过计算煤分子与气体分子之间的相互作用的分子模拟的方法得到。分子模拟包括基于量子力学的模拟和基于统计力学的模拟(陈俊杰等，2010)。前者为计算量子化学(如从头计算法、密度泛函理论等)，后者主要是分子动力学模拟和蒙特卡罗模拟。

国内外一些学者对吸附热进行了相关的研究。甲烷分子在煤体中是物理吸附，吸附热在 0～30kJ/mol 之间。降文萍等(降文萍等，2007；降文萍，2009)通过基于量子化学的分子模拟方法得到的吸附热在 4～9kJ/mol 之间。实验测定的吸附热在 0～30kJ/mol 之间(Ding et al., 1988; Clarkson et al., 1997; Nodzeriski, 1998; 张天军等, 2009)。气体在活性炭中的吸附热也在这个范围内(张超等, 2005; 郭亮和吴占松, 2008)。理论计算的吸附热与分子模拟结果和实验结果相一致。

在不同的实验条件下所测定的吸附热是不一样的。四种常见的吸附热及其公式，见表 3-2 所示。

表 3-2　四种常见的吸附热及其公式

吸附热类别	公式
量热积分热	$Q_{\mathrm{m,i}}=\left(\dfrac{Q}{n}\right)_T$
量热微分热	$Q_{\mathrm{m,d}}=\left(\dfrac{\partial Q}{\partial n}\right)_{T,n}$
等量或热力学微分热	$Q_{\mathrm{m,st}}=Q_{\mathrm{m,d}}+RT$
热力学积分热	$Q_{\mathrm{m}}=Q_{\mathrm{m,d}}+RT-\dfrac{\pi}{\Gamma}$

不同的吸附热是基于不同的实验方法提出来的。在煤体表面上，恒温条件下已经吸附的气体分子所放出的平均热量叫量热积分热。在已经吸附了一定量的气体后，在煤体上再吸附少量的气体 dn 所放出的热量为 dQ，$Q_{\mathrm{m,d}}=\left(\dfrac{\partial Q}{\partial n}\right)_{T,n}$ 叫做吸附量为 n 时的量热微分热。实验表明，量热微分热 $Q_{\mathrm{m,d}}$ 随着覆盖率 θ 的不同而不同(这主要是由于煤体表面的不均匀性所致)。量热积分热实际上是不同覆盖程度下量热微分热的平均值。通过吸附等量线和克劳修斯-克拉珀龙公式计算出吸附热叫做等量吸附热。等量吸附热与量热微分热有如下关系：

$$Q_{\mathrm{m,st}}=Q_{\mathrm{m,d}}+RT \tag{3-3-1}$$

3.3.1　等量吸附热

在 3.2.3 节中介绍了吸附等量线，利用吸附等量线和克劳修斯-克拉珀龙方程可以得到等量吸附热，其推导过程与凝聚热类似。

等量吸附热定义为

$$Q_{\mathrm{m,st}}=T(S_{\mathrm{m}}^{\beta}-S_{\mathrm{m}}^{\alpha}) \tag{3-3-2}$$

式中，α 为游离态；β 为吸附态。

于是，式(2-3-3)可改写为

$$\frac{\mathrm{d}p}{\mathrm{d}T}=\frac{Q_{\mathrm{m,st}}}{T(V_{\mathrm{m}}^{\beta}-V_{\mathrm{m}}^{\alpha})} \tag{3-3-3}$$

游离态甲烷满足理想气体方程：

$$pV_{\mathrm{m}}^{\alpha}=RT^{\alpha} \tag{3-3-4}$$

吸附态的体积要远小于游离态，即$V_{\mathrm{m}}^{\beta}\ll V_{\mathrm{m}}^{\alpha}$，则

$$\frac{\mathrm{d}p}{\mathrm{d}T}=\frac{-Q_{\mathrm{m,st}}}{TV_{\mathrm{m}}^{\alpha}}=\frac{-pQ_{\mathrm{m,st}}}{RT^{2}} \tag{3-3-5}$$

即

$$\frac{1}{p}\frac{\mathrm{d}p}{\mathrm{d}T}=\frac{-Q_{\mathrm{m,st}}}{RT^{2}} \tag{3-3-6}$$

或

$$\left(\frac{\partial\ln p}{\partial T}\right)_{n}=\frac{-Q_{\mathrm{m,st}}}{RT^{2}} \tag{3-3-7}$$

或

$$\ln p_{2}-\ln p_{1}=-Q_{\mathrm{m,st}}(T_{2}-T_{1})/(RT_{1}T_{2}) \tag{3-3-8}$$

式中，p_1、p_2为体系初态和终态的压力；T_1、T_2为体系初态和终态的温度。

崔永君等(2003)通过测定的吸附等量线实验方法得到了不同种类的煤对瓦斯的初始等量吸附热(表 3-3)。

表 3-3　不同种类的煤对瓦斯的初始等量吸附热(崔永君等，2003)

煤种	气煤	焦煤	贫煤	无烟煤
$\lvert Q_{\mathrm{st}}\rvert$/(kJ/mol)	7.8	12.1	12.8	16.3
相关系数	98.6	98.5	98.6	98.6

注：摩尔吸附热会随着覆盖率的增加而减少，初始等量吸附热为 $\theta\to 0$ 时的吸附热。

3.3.2　吸附势理论

英国化学家波拉尼(Polanyi)在 1914 年提出了描述气体在固体表面吸附行为

的吸附势理论。吸附势理论是吸附热的早期理论。波拉尼认为固体表面存在着吸附势场，分子就是“落入”这种势场中而被吸附的。吸附势理论是多分子层吸附理论，吸附层就好像地球周围的大气，在固体表面上被压缩得很紧密，随着离表面距离的增加，密度随之减小。

吸附势理论模型的内容包括：

(1)吸附剂表面附近存在着吸附力场，吸附力场起作用的空间称为吸附空间。

(2)吸附空间中各点存在吸附势(adsorption potential)。吸附势定义为 1mol 气体从无穷远处吸附到某点所需的功。吸附势相等的点构成等势面；等势面和吸附表面所夹体积称为吸附体积。吸附势是吸附体积的函数，吸附势 ε_0 与温度无关，可表示为

$$\varepsilon_0=f(V) \tag{3-3-9}$$

只要知道吸附空间内任意一点的吸附势，就可以绘制出吸附特性曲线。如果固体表面的状态为液态吸附膜，吸附势大小等于 1mol 理想气体从气相中平衡压强压缩到吸附温度 T 饱和蒸气压所需之功：

$$\varepsilon=\int_p^{p_\mathrm{s}} V_\mathrm{m}\mathrm{d}p=\int_p^{p_\mathrm{s}}\frac{RT}{p}\mathrm{d}p=RT\ln\frac{p_\mathrm{s}}{p} \tag{3-3-10}$$

当这部分功全部转化为热量时，这里的吸附势实质上就是吸附热。

$$Q_\mathrm{m,p}=-\int_p^{p_\mathrm{s}} V_\mathrm{m}\mathrm{d}p=-\int_p^{p_\mathrm{s}}\frac{RT}{p}\mathrm{d}p=RT\ln\frac{p}{p_\mathrm{s}} \tag{3-3-11}$$

早期吸附势理论存在着不足，只将吸附态仅仅看作压缩气体状态或饱和蒸汽状态，饱和蒸汽压常常要依靠经验公式进行修正。最初，吸附势理论只用于压缩气体和液体膜吸附；1928 年，波拉尼指出吸附势模型也可用于单分子层吸附。早期的研究工作集中在木炭和硅胶表面对气体有机物、二氧化碳、硫氧化物的吸附，但吸附理论始终没能给出简明的吸附等温式。

俄国化学家 Dubinin 发展了波拉尼的吸附势理论，提出了吸附特性曲线中的亲和系数(affinity coefficient)的概念，并提出了等温吸附方程，即 Dubinin-Radushkevish 方程，发展了微孔体积填充理论。

对于同一吸附剂，A、B 两种吸附分子在距表面某处吸附势之比为常数：

$$\frac{\varepsilon_\mathrm{A}}{\varepsilon_\mathrm{B}}=\text{常数}=\beta \tag{3-3-12}$$

式中，比值 β 为亲和系数。

根据色散作用理论，两种分子的吸附势的比值只与吸附分子的极化率和电势

能有关，一般地，可认为

$$\frac{\varepsilon_A}{\varepsilon_B}=\frac{\alpha_A}{\alpha_B}=\beta \tag{3-3-13}$$

式中，α_A、α_B为 A、B 两种吸附分子的极化率。

Dubinin 的工作主要是基于活性炭吸附的研究，这个规律在其他的色散力为主导的吸附作用体系中同样成立。煤吸附瓦斯分子的作用力主要是色散力，因此吸附势理论可以用于计算吸附热。

吸附势理论的基本目标是找出吸附体积与吸附势的函数关系：

$$V=f\left(\frac{\varepsilon}{\beta}\right) \tag{3-3-14}$$

对于极小的微孔的活性炭体系，相对于管壁的吸附空间重叠，满足

$$V=V_0\mathrm{e}^{-\kappa\left(\frac{\varepsilon}{\beta}\right)^2} \tag{3-3-15}$$

式中，κ反映了微孔的体积分布情况。

对于孔径较大或者平面吸附，满足

$$V=V_0\mathrm{e}^{-m\left(\frac{\varepsilon}{\beta}\right)} \tag{3-3-16}$$

式中，m 为孔隙或平面形态参数。吸附势理论最早给出了吸附热的定义，吸附热就是不同状态下吸附势的差值。至今还经常用到吸附势理论。饱和蒸气压 p_s 经常依靠经验公式进行修正。另外，将吸附态看作是液态（或饱和蒸气态），也需视情况而定，但该理论有一定的适用范围。吸附势理论从压强的角度来解释吸附热。该理论用到理想气体状态方程，应当满足经典极限条件，有一定的局限性。这种局限性表现在吸附势理论只适用于吸附势场较弱的情况。

3.3.3 两能态简化模型

两能态简化模型是统计物理经常遇见的物理模型，在电磁学、激光和量子光学等诸多领域有着广泛的运用，如讨论顺磁性固体的磁性，以及将核自旋系统看作孤立系统而讨论其可能出现的负温状态等。运用两能态简化模型，我们将对煤吸附瓦斯有更加深入的了解。

游离态气体分子与吸附态分子处在热动平衡状态。热动平衡包括力学平衡、热平衡、相平衡和化学平衡，它们分别用压强 p、温度 T、化学势 μ 来表征。从

平衡判据可以导出相应的平衡条件。

吸附热可利用统计力学原理推导出来，当然也是建立在实验的基础上(汪志诚，2000)。以甲烷分子为例，来讨论两能态简化模型。假设定域系统含有 N 个近独立甲烷分子，每个甲烷分子都可能有两种状态：游离态、吸附态。设处在游离态的甲烷分子的能量(势能)为 ε_{f}，分子数为 N_{f}；处在吸附态的甲烷分子的能量(势能)为 ε_{a}，分子数为 N_{a}。不考虑甲烷分子之间的相互作用，单个甲烷分子的吸附热 q_{a} 可表示为

$$q_{\mathrm{a}}=\varepsilon_{\mathrm{a}}-\varepsilon_{\mathrm{f}} \tag{3-3-17}$$

如图 3-9 所示，若将游离态的甲烷分子的能量(势能)看作零，即 $\varepsilon_{\mathrm{f}}=0$，则

$$q_{\mathrm{a}}=\varepsilon_{\mathrm{a}}$$

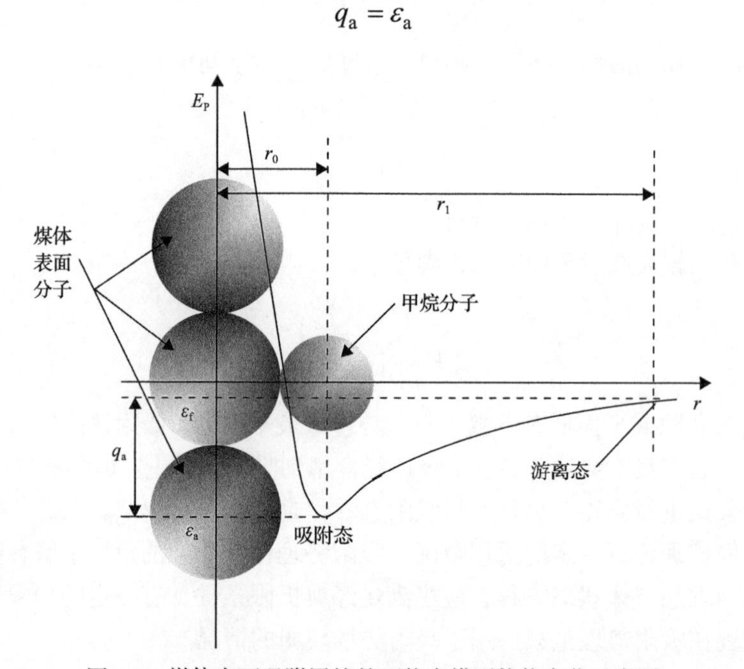

图 3-9　煤体表面吸附甲烷的两能态模型势能变化示意图

在温度为 T 的热平衡状态下，甲烷分子的分布遵从玻尔兹曼分布，则

$$N_{\mathrm{f}}=\mathrm{e}^{-\alpha-\beta\varepsilon_{\mathrm{f}}},\quad N_{\mathrm{a}}=\mathrm{e}^{-\alpha-\beta\varepsilon_{\mathrm{a}}} \tag{3-3-18}$$

式中，$\alpha=-\dfrac{\mu}{kT}$，$\beta=\dfrac{1}{kT}$：k 为玻尔兹曼常量；N_{f}、N_{a} 分别为游离态和吸附态甲烷分子数目。

由 $N_{\mathrm{f}}+N_{\mathrm{a}}=N$，得

$$\begin{cases} N_{\mathrm{f}} = \dfrac{N\mathrm{e}^{\beta(\varepsilon_{\mathrm{a}}-\varepsilon_{\mathrm{f}})}}{1+\mathrm{e}^{\beta(\varepsilon_{\mathrm{a}}-\varepsilon_{\mathrm{f}})}} = \dfrac{N\mathrm{e}^{\beta q_{\mathrm{a}}}}{1+\mathrm{e}^{\beta q_{\mathrm{a}}}} \\ N_{\mathrm{a}} = \dfrac{N}{1+\mathrm{e}^{\beta(\varepsilon_{\mathrm{a}}-\varepsilon_{\mathrm{f}})}} = \dfrac{N}{1+\mathrm{e}^{\beta q_{\mathrm{a}}}} \end{cases} \tag{3-3-19}$$

$$\frac{N_{\mathrm{f}}}{N_{\mathrm{a}}} = \mathrm{e}^{\beta q_{\mathrm{a}}} = \mathrm{e}^{\frac{q_{\mathrm{a}}}{kT}} \tag{3-3-20}$$

对式(3-3-20)两边取对数，得到两能态模型的吸附热 q_{a} 为

$$q_{\mathrm{a}} = kT\ln\frac{N_{\mathrm{f}}}{N_{\mathrm{a}}} \tag{3-3-21}$$

摩尔吸附热为

$$Q_{\mathrm{m,a}} = RT\ln\frac{n_{\mathrm{f}}}{n_{\mathrm{a}}} \tag{3-3-22}$$

吸附热总量 Q_{a} 为

$$Q_{\mathrm{a}} = N_{\mathrm{a}}kT\ln\frac{N_{\mathrm{f}}}{N_{\mathrm{a}}} = n_{\mathrm{a}}RT\ln\frac{n_{\mathrm{f}}}{n_{\mathrm{a}}} \tag{3-3-23}$$

式中，$\dfrac{N}{n} = \dfrac{N_{\mathrm{f}}}{n_{\mathrm{f}}} = \dfrac{N_{\mathrm{a}}}{n_{\mathrm{a}}} = \dfrac{R}{k} = N_{\mathrm{A}}$，其中，$n$ 为总物质的量，n_{f} 为游离态甲烷的物质的量，n_{a} 为吸附态甲烷的物质的量，N_{A} 为阿伏伽德罗常量。

分子数 N 是一个广延量，引入强度量，即单位体积内的分子数 $\dfrac{N}{V}$，或者单位体积的质量 $\rho = \dfrac{m}{V}$，于是式(3-3-21)可以表示为

$$q_{\mathrm{a}} = kT\ln\left(\frac{N_{\mathrm{f}}}{V_{\mathrm{f}}}\middle/\frac{N_{\mathrm{a}}}{V_{\mathrm{a}}}\right) \tag{3-3-24}$$

$$q_{\mathrm{a}} = kT\ln\frac{\rho_{\mathrm{f}}}{\rho_{\mathrm{a}}} \tag{3-3-25}$$

由于满足理想气体状态方程 $p = \dfrac{N}{V}kT$，在等温条件下又有

$$q_{\mathrm{a}} = kT\ln\frac{p_{\mathrm{f}}}{p_{\mathrm{a}}} \tag{3-3-26}$$

假如吸附态为饱和蒸气态，则 $p_a = p_s$，其结果与吸附势理论相同。

因为吸附态甲烷的势能低，所以 $N_f < N_a$，$q_a < 0$。这与实际情况是相符的，吸附过程是个放热反应，瓦斯主要以吸附态赋存在煤体中。

基于两能态简化模型，可提出描述吸附态气体的状态方程。假设游离态瓦斯满足理想气体状态方程：$pV_f = n_f RT$。由式(3-3-22)可得

$$n_f = n_a \mathrm{e}^{\frac{Q_{m,a}}{RT}} \tag{3-3-27}$$

将其代入理想气体状态方程，可得

$$pV_f = n_a RT \mathrm{e}^{\frac{Q_{m,a}}{RT}} \tag{3-3-28}$$

取系统的特征温度为 $\theta = (\varepsilon_f - \varepsilon_a)/k$，式(3-3-20)和式(3-3-21)表明 N_f、N_a 随着温度的变化取决于特征温度与体系温度之间的比值。在低温极限 $T \ll \theta$ 下，$N_a \approx N$，$N_f \approx 0$，分子冻结在吸附态。在高温极限 $T \gg \theta$ 下，$N_f \approx N_a \approx \frac{N}{2}$，吸附态甲烷分子数与游离态甲烷分子数相等，意味着在高温极限下吸附热对分子数分布已没有可以觉察的影响，分子以相等的概率处在两个能态中。

用两能态简化模型对煤吸附甲烷的摩尔吸附热进行估算(刘志祥和冯增朝，2012)。在标准状况下，90%为吸附态瓦斯，10%为游离态瓦斯，即特征温度为 $\theta = \frac{273\text{K}}{3}$ (见图 3-10 中 $T = 3\theta$ 处)。于是由两能态简化模型得到摩尔吸附热 $Q_{m,a}$ 为

$$\begin{aligned} Q_{m,a} &= N_A q_a = RT \ln \frac{N_f}{N_a} \\ &= 8.3 \times 273 \times \ln \frac{1}{9} \text{J/mol} \\ &\approx -4.98 \text{kJ/mol} \end{aligned} \tag{3-3-29}$$

3.3.4 朗缪尔单分子层统计力学模型

前面我们已经详细地讨论了朗缪尔单分子层统计力学模型，从朗缪尔单分子层模型的各种表达式就可以得到吸附热的表达式。朗缪尔单分子层模型与两能态简化模型的区别在于吸附态为表面态，吸附态分子做二维运动，即 $r_1 - r_0 = d$ (图 3-9)。由式(3-2-17)可知，单个甲烷分子的吸附热 q_a 与吸附态甲烷分子数 $\overline{N_a}$ 的关系为

$$q_{\mathrm{a}}=kT\ln\left[\frac{p(N_0-\bar{N}_{\mathrm{a}})}{\bar{N}_{\mathrm{a}}kT}\left(\frac{h^2}{2\pi mkT}\right)^{3/2}\right] \tag{3-3-30}$$

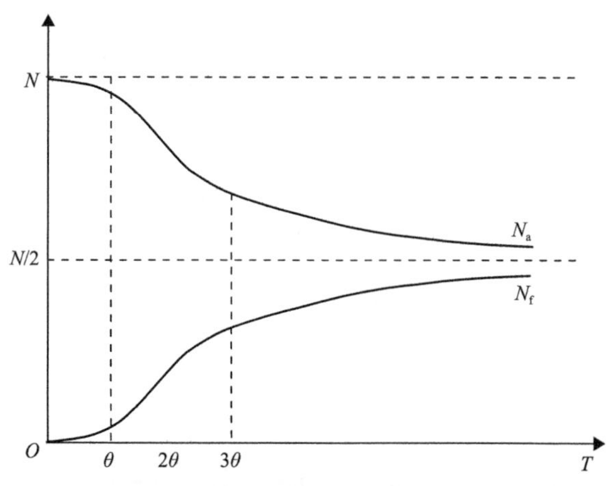

图 3-10　吸附态和游离态分子数随着温度的变化曲线

将游离态甲烷的理想气体状态方程 $pV_{\mathrm{f}}=N_{\mathrm{f}}kT$ 代入式(3-3-25)，得朗缪尔模型的吸附热 q_{a} 为

$$q_{\mathrm{a}}=kT\ln\left[\frac{N_{\mathrm{f}}(N_0-\bar{N}_{\mathrm{a}})}{\bar{N}_{\mathrm{a}}V}\left(\frac{h^2}{2\pi mkT}\right)^{3/2}\right] \tag{3-3-31}$$

在考虑吸附态瓦斯做二维运动的条件下，朗缪尔模型的吸附热 q_{a} 又可写为

$$q_{\mathrm{a}}=kT\ln\left[\frac{pA}{\bar{N}_{\mathrm{a}}kT}\left(\frac{h^2}{2\pi mkT}\right)^{1/2}\right] \tag{3-3-32}$$

或

$$q_{\mathrm{a}}=kT\ln\left[\frac{N_{\mathrm{f}}A}{\bar{N}_{\mathrm{a}}V}\left(\frac{h^2}{2\pi mkT}\right)^{1/2}\right] \tag{3-3-33}$$

在较低覆盖率下，引入近似 $\lambda\approx\left(\frac{h^2}{2\pi mkT}\right)^{1/2}$ 后，由式(3-3-25)、式(3-3-26)可得单个分子的吸附热为

$$q_{\mathrm{a}}=kT\ln\left(\frac{p\lambda^3}{kT}\frac{N_0-\bar{N}_{\mathrm{a}}}{\bar{N}_{\mathrm{a}}}\right) \tag{3-3-34}$$

或

$$q_{\mathrm{a}}=kT\ln\left[\frac{N_{\mathrm{f}}}{\bar{N}_{\mathrm{a}}}\frac{\lambda^{3}(N_{0}-\bar{N}_{\mathrm{a}})}{V}\right] \tag{3-3-35}$$

同样地，在考虑吸附态瓦斯做二维运动的条件下，朗缪尔模型的吸附热 q_{a} 可简化为

$$q_{\mathrm{a}}=kT\ln\left(\frac{p\lambda A}{\bar{N}_{\mathrm{a}}kT}\right) \tag{3-3-36}$$

或

$$q_{\mathrm{a}}=kT\ln\left(\frac{N_{\mathrm{f}}\lambda A}{\bar{N}_{\mathrm{a}}V}\right)=kT\ln\left(\frac{N_{\mathrm{f}}\lambda^{3}}{V}\frac{A}{N_{\mathrm{a}}}\right) \tag{3-3-37}$$

用朗缪尔单分子层统计力学模型对煤吸附甲烷的摩尔吸附热进行估算。在标准大气压下，对于与甲烷的分子量相同的氖气，从表 3-4 中可知，$V/(N_{\mathrm{f}}\lambda^{3})=9.3\times10^{3}$。

表 3-4　几种气体在标准大气压下的 $V/(N_{\mathrm{f}}\lambda^{3})$ 值（汪志诚，2000）

气体	1atm 标准大气压下的沸点/K	$V/(N_{\mathrm{f}}\lambda^{3})$
氦气（He）	4.2	7.5
氢气（H_2）	20.3	1.4×10^{2}
氖气（Ne）	27.2	9.3×10^{3}
氩气（Ar）	87.4	4.7×10^{5}

在覆盖率为 $\theta=1/100$ 的情况下，由朗缪尔单分子层模型得到摩尔吸附热 $Q_{\mathrm{m,a}}$ 为

$$\begin{aligned}Q_{\mathrm{m,a}}=N_{\mathrm{A}}\varepsilon_{\mathrm{a}}&=RT\ln\left(\frac{\dfrac{N_{0}-\bar{N}_{\mathrm{a}}}{\bar{N}_{\mathrm{a}}}}{\dfrac{V}{N_{\mathrm{f}}\lambda^{3}}}\right)\\&=8.3\times273\times\ln\left(\frac{99}{9.3\times10^{3}}\right)\\&=-10.29\,\mathrm{kJ/mol}\end{aligned} \tag{3-3-38}$$

3.3.5 模型之间的联系和区别

在室温(25℃)下讨论吸附和凝聚现象，我们引入无量纲量：

$$\xi = \left.\frac{|Q_{\mathrm{m}}|}{RT}\right|_{T=298\mathrm{K}} = \left.\frac{|q|}{kT}\right|_{T=298\mathrm{K}} \tag{3-3-39}$$

式中，$RT = 8.31\mathrm{J/(mol \cdot K)} \times 298\mathrm{K} = 2.476\mathrm{kJ/mol}$；$\xi$ 表征吸附热和温度之间的相对关系。对于凝聚现象，我们可取 $\xi_{\mathrm{L}} = \left.\frac{|Q_{\mathrm{m,L}}|}{RT}\right|_{T=298\mathrm{K}}$，那么 ξ_{L} 就能很好地反映室温(25℃)下的凝聚特性。对于吸附现象，我们可以取 $\xi_{\mathrm{a}} = \left.\frac{|Q_{\mathrm{m,a}}|}{RT}\right|_{T=298\mathrm{K}}$，同样地，$\xi_{\mathrm{a}}$ 就能很好地反映室温(25℃)下的吸附特性。我们可以根据 ξ 的值来选用相关的模型。

当 $\xi_{\mathrm{L}} \to 0$，$\xi_{\mathrm{a}} \to 0$ 时，既不用考虑凝聚，也不用考虑吸附。理想气体是其中一种情况，理想气体满足经典极限条件。理想气体状态方程是既不考虑分子自身的大小，又不考虑分子与分子之间的相互作用的理想模型。超临界态和等离子态都属于这种情况。理想气体状态方程为

$$pV_{\mathrm{m}} = RT \tag{3-3-40}$$

当 $\xi_{\mathrm{a}} \to 0$ 时，ξ_{L} 稍大，使用范德瓦耳斯方程和狄特里奇状态方程。

范德瓦耳斯方程为

$$\left(p + \frac{a}{V_{\mathrm{m}}^2}\right)(V_{\mathrm{m}} - b) = RT \tag{3-3-41}$$

狄特里奇状态方程为

$$p(V_{\mathrm{m}} - b) = RT\mathrm{e}^{-\frac{a}{RTV_{\mathrm{m}}}} \tag{3-3-42}$$

当 $\xi_{\mathrm{a}} \to 0$，$\xi_{\mathrm{L}} \gg 1$ 时，在室温下，物质为液态。

当 $\xi_{\mathrm{L}} \to 0$，ξ_{a} 较小时，不考虑凝聚，只考虑吸附。由于吸附场较小，气体分子之间的距离只是稍有变化，仍然满足经典极限条件，可使用吸附势理论和两能态模型。

当 $\xi_{\mathrm{L}} \to 0$，ξ_{a} 较大时，不考虑凝聚，只考虑吸附。由于吸附场较大，气体

分子的自由度减小，做二维运动，使用朗缪尔单分子层模型，满足第Ⅰ类吸附等温线。

当ξ_L、ξ_a都较大时，且$\xi_a > \xi_L$，满足BET多分子层吸附方程。BET方程中的$C \approx \exp\left(\dfrac{Q_{m,1} - Q_{m,L}}{RT}\right) = e^{\xi_a - \xi_L} > 1$，满足第Ⅱ类吸附等温线。

当ξ_L、ξ_a都较大时，且$\xi_a \leqslant \xi_L$，满足BET多分子层吸附方程。BET方程中的$C \approx \exp\left(\dfrac{Q_{m,1} - Q_{m,L}}{RT}\right) = e^{\xi_a - \xi_L} \leqslant 1$，满足第Ⅲ类吸附等温线。

当$\xi_L \to 0$，$\xi_a \gg 1$时，物质为完全吸附态。

ξ可以表征在任何温度下的凝聚和吸附特性，改变ξ的最好办法就是改变温度。凝聚和吸附特性对温度是很敏感的。

对于凝聚现象，由于分子与分子之间的相互作用力的精确描述尚不清楚，所以相应的状态方程很多(表3-5)，较常用的还是范德瓦耳斯方程。

表3-5　凝聚现象常用方程

方程名称	公式	相关参数	适用范围
范德瓦耳斯方程	$\left(p + \dfrac{a}{V_m^2}\right)(V_m - b) = RT$	$a = \dfrac{16\pi}{3} N_A^2 \phi_0 r_{mole}^3$ $b = \dfrac{16\pi}{3} N_A r_{mole}^3$	气-液系统
狄特里奇状态方程	$p(V_m - b) = RTe^{-\frac{a}{RTV_m}}$	同范德瓦耳斯方程	气-液系统
无引力钢球模型对应的物态方程	$pV_m = RT\left(1 + \dfrac{b}{V_m}\right)$	$b = \dfrac{16\pi}{3} N_A r_{mole}^3$	无引力，考虑分子大小的气体系统
基松势对应的物态方程	$pV_m = RT\left(1 + \dfrac{B}{V_m}\right)$	B较复杂，见式(2-1-17)	气-液系统
昂内斯物态方程	$p = \dfrac{RT}{V_m}\left[1 + \dfrac{1}{V_m}B(T) + \left(\dfrac{1}{V_m}\right)^2 C(T) + \cdots\right]$	$B(T) = b - \dfrac{a}{N_A kT}$ $C(T)$及其他常数尚不清楚	具有普适性

对于吸附现象，有单分子层吸附和多分子层之分(表3-6)。朗缪尔方程是单分子层吸附，且最具有代表性。对于多分子层吸附现象，BET方程最具有代表性，它包含着凝聚现象和吸附现象。

表 3-6 吸附现象常用方程

方程名称	公式	适用范围
朗缪尔方程	$\theta=\frac{bp}{1+bp}$	单分子层吸附
BET 二常数吸附方程	$\theta=\frac{V}{V_m}=\frac{Cp}{(p_s-p)[1+(C-1)p/p_s]}$	多分子层吸附
BET 三常数吸附方程	$\frac{V}{V_m}=\frac{Cx}{1-x}\times\frac{1-(n+1)x^n+nx^{n+1}}{1+(C-1)x-Cx^{n+1}}$ 其中 $x=\frac{p}{p_s}$， $C\approx\exp\left(\frac{Q_1-Q_L}{RT}\right)$	多分子层吸附
两能态吸附状态方程	$pV_f=n_aRTe^{\frac{Q_{m,a}}{RT}}$	多分子吸附，吸附态为压缩气体状态，满足经典极限条件

吸附热的分类在 3.3 节中已经详细讲述过，在此主要列出几种不同的模型所得到的吸附热的公式及其适用范围。

两能态简化模型和朗缪尔单分子层统计力学模型都是从分子数角度出发，下面着重讨论它们的区别(见表 3-7 中公式)。朗缪尔单分子层统计力学模型考虑分子间平均距离的减小及自由度的变化，而两能态简化模型没有考虑。随着煤体表面吸附瓦斯的剩余力场的逐渐增强，分子间的平均距离随之减小。对于外层瓦斯(相对于煤体表面)或者吸附热较小的煤体，分子间的平均距离和自由度变化不大，可采用两能态简化模型。对于内层瓦斯，应考虑分子间平均距离和自由度的变化，应采用朗缪尔单分子层统计力学模型。从以上分析可看出，通过两个模型的对照，

表 3-7 吸附热常用方程

吸附热	方程	典型数值(煤对甲烷)	适用范围
等量吸附热	$\frac{1}{p}\frac{dp}{dT}=\frac{-Q_{m,st}}{RT^2}$	16.3kJ/mol	瞬时吸附热， 覆盖率趋近于零时最大， 从化学势角度出发
吸附势理论所得吸附热	$Q_{m,p}=RT\ln\frac{p}{p_s}$	0 ~ 30kJ/mol	平均吸附热， 吸附态满足经典极限条件， 从压强角度出发
两能态模型所得吸附热	$Q_{m,a}=RT\ln\frac{n_f}{n_a}$	4.98kJ/mol	平均吸附热， 吸附态满足经典极限条件， 从分子数角度出发
朗缪尔方程所得吸附热	$Q_{m,a}=RT\ln\left[\frac{n_f(n_s-\overline{n_a})}{\overline{n_a}V}\left(\frac{h^2}{2\pi mkT}\right)^{\frac{3}{2}}\right]$	10.29kJ/mol	瞬时吸附热， 吸附态为表面态，不满足经典极限条件， 从分子数角度出发

由于分子间平均距离和自由度的变化，内层瓦斯的吸附热一般比外层瓦斯要大。换句话说，用朗缪尔单分子层模型算出来的吸附热要比用两能态简化模型大。

3.3.6 化学势对吸附热的影响

通常情况下的吸附热是在相平衡状态下进行测定的，即吸附态甲烷和游离态甲烷的化学势是相等的，这一点在两能态简化模型中可以看出(推导时运用了 μ 相等)。在不同的平衡温度下，其化学势 μ 是不相同的。对于压强和温度都变化的系统，吸附热还应该考虑化学势的变化，这是因为升高温度就削弱了游离态甲烷的化学势。游离态甲烷是理想气体，一个分子的化学势可以表示为

$$\mu=kT\ln\left[\frac{N}{V}\left(\frac{h^2}{2\pi mkT}\right)^{3/2}\right]=kT\ln\left[\frac{p}{kT}\left(\frac{h^2}{2\pi mkT}\right)^{3/2}\right] \tag{3-3-43}$$

由于初始压强不同，化学势 μ 不同。在初始平衡条件(温度为室温 25℃)下，化学势的差值为

$$\Delta\mu=kT_0\ln\left[\frac{p_2}{kT_0}\left(\frac{h^2}{2\pi mkT_0}\right)^{3/2}\right]-kT_0\ln\left[\frac{p_1}{kT_0}\left(\frac{h^2}{2\pi mkT_0}\right)^{3/2}\right]$$

即

$$\Delta\mu=kT_0\ln\frac{p_2}{p_1} \tag{3-3-44}$$

其中，$T_0=298\text{K}$。

1mol 分子的化学势差值为

$$\Delta\mu=RT_0\ln\frac{p_2}{p_1} \tag{3-3-45}$$

对于化学势在变化的系统，吸附热为

$$Q_{\text{m,a}}=(Q_{\text{m,a}})_{p_n}+\Delta\mu \tag{3-3-46}$$

式中，$(Q_{\text{m,a}})_{p_n}$ 为标准大气压下在相平衡下产生的标准吸附热，这也是实验在标准大气压和室温下经常测定的吸附热。由式(3-3-46)可知，对于不同的初始压强、初始条件下的化学势不同，吸附热结果不同。

从巨正则系综的角度可以这样理解；将吸附态瓦斯看作巨正则系综，吸附态瓦斯与游离态瓦斯不仅交换能量，还交换分子数。交换能量产生吸附热，交换分

子数产生化学势的差值，在封闭的系统中两者都以压强的升高这种形式表现出来，而通常的吸附过程是在等压情况（即相平衡状态下）进行的，化学势的变化表现不出来。

参考文献

陈俊杰, 任建莉, 钟英杰, 等. 2010. 分子模拟在气固吸附机制研究中的应用进展. 轻工机械, 28(6): 5-9, 13.

崔永君, 张庆玲, 杨锡禄. 2003. 不同煤的吸附性能及等量吸附热的变化规律. 天然气工业, 23(4): 130-131.

冯增朝, 赵阳升, 文再明. 2005. 岩体裂缝面数量三维分形分布规律研究. 岩石力学与工程学报, 24(4): 601-609.

冯增朝. 2008. 低渗透煤层瓦斯强化抽采理论及应用. 北京: 科学出版社.

傅雪海, 秦勇, 薛秀谦, 等. 2001. 煤储层孔、裂隙系统分形研究. 中国矿业大学学报, 3: 11-14.

傅雪海, 秦勇, 张万红, 等. 2005. 基于煤层气运移的煤孔隙分形分类及自然分类研究. 科学通报, 50(s1): 51-55.

高明忠, 金文城, 郑长江, 等. 2012. 采动裂隙网络实时演化及连通性特征. 煤炭学报, 37(9): 1535-1540.

郭亮, 吴占松. 2008. 超临界条件下甲烷在纳米活性炭表面的吸附机理[J]. 物理化学学报, 24(5): 737-742.

霍多特 B B. 1966. 煤与瓦斯突出. 宋士钊 王佑安译. 北京: 中国工业出版社.

贾建称, 张泓, 贾茜, 等. 2015. 煤储层割理系统研究: 现状与展望. 天然气地球科学, 26(9): 1621-1628.

降文萍, 崔永君, 张群, 等. 2007. 不同变质程度煤表面与甲烷相互作用的量子化学研究[J]. 煤炭学报, 32(3): 292-295.

降文萍. 2009. 煤阶对煤吸附能力影响的微观机理研究[J]. 中国煤层气, 6(2): 19-22.

李祥春, 聂百胜. 2006. 煤吸附水特性的研究. 太原理工大学学报, 4: 38-40.

李小彦, 解光新. 2004. 孔隙结构在煤层气运移过程中的作用——以沁水盆地为例. 天然气地球科学, 4: 23-26.

刘志祥, 冯增朝. 2012. 煤体对瓦斯吸附热的理论研究. 煤炭学报, 37(4): 647-653.

秦跃平, 傅贵. 2000. 煤孔隙分形特性及其吸水性能的研究. 煤炭学报, (1): 55-59.

汪志诚. 2000. 热力学・统计物理. 北京: 高等教育出版社.

严继民, 张启元. 1979. 吸附与凝聚. 北京: 科学出版社.

姚军, 王晨晨, 杨永飞, 等. 2013. 碳酸盐岩双孔隙网络模型的构建方法和微观渗流模拟研究. 中国科学: 物理学 力学 天文学, 07: 896-903.

曾春梅. 2007. 以 N-烷基二甲基甜菜碱表面活性剂为模板剂合成有序介孔二氧化硅. 济南: 山东大学.

张超, 鲁雪生, 顾安忠. 2004. 天然气和氢气吸附储能吸附热研究现状[J]. 太阳能学报, 25(2): 249-253.

张慧, 李小彦, 郝琦, 等. 2003. 中国煤的扫描电子显微镜研究. 北京: 地震出版社.

张天军, 许鸿杰, 李树刚, 等. 2009. 温度对煤吸附性能的影响[J]. 煤炭学报, 34(6): 802-805.

赵秀才. 2009. 数字岩心及孔隙网络模型重构方法研究. 北京: 中国石油大学.

赵阳升. 1994. 矿山岩石流体力学. 北京: 煤炭工业出版社.

朱银惠. 2011. 煤化学. 北京: 化学工业出版社.

Bakke S, Øren P E. 1997. 3-D pore-scale modelling of sandstones and flow simulations in the pore networks. SPE Journal, 2: 136-149.

Clarkson C R, Busting R M, Levy J H. 1997. Application of the mono/multilayer and adsorption potential theories to coal methane adsorption isotherms at elevated temperature and pressure[J]. Carbon, 35(12) :1689-1705.

Ding T-F, Ozawa S, Yamazaki T, et al. 1988. Generalized treatment of adsorption of methane onto various zeolites[J]. Langmuir, 4(2), 392-396.

Dong H. 2007. Micro-CT Imaging and Pore Network Extraction. London: Mperial College London.

Hazlett R D. 1997. Statistical characterization and stochastic modeling of pore networks in relation to fluid flow. Mathematical Geology, 29(6): 801-823.

Nodzeriski A. 1998. Sorption and desorption of gases (CH_4, CO_2) on hard coal and active carbon at elevated pressures[J]. Fuel, 77(11): 1243-1246.

Raeini A Q. 2013. Modelling Multiphase Flow Through Micro-CT Images of The Pore Space. London: Imperial College London.

Wu K, Numan N, Crawford J W, et al. 2004. An efficient markov chain model for the simulation of heterogeneous soil structure[J]. Soil Science Society of American Journal, 68: 346-351.

Wu K, van Dijke M I J, Couples G D, et al. 2006. 3D stochastic modelling of heterogeneous porous media–applications to reservoir rocks. Transport in Porous Media, 65(3): 443-467.

第四章 煤的非均匀势阱吸附甲烷规律

4.1 煤的非均匀势阱吸附甲烷理论模型

煤体基团类型、孔隙几何形态及矿物质成分的多样性引起了煤吸附/解吸甲烷势阱深度(能量)的差异。如第三章所述：降文萍等(2007)通过分子模拟发现不同含氧官能团及侧链对甲烷的吸附能力不同，其势阱深度在 4～9kJ/mol，崔永君等(2003)，张超等(2004)，郭亮和吴占松(2008)平均吸附热实验测定值在 0～30kJ/mol 之间。众多实验表明，煤中甲烷吸附量对 0～270℃范围内温度变化具有较高的敏感性(钟玲文，2004；Zhao et al.，2011)，而甲烷分子能量分布与其温度有关，平均动能为 $3kT/2$，因此可以推断，煤孔隙表面既存在一部分远高于甲烷分子能量的深吸附势阱，又存在大量与甲烷分子能量相当的浅势阱(周动等，2016)。岳高伟等(2014)指出，煤的等量吸附热随吸附量的增大而减小，表明煤表面能量是不均匀的；Nie 等(2013)研究表明甲烷在煤的含羟基侧链中更容易被吸附，而在苯环的位置很难被吸附，其吸附能量存在差异；Deng 等(2019)研究表明煤与甲烷吸附热随吸附量增大而降低。Meng 等(2016)指出，吸附势和表面自由能总降低值的规律表现为糜棱结构煤＞碎粒结构煤＞碎裂结构煤＞原生结构煤。

煤体势阱深度的非均匀性使得其吸附/解吸甲烷行为与朗缪尔方程不符，给煤层气热采解吸效率精确评价带来了巨大挑战。例如，Karacan 和 Okandan(2000)研究发现，由于煤表面能量的非均匀特征，朗缪尔方程预测值与实验结果的偏差随吸附量的增加而增大；陈青等(2012)研究表明，煤吸附甲烷的参数 a 与 b 随吸附压力变化而改变。马东民等(2011)指出，需引入匮乏压力下的残余吸附量对朗缪尔方程进行修正，才能对甲烷解吸过程进行较为精确的描述。因此，有必要阐明煤体势阱的深度非均匀特性，揭示煤体势阱吸附/解吸甲烷规律。

煤表面非均匀势阱吸附甲烷特征可通过煤吸附甲烷动力学过程进行分析。根据朗缪尔单分子层吸附模型，当考虑煤样表面势阱深度的非均匀性时，在不同恒温条件下吸附过程中有

$$\begin{cases} b = b_{\mathrm{m}}, & -\varepsilon \ll kT \\ b = +\infty, & -\varepsilon \gg kT \end{cases} \tag{4-1-1}$$

将 b 值代入朗缪尔方程(式(3-2-1))：

$$\begin{cases}\theta = \dfrac{b_m p}{1+b_m p}, & b = b_m \\ \theta = 1, & b = +\infty\end{cases} \tag{4-1-2}$$

由式(4-1-1)、式(4-1-2)可知，在恒温条件下，kT 为恒定值，对于煤表面深吸附势阱，吸附速率参数 b 极大，即吸附速率远大于解吸速率，所以在降低吸附压力时几乎不发生解吸；而对于浅吸附势阱($-\varepsilon \ll kT$)，吸附速率参数 b 趋于最小值 b_m，即吸附速率远小于解吸速率，所以在升高吸附压力时几乎不发生吸附。在这两种情况下，吸附位覆盖率对吸附压力的敏感度很低。这与均匀势阱吸附特征具有明显的区别(周动等，2016)。

从吸附动力学角度看，煤与甲烷吸附过程为“碰撞-吸附”，即煤表面附近游离甲烷分子与吸附位发生碰撞，如果甲烷分子具备脱离表面逸向空间的能量，则发生解吸，反之则吸附。与化学平衡反应类似，煤与甲烷吸附压力 p 决定单位时间内甲烷分子与吸附位发生碰撞的总次数，而温度 T 则通过影响甲烷分子的能量分布来影响所有碰撞中发生“有效碰撞”的比率，从而共同影响煤表面甲烷吸附量。因此，对于非均匀煤体，在一定温度下增加吸附压力时，并非所有吸附位都具有吸附甲烷的能力：势阱深度小于甲烷分子能量的吸附位与甲烷分子碰撞后不发生吸附；只有势阱深度大于甲烷分子能量的吸附位与甲烷分子发生碰撞，才发生吸附，并放出吸附热。

在煤与甲烷吸附过程中，煤表面非均匀势阱的覆盖率主要受到体系温度与吸附压力的共同影响，具体分析如下。

对于煤表面势阱深度为$-\varepsilon$ 的所有吸附位，其覆盖率由朗缪尔公式可知

$$\theta_{-\varepsilon} = \frac{b_{-\varepsilon} p}{1+b_{-\varepsilon} p} \tag{4-1-3}$$

将式(4-1-2)代入式(4-1-3)并整理可得

$$\theta_{-\varepsilon} = \frac{1}{1+\exp\left[\ln\left(\dfrac{1}{pb_m}\right) - \dfrac{1}{kT}\cdot(-\varepsilon)\right]} \tag{4-1-4}$$

由式(4-1-4)可以看出，在煤与甲烷吸附平衡时，不同深度势阱的覆盖率符合以吸附压力 p 与温度 T 为参数的 Logistic(S 型)曲线规律，这表明在任意确定的(p,T)条件下，并非所有深度的吸附势阱均发生了吸附现象，深吸附势阱几乎饱和吸附，浅吸附势阱几乎不发生吸附，中等深度势阱的覆盖率 $\theta_{-\varepsilon}$ 随其势阱深度$-\varepsilon$

的增加而增大，即在不同温度与吸附压力条件下，煤中甲烷分子均倾向于吸附在势阱较深的吸附位上。当增加吸附压力或降低温度时，势阱深度由高到低的吸附位依次发生吸附，甲烷吸附量增大；反之，当降低吸附压力或升高温度时，势阱深度由低到高的吸附位依次发生解吸，甲烷吸附量减小。

4.2 煤的非均匀势阱吸附甲烷特征实验研究

煤吸附甲烷的高温测定系统主要由精密加热炉、压力机及其稳压系统、甲烷储罐、甲烷吸附缶、气体收集计量等设备组成。实验系统原理如图 4-1 所示，压力机及稳压系统可对甲烷吸附缶进行加载，从而保证吸附缶的密封。精密加热炉用于对甲烷吸附缶进行室温至 600℃范围的加热，温度误差为±0.1℃；实验使用煤样取自潞安矿区屯留矿 3#煤层，煤样大小为ϕ100mm×150mm；甲烷吸附缶内径与煤样直径相同，甲烷储罐及气体收集测量系统通过内直径为 4mm 的金属管相连，测试表明，该实验装置能够完成室温至 300℃的高温实验。

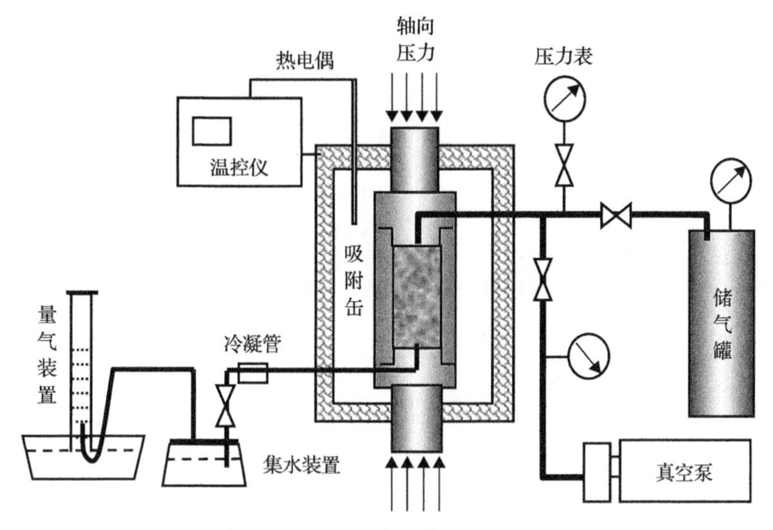

图 4-1 实验系统原理图

为了对煤的非均匀势阱吸附甲烷特征进行研究，利用该实验装置分别进行了不同温度下的等温吸附实验与等压吸附实验。实验设定了 60～240℃间共 7 种不同的温度。实验前首先通过真空泵对吸附缶进行真空处理，并维持 24h。等温吸附实验过程为：将煤样抽真空后，向吸附缶中注入设定吸附压力的甲烷气体，甲烷达到设定的吸附平衡压力后，关闭注气(排气)阀门，开始进行不同温度阶段吸附实验；迅速将加热炉加热至设定温度，然后保持恒温状态，观察并记录吸附缶中的压力变化，直至甲烷达到新的动态吸附平衡，吸附缶中的甲烷压力不再变化时，记录温度及其对应的甲烷压力；将温度升至下一个实验温度，在每一种温度下分别记录 5 个不同的吸附压力和吸附量特征点。等压吸附实验过程为：在 60℃吸附平衡后，设定至恒定压力对其进行升温解吸，此过程中每一温度保持 8h 以上，当压力维持不变时视为吸附平衡，然后通过测定初始吸附量与不同温度下的恒压解吸量来计算得到煤中甲烷吸附量。

4.2.1 非均匀势阱煤体吸附甲烷规律

等温与等压吸附实验的吸附量、温度、吸附压力如表 4-1 所示。首先对不同温度下的等温吸附过程进行分析。依据朗缪尔公式对表 4-1 数据进行拟合，拟合结果如表 4-2。可以看出：在 60～240℃范围内，贫煤等温吸附甲烷较好地符合朗缪尔公式。其中 a 代表在不同恒温条件下，通过升高吸附压力可以使煤中甲烷吸附量(mol)达到的最大值。与理想朗缪尔模型的吸附规律不同，具有非均匀势阱天

表 4-1 不同温度下煤与甲烷的吸附量与吸附压力测定值

吸附条件	60℃		90℃		120℃		150℃		180℃		210℃		240℃	
	p/MPa	V/L	p/MPa	V/L	p/MPa	V/L	p/MPa	V/L	p/MPa	V/L	p/MPa	V/L	p/MPa	V/L
等温吸附	0.107	2.987	0.21	2.776	0.355	2.51	0.525	2.233	0.714	1.959	0.916	1.696	1.167	1.386
	0.187	3.79	0.336	3.492	0.531	3.142	0.748	2.801	0.988	2.463	1.282	2.076	1.578	1.73
	0.269	4.588	0.473	4.183	0.715	3.76	1.005	3.304	1.319	2.865	1.659	2.436	2.054	1.984
	0.464	6.109	0.763	5.528	1.131	4.893	1.525	4.297	1.973	3.682	2.462	3.074	2.994	2.469
	0.665	7.614	1.066	6.845	1.544	6.032	2.009	5.185	2.684	4.396	3.285	3.678	3.942	2.955
等压吸附	0.1	2.48	0.1	1.68	0.1	1.22	0.1	0.93	0.1	0.69	0.1	0.49	0.1	0.32
	0.7	9.78	0.7	7.08	0.7	5.28	0.7	4.28	0.7	3.36	0.7	2.48	0.7	1.68

表 4-2 不同温度下等温吸附实验数据拟合

温度/℃	a/mol	b	相关系数 R^2
60	1.440092	1.761364	0.9991
90	1.257545	1.112853	0.9947
120	1.213121	0.555053	0.9875
150	0.93985	0.564133	0.9975
180	0.918577	0.343463	0.9943
210	0.804376	0.261916	0.9932
240	0.751563	0.174296	0.9862

然煤体吸附甲烷的拟合参数 a 随温度升高而减小。这表明在实验设定的任一温度下，煤表面均存在势阱深度小于甲烷分子能量的吸附位，无法通过增加吸附压力而发生吸附；当温度升高时，甲烷平均分子动能增大，使得势阱深度小于甲烷分子能量的吸附位增多，煤中的极限吸附量(拟合参数 a)也减小。

等压条件下甲烷吸附量随温度变化如图 4-2 所示，可以看出，在不同吸附压力下，煤中甲烷吸附量的降低量随温度升高渐缓，在吸附压力变化相同的条件下(由 0.1MPa 到 0.7MPa)，吸附量的变化量随温度升高而减小，即吸附量对吸附压力的敏感程度随温度升高而降低。这表明，由于煤表面吸附势阱具有非均匀性，吸附量越小，吸附态甲烷分子占据吸附位的势阱深度越深，其吸附状态对吸附压力的敏感度越弱。这也是目前工业降压抽采煤层气效率低下的主要原因之一，对于紧缚在深势阱中的甲烷分子，只有提高温度改变甲烷分子能量分布，才能有效地使其吸附状态发生改变。

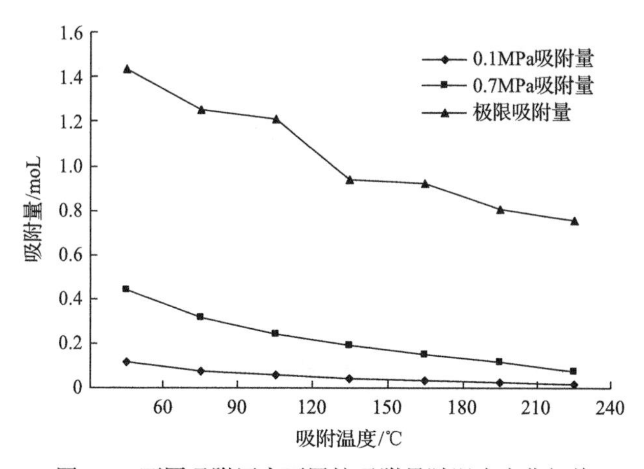

图 4-2　不同吸附压力下甲烷吸附量随温度变化规律

4.2.2　温度与吸附压力对煤与甲烷吸附热的影响

由于吸附位势阱深度的差异性与被覆盖的优先程度不同，当体系温度 T 与吸附压力 p 发生改变时，煤与甲烷吸附热也发生改变。在进行实验分析时，可以分别通过恒压吸附和恒温吸附实验来研究温度和吸附压力对吸附热的影响。在吸附实验中，煤表面实际吸附位总数是不可测定的，这里引用表 4-1 中数据，将 60℃时的极限吸附量视为饱和吸附量，分别对等温吸附与等压吸附过程分阶段拟合，并对其吸附热进行计算。

1. 等压吸附过程吸附热变化

温度对吸附热的影响可通过对等压吸附过程不同温度段分段拟合来分析，如

图 4-3 所示，将等压过程中的 60～150℃视为低温阶段，150～240℃视为高温阶段。拟合时将式(4-1-4)简写为

$$\theta_{\mathrm{m}} = pb_{\mathrm{m}}\exp\left(-\frac{\varepsilon}{kT}\right) \tag{4-2-1}$$

式中，$\theta_{\mathrm{m}} = \dfrac{\theta_{-\varepsilon}}{1-\theta_{-\varepsilon}}$。等压吸附拟合结果如表 4-3 所示。拟合结果具有较高的相关系数，在 0.1MPa 与 0.7MPa 恒定吸附压力下，煤与甲烷吸附热计算值在 –21.544～–13.422kJ/mol，且吸附热均为高温阶段明显高于低温阶段，吸附压力越低，升高温度时吸附热变化程度越明显。这是由于等压吸附时，在高温阶段，甲烷分子平均能量较高，只能被较深的吸附势阱所吸附，导致吸附热也较大；而在低温阶段，甲烷分子平均能量较低，较浅的吸附势阱也发生了吸附现象，因此平均吸附热也较小。

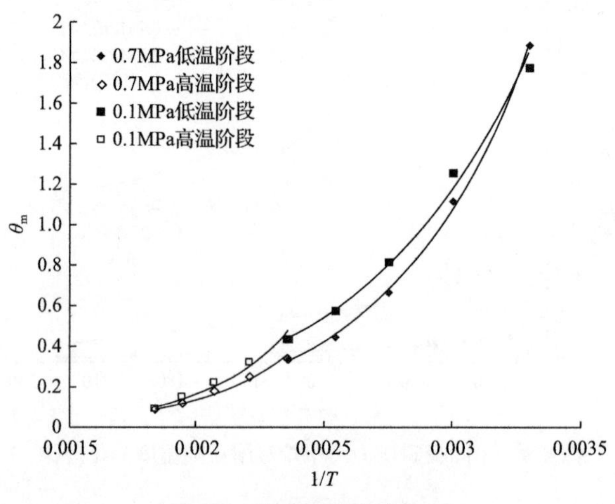

图 4-3　等压吸附曲线拟合

表 4-3　不同温度段等压吸附曲线拟合与吸附热

吸附压力	温度范围	拟合结果	相关系数 R^2	吸附热/(kJ/mol)
0.1MPa	60～150℃	$\theta_{\mathrm{m}} = 0.0065\exp\left(\frac{16143}{T}\right)$	0.9997	–13.422
	150～240℃	$\theta_{\mathrm{m}} = 0.007\exp\left(\frac{25911}{T}\right)$	0.9818	–21.544
0.7MPa	60～150℃	$\theta_{\mathrm{m}} = 0.0043\exp\left(\frac{16504}{T}\right)$	0.9973	–13.722
	150～240℃	$\theta_{\mathrm{m}} = 0.007\exp\left(\frac{24443}{T}\right)$	0.9776	–20.323

2. 等温吸附过程吸附热变化

吸附压力对吸附热的影响可通过对等温吸附过程不同压力段分段拟合来分析。拟合时将朗缪尔方程变形为

$$\frac{1}{V}=\frac{1}{abp}+\frac{1}{a} \tag{4-2-2}$$

将表 4-1 中各个温度下分别有 5 个吸附压力测点。将每个温度下吸附测点由低到高排序，1～3 个测点组成的压力段视为该温度下的低压力段，4～5 个测点组成的压力段视为该温度下的高压力段，依据式(4-2-2)分步拟合得到不同温度下低压力段与高压力段的 b 值，拟合过程如图 4-4 所示。将此拟合结果与其对应温度值代入式(4-1-4)，即可计算不同压力段的吸附热。

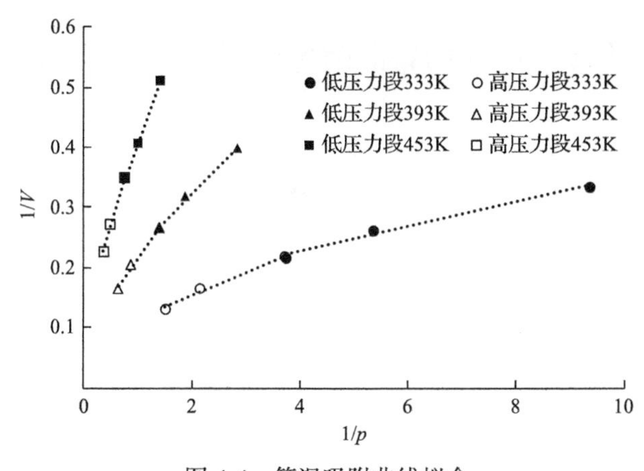

图 4-4 等温吸附曲线拟合

在计算吸附热时，需要对比例常数 b_m 进行确定，由于 b_m 可看作与温度和压力无关的常数，其值可依据式(4-1-4)通过对不同等温条件下 b 值(表 4-2)与对应温度 T 的拟合计算来获得，计算结果 b_m 为 0.0032MPa^{-1}。此值应用于所有等温吸附阶段吸附热的计算，拟合及计算结果如表 4-4 所示。

拟合结果具有较高的相关系数，且在 60～240℃温度下，煤与甲烷吸附热计算值在 –21.424～–16.936kJ/mol，煤与甲烷吸附速率 b 与吸附热 $-\varepsilon$ 均为低压力阶段明显高于高压力阶段。根据表 4-4，吸附热变化范围为同温度下高压力段与低压力段的吸附热之差，为 1.786～3.593kJ/mol。等温吸附过程中，在低压力阶段，由于煤体表面甲烷覆盖率低，甲烷分子更倾向于吸附在势阱较深的吸附位上，吸附热较高；而随着吸附压力增大，低势阱深度吸附位的覆盖率逐渐增加，导致平均吸附热减小。

表 4-4　不同温度下等温吸附曲线拟合

温度/℃	高压力段			低压力段			吸附热变化范围/(kJ/mol)
	b /MPa^{-1}	$-\varepsilon$ /(kJ/mol)	R^2	b /MPa^{-1}	$-\varepsilon$ /(kJ/mol)	R^2	
60	2.005	−17.831	0.9922	7.342	−21.424	0.9838	3.593
90	0.965	−17.231	0.9959	3.262	−20.906	0.9947	3.675
120	0.639	−17.309	0.9938	1.513	−20.123	0.9964	2.814
150	0.395	−16.936	0.9974	0.901	−19.837	0.9999	2.901
180	0.353	−17.718	0.9997	0.612	−19.788	0.9977	2.07
210	0.292	−18.121	0.9975	0.532	−20.535	0.9984	2.414
240	0.234	−18.31	0.9958	0.356	−20.096	0.9959	1.786

4.3　基于吸附动力学的煤非均匀势阱吸附甲烷特征数值模拟

4.3.1　煤与甲烷模型建立与吸附过程数值模拟

蒙特卡罗模拟方法通过生成服从某一概率分布的随机变量来模拟物理过程，并用统计方法估计模型的数字特征，从而得到实际问题的数值解。Bird(1994)利用此方法追踪大量模拟分子的运动、碰撞及其与壁面的相互作用，以模拟真实气体的流动，取得了巨大成功。本节则利用此方法对煤与甲烷吸附动力学过程进行数值模拟。

依据煤与甲烷吸附动力学模型，利用蒙特卡罗数值模拟方法，对煤样与甲烷吸附的数值模型进行如下表述(周动等，2016)：

(1)甲烷分子在煤孔隙表面的吸附为单分子层吸附，煤样模型的吸附位总数为200×200。

(2)假定吸附位个数随吸附势阱深度增加而减小，分别建立两种不同分布规律的煤样数值模型。

煤样模型 A：势阱深度与吸附位个数服从如下负指数分布函数：

$$\phi(\varepsilon) = \alpha \exp(-\gamma\varepsilon) \tag{4-3-1a}$$

式中，ε 为势阱深度，kJ/mol；$\phi(\varepsilon)$ 为 ε 势阱深度下的统计分布密度；α 为非均匀分布参数，取值 0.0982；γ 为非均匀分布参数，取值 0.134。

获得煤样势阱深度处于 0.1152～50524kJ/mol 范围内，其势阱平均深度为 7.113kJ/mol，方差为 7.033(kJ/mol)^2。

煤样模型 B：势阱深度与吸附位个数服从如下线性分布函数：

$$\phi(\varepsilon)=-\alpha\varepsilon+\gamma \tag{4-3-1b}$$

式中，ε 为势阱深度，kJ/mol；$\phi(\varepsilon)$ 为 ε 势阱深度下的统计分布密度；α 为非均匀分布参数，取值–0.0031；γ 为非均匀分布参数，取值 0.0695。

获得煤样势阱深度处于 0.1152～50524kJ/mol 范围内，其势阱平均深度为 7.402kJ/mol，方差为 5.237 $(\text{kJ/mol})^2$。势阱深度分布方差的大小即反映了势阱分布的非均匀性，方差越大，非均匀性越强。与前文中所讨论的煤吸附甲烷物理现象对照可看出，由此获得的两种煤样数值模型与真实煤体具有较高一致性。

(3) 在吸附体系达到热力学平衡状态时，甲烷分子能量服从玻尔兹曼分布，即

$$\frac{N_{\varepsilon>\varepsilon_0}}{N}=\exp\left(-\frac{\varepsilon_0}{kT}\right) \tag{4-3-2}$$

式中，N 为甲烷气体分子总数；$N_{\varepsilon>\varepsilon_0}$ 为能量值大于 ε_0 的甲烷分子数，其余同上。

以 273K 为例，甲烷分子能量处于 0.0375～17.394kJ/mol，平均分子能量为 3.78kJ/mol。两种煤样势阱深度与不同温度下甲烷分子能量分布如图 4-5 所示。

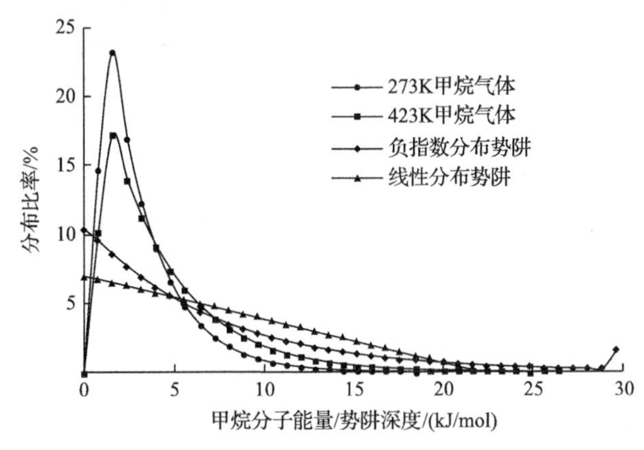

图 4-5 煤表面势阱深度与不同温度下甲烷分子能量分布规律

(4) 在吸附过程中，甲烷吸附压力的微观度量为甲烷分子与煤孔隙表面吸附位的碰撞速率，数值计算时，假定 1MPa 吸附压力下，单位时间内甲烷分子与煤样模型表面吸附位的碰撞总次数为 1000 次。

煤与甲烷吸附实验数值模拟通过基于 Matlab 编写的程序实现，数值模拟实验方案设定如表 4-5 所示。在对煤与甲烷吸附动力学过程进行数值模拟时，首先依据上述基本假设建立两种煤样与甲烷粒子源的数值模型，然后依据吸附动力学进行不同条件下甲烷吸附/解吸动态过程的数值模拟。

表 4-5　数值模拟实验方案设定

煤样模型编号	温度/K	吸附压力/MPa
煤样模型 A，煤样模型 B	273，303，333，363，393，423，453，483	0.1，0.25，0.5，1.0，2.0，4.0，8.0，16，32

对煤孔隙表面每个吸附位的吸附状态依次进行 i 次重复计算，并记录每次动态吸附/解吸循环后的吸附量，直到连续两次吸附/解吸循环之间，满足式(4-3-3)关系，则视为吸附平衡。

$$\frac{\left|n_i - n_{i-1}\right|}{n_{i-1}} < \nu , \qquad i > 1 \tag{4-3-3}$$

式中，ν 为平衡状态吸附量容许误差，此处取 0.1%；n_i、n_{i-1} 分别为第 i 次、第 $i-1$ 次动态吸附解吸循环计算后的吸附量。

此时即可对煤与甲烷吸附平衡状态的吸附量(覆盖率)与吸附热进行统计。

4.3.2　非均匀势阱的等温吸附特征

煤样模型 A、B 在不同温度下的等温吸附曲线如图 4-6 所示。等温吸附过程中，煤样模型 A、B 吸附势阱覆盖率均随吸附压力升高呈现出类似朗缪尔曲线的规律，即随着吸附压力升高，煤表面吸附势阱覆盖率增大，且增大趋势逐渐减缓；在相同吸附压力下，温度越高，覆盖率越低。

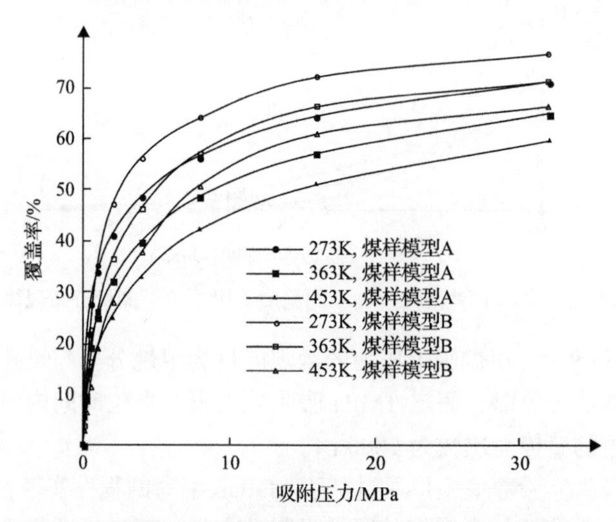

图 4-6　不同温度下煤样模型 A 与模型 B 的等温吸附曲线

为了将非均匀吸附势阱模型等温吸附曲线与理想朗缪尔曲线进行比较，建立势阱深度为 7kJ/mol 的理想朗缪尔煤样模型，并计算其在 0℃时不同吸附压力下的覆盖率，得到理想朗缪尔等温吸附曲线，如图 4-7 所示。对比同温度下非均匀煤样模型 A、B 与理想朗缪尔等温吸附曲线可知，在低吸附压力下，非均匀势阱煤样模型(煤样模型 A、B)覆盖率随吸附压力升高而增加的速度大于理想朗缪尔模型，这表明在较低吸附压力下，非均匀势阱煤样模型中发生吸附的势阱深度值远大于甲烷分子能量，吸附极易发生，且吸附态甲烷分子被紧缚在深势阱中，不易解吸；随吸附压力升高，非均匀势阱煤样模型覆盖率升高，发生吸附的势阱深度明显降低，解吸更易发生，使得覆盖率随吸附压力升高而增大的速度低于理想朗缪尔模型。依据朗缪尔方程对不同温度下煤样模型 A、B 等温吸附过程的拟合结果如表 4-6 所示。可以看出，煤样模型 B 对朗缪尔方程拟合相关系数均高于煤样模型 A。这表明非均匀势阱煤样模型等温吸附规律与其势阱深度的分布有关，煤样模型 B 的吸附势阱非均匀性弱于煤样模型 A，因此其等温吸附曲线也比煤样模型 A 更接近理想朗缪尔曲线。在等温吸附过程中，煤样模型 A、B 的吸附热变化如图 4-8 所示，煤与甲烷吸附热随吸附压力升高先迅速降低，后趋于平缓，由于煤样模型 A 吸附势阱分布非均匀性更强，其吸附热在升压初期下降速度更快。

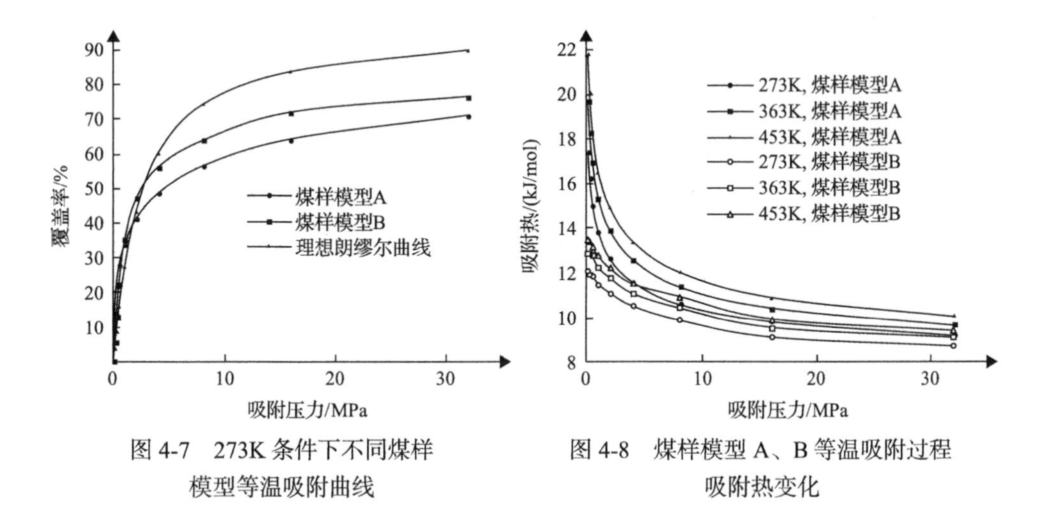

图 4-7　273K 条件下不同煤样模型等温吸附曲线

图 4-8　煤样模型 A、B 等温吸附过程吸附热变化

表 4-6　非均匀吸附势阱煤体等温吸附曲线朗缪尔方程拟合

煤样模型	温度/K	拟合方程	相关系数 R^2
A	273	$\theta=\dfrac{0.5137\times3.4753p}{1+3.4753p}$	0.9537
	363	$\theta=\dfrac{0.4236\times2.4765p}{1+2.4765p}$	0.9577
	453	$\theta=\dfrac{0.3636\times1.7205p}{1+1.7205p}$	0.9726

续表

煤样模型	温度/K	拟合方程	相关系数 R^2
	273	$\theta = \frac{0.7734 \times 0.8017p}{1+0.8017p}$	0.9998
B	363	$\theta = \frac{0.7158 \times 0.5814p}{1+0.5814p}$	0.9995
	453	$\theta = \frac{0.5926 \times 0.4964p}{1+0.4964p}$	0.9997
朗缪尔模型	273	$\theta = \frac{0.9926 \times 0.3787p}{1+0.3787p}$	1.0000

4.3.3 非均匀势阱的等压吸附特征

如图 4-9 所示，在不同吸附压力下，煤样模型 A、B 的覆盖率均随温度升高而降低，且降低趋势渐缓。这是由于温度升高会使得甲烷分子能量平均值增大，导致煤表面一部分较浅的势阱无法发生吸附。

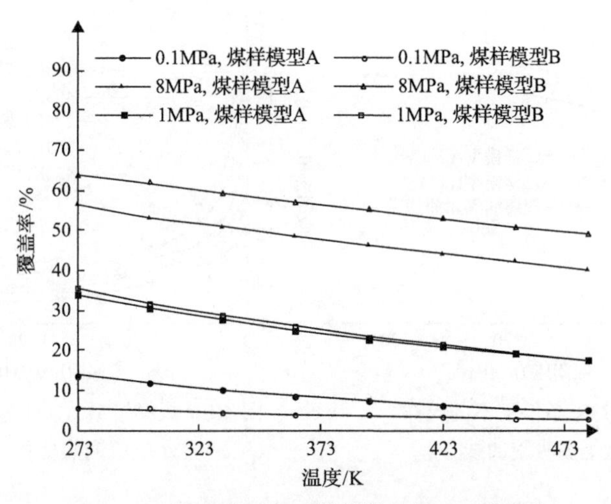

图 4-9 不同吸附压力下煤样模型等压吸附曲线

为了探究势阱分布非均匀性对煤体等压吸附甲烷的影响，现对理想朗缪尔模型(势阱深度为 7kJ/mol)在 1MPa 吸附压力时覆盖率随温度的变化进行数值计算。如图 4-10 所示，对非均匀势阱煤样模型 A、B 与理想朗缪尔模型等压吸附曲线对比得知，在相同吸附压力下升高温度时，理想朗缪尔模型覆盖率下降量最明显，煤样模型 B 覆盖率下降量次之，煤样模型 A 覆盖率下降量最小。这表明在相同吸附压力下，温度对覆盖率的影响与煤样模型吸附势阱分布非均匀性有关，吸附势阱非均匀性越强，温度对覆盖率影响越小。在等压吸附过程中，煤样模型 A、B 吸附热随温度变化如图 4-11 所示，温度升高时，煤与甲烷吸附热增大，且增大趋势渐缓。在等压条件下，温度主要通过影响甲烷分子能量的分布来改变煤孔隙表面不同深度势阱的覆盖率，从而对吸附热产生影响。

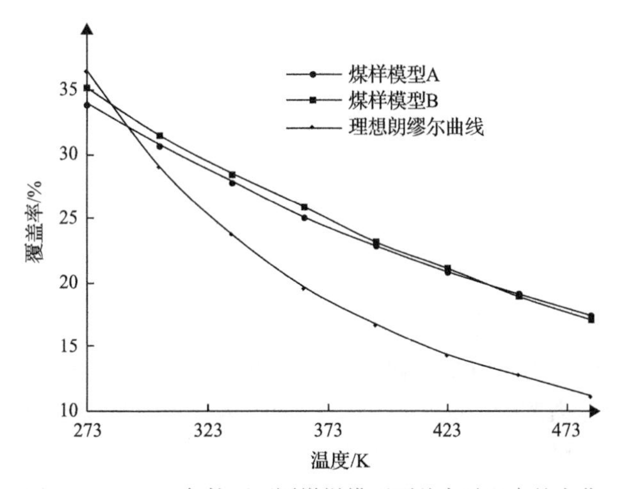

图 4-10　1MPa 条件下不同煤样模型覆盖率随温度的变化

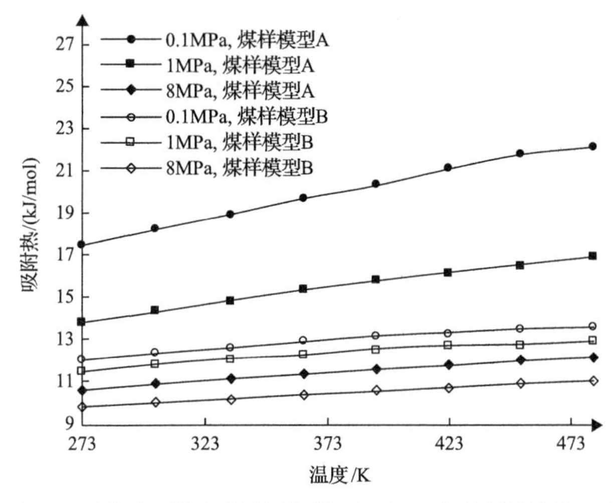

图 4-11　不同吸附压力下煤样模型 A 与 B 吸附热随温度变化

为了对煤中甲烷吸附量随温度升高而降低的规律进行精确描述，现基于已有研究，对非均匀煤样模型 A、B 等压吸附时覆盖率随温度的变化(图 4-9)分别进行线性拟合与负指数拟合，并做比较。如表 4-7 所示，两种煤样模型在不同吸附压力下，负指数拟合相关系数均达到了 0.995 以上，均高于线性拟合相关系数，这表明利用负指数衰减规律描述温度对煤与甲烷吸附量(覆盖率)的影响更加精确。

表 4-7 煤与甲烷等压吸附过程的曲线拟合

模型编号	吸附压力/MPa	线性拟合	相关系数 R^2	负指数拟合	相关系数 R^2
A	0.1	$\theta=-0.0413T+32.982$	0.9673	$\theta=50.676\exp(-0.005T)$	0.9958
	1.0	$\theta=-0.0782T+54.322$	0.9854	$\theta=80.193\exp(-0.003T)$	0.9991
	8.0	$\theta=-0.0758T+76.476$	0.9958	$\theta=86.633\exp(-0.002T)$	0.9991
B	0.1	$\theta=-0.0157T+9.8703$	0.9809	$\theta=17.494\exp(-0.004T)$	0.9961
	1.0	$\theta=-0.0853T+57.47$	0.9891	$\theta=89.409\exp(-0.003T)$	0.9997
	8.0	$\theta=-0.071T+83.11$	0.9984	$\theta=90.39\exp(-0.001T)$	0.9996

4.3.4 覆盖率对压力与温度的敏感性

在不同温度下，起始吸附压力为 0.1MPa，终态吸附压力分别为 2MPa、8MPa、32MPa 时，两种非均匀势阱煤样模型覆盖率的变化量计算结果如图 4-12 所示。可以看出，在吸附压力改变量相同时，煤样模型 A、B 的覆盖率变化量随温度升高而减小。这表明，随着温度升高，甲烷分子平均动能增加，分子热运动加剧，温度成为影响覆盖率的主要因素，导致覆盖率对吸附压力的敏感性降低。

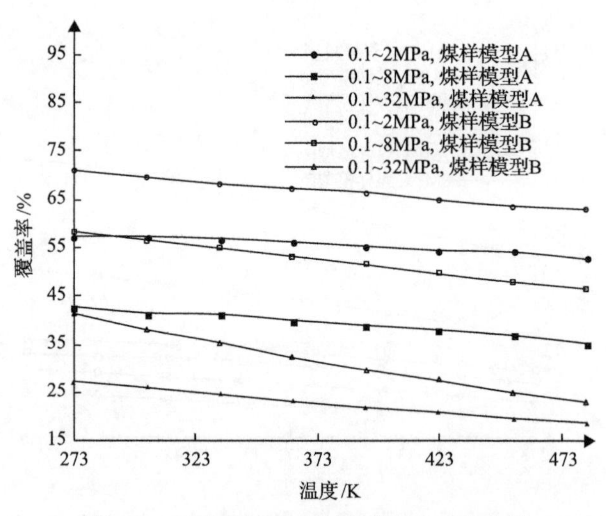

图 4-12 改变压力时不同温度覆盖率变化量

在吸附压力变化量相同时，煤样模型 A 覆盖率随温度升高的变化量均小于煤样模型 B，这表明覆盖率对吸附压力的敏感性与煤孔隙表面吸附势阱的分布有关，势阱分布非均匀性越强，覆盖率对吸附压力的敏感性越弱。

在不同吸附压力下，温度从 273K 分别升高到 333K、423K、483K 时，两种煤样模型覆盖率的变化量计算结果如图 4-13 所示。在温度变化量相同的条件下，吸附压力较低时，覆盖率变化量较小；随着吸附压力增大，覆盖率变化量先迅速升高，达到峰值后缓慢下降。这表明，在低压阶段，甲烷分子吸附在远大于其分子能量的深吸附势阱中，覆盖率对温度变化的敏感性较低；吸附压力增大后，发生吸附的平均势阱深度减小，覆盖率对温度变化的敏感性增高；在更高吸附压力下，甲烷分子与吸附位的碰撞速率增大，成为影响覆盖率的主要因素，覆盖率对温度变化的敏感性又逐渐减弱。在不同的吸附压力下，煤样模型覆盖率对温度的敏感性还与煤表面吸附势阱的分布有关，煤样模型 B 的势阱分布非均匀性较弱，因此在低压阶段覆盖率升高量大于煤样模型 A，高压阶段覆盖率降低量也更加明显。

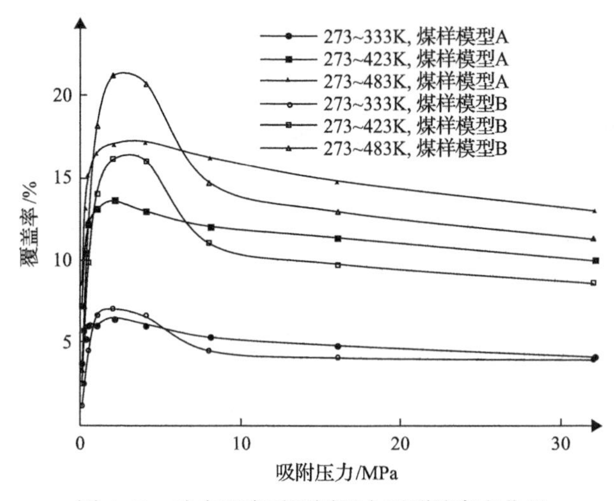

图 4-13　改变温度时不同压力下覆盖率变化量

因此，非均匀势阱煤体吸附/解吸甲烷时，吸附量对吸附压力的敏感性随温度升高而降低，对温度的敏感性随吸附压力升高先增大后减小；煤吸附势阱非均匀性会使吸附量对温度和吸附压力的敏感性均降低。在工业抽采煤层气过程中，对于具有不同势阱分布的煤体，选用不同降压与注热抽采配合方式对于促进甲烷高效解吸至关重要。

4.3.5　煤与甲烷非均匀势阱等温吸附方程

在煤与甲烷等温吸附时，朗缪尔吸附动力学模型中吸附速率参数 b 的玻尔兹曼因子 λ 为

$$\lambda = \mathrm{e}^{-\frac{\varepsilon}{kT}} \tag{4-3-4}$$

由于孔隙表面吸附势阱非均匀性，λ 随吸附压力 p 的变化而改变，从而引起 b 发生变化。依据煤样模型 A、B 在不同温度与吸附压力下的吸附热 $-\varepsilon$ 数值计算结果，

根据式(4-3-4)对玻尔兹曼因子λ计算，得到λ与吸附压力的关系如图 4-14 所示。在等温吸附过程中，玻尔兹曼因子λ随吸附压力 p 升高先降低，后趋于平稳。对 b 值的曲线拟合如表 4-8 所示。拟合结果表明，吸附速率参数 b 与吸附压力 p 的关系为

$$b = b_{\mathrm{m}} c p^{\eta}, \quad 0 < \eta < 1 \tag{4-3-5}$$

式中，c、η 均为拟合参数，其大小与吸附势阱分布和温度有关。

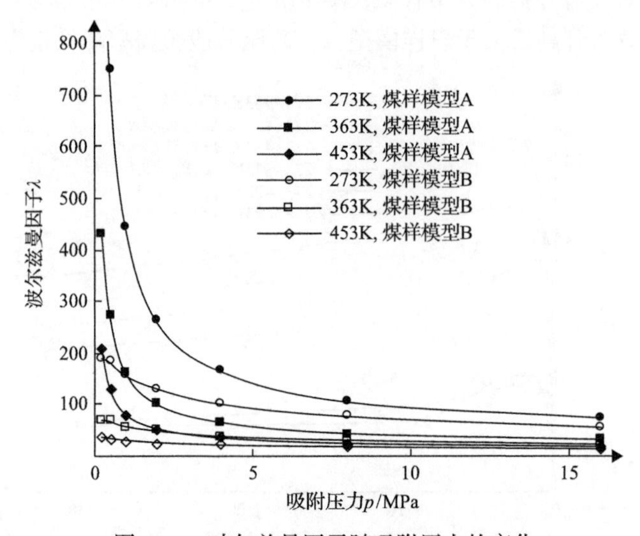

图 4-14　玻尔兹曼因子随吸附压力的变化

表 4-8　煤与甲烷吸附速率 *b* 随吸附压力变化

煤样	温度/K	拟合公式	R^2
A	273	$b = b_{\mathrm{m}} \times 460.55 p^{-0.691}$	0.9948
	363	$b = b_{\mathrm{m}} \times 168.07 p^{-0.641}$	0.9948
	453	$b = b_{\mathrm{m}} \times 84.398 p^{-0.591}$	0.9945
B	273	$b = b_{\mathrm{m}} \times 145.32 p^{-0.304}$	0.9559
	363	$b = b_{\mathrm{m}} \times 54.668 p^{-0.268}$	0.9616
	453	$b = b_{\mathrm{m}} \times 28.007 p^{-0.22}$	0.9671

相同温度下，煤样模型 A 的 η 值小于煤样模型 B，c 值大于煤样模型 B；对于相同吸附势阱的煤样模型，c 与 η 均随温度的升高而减小。将式(4-3-5)代入朗缪尔方程，即得到非均匀吸附势阱等温吸附方程为

$$n=\frac{ab_{\mathrm{a}}p^{\eta}}{1+b_{\mathrm{a}}p^{\eta}},\qquad 0<\eta<1 \tag{4-3-6}$$

式中，b_{a}为非均匀势阱吸附速率参数，$b_{\mathrm{a}}=b_{\mathrm{m}}c$，其余同上。

利用非均匀吸附势阱等温吸附方程，可对天然非均匀煤体吸附甲烷过程进行较精确的描述。

4.4 非均匀势阱煤体的甲烷吸附量计算方法

4.4.1 非均匀势阱煤体的等温甲烷吸附过程中朗缪尔参数 *a* 与 *b* 的变化规律

由于煤中吸附甲烷势阱分布的非均匀性，等温甲烷吸附过程中朗缪尔参数 a 与 b 并非恒定值。为了对其变化规律进行研究，现进行如下推导。

根据式(4-1-4)，在任意吸附压力 p_0 条件下吸附平衡后，均存在阈值 ε_{d} 与 ε_{s} 满足如下条件：如图 4-15 所示，当势阱深度 $\varepsilon>\varepsilon_{\mathrm{d}}$ 时，其覆盖率 θ_{ε} 趋近于 100%，即该部分深吸附势阱(deep potential well)几乎被完全覆盖；当势阱深度 $\varepsilon<\varepsilon_{\mathrm{s}}$ 时，其覆盖率 θ_{ε} 趋近于 0%，即该部分浅吸附势阱(shallow potential well)几乎不发生吸附。当势阱深度 $\varepsilon_{\mathrm{s}}<\varepsilon<\varepsilon_{\mathrm{d}}$ 时，该部分中等深度吸附势阱(middle potential well)覆盖率 θ_{ε} 在 0%到 100%之间。

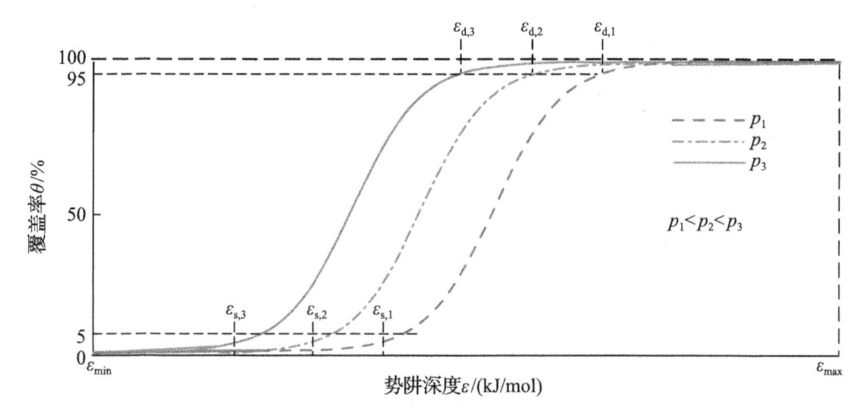

图 4-15 煤吸附甲烷不同深度势阱的覆盖规律示意图

此时，选取吸附压力段 p_0 至 p_1，且满足 $p_1-p_0\to 0^{+}$，则有

$$\begin{cases}\varepsilon_{\mathrm{s},p_0}=\varepsilon_{\mathrm{s},p_1}\\ \varepsilon_{\mathrm{d},p_0}=\varepsilon_{\mathrm{d},p_1}\end{cases} \tag{4-4-1}$$

式中，$\varepsilon_{\mathrm{s},p_1}$、$\varepsilon_{\mathrm{d},p_1}$ 为吸附压力为 p_1 时的势阱最小、最大阈值。

即在吸附压力由 p_0 升高至 p_1 时，可近似视为煤中仅在势阱深度段为 $\varepsilon_s<\varepsilon<\varepsilon_d$ 的吸附势阱发生吸附现象，若将这部分势阱近似视为均匀势阱，则其吸附规律满足基于吸附动力学的朗缪尔方程：

$$n = \frac{a_\varepsilon b_\varepsilon p}{1+b_\varepsilon p}, \qquad p_0 \leqslant p \leqslant p_1 \tag{4-4-2}$$

式中，n 为煤中甲烷吸附量，mol；a_ε 为在吸附压力 p 条件下，势阱深度段 $\varepsilon_s<\varepsilon<\varepsilon_d$ 吸附势阱的总数量，mol；b_ε 为在吸附压力 p 条件下，势阱深度段 $\varepsilon_s<\varepsilon<\varepsilon_d$ 吸附势阱发生吸附的吸附速率参数；p 为吸附压力，MPa。在实际计算过程中，p 可近似视为 p_0 至 p_1 压力段的中点压力，即

$$p = \frac{p_0 + p_1}{2} \tag{4-4-3}$$

若记 p_1 条件下煤体的甲烷吸附量为 n_1，p_2 条件下煤体的甲烷吸附量为 n_2，将 (p_1, n_1)、(p_2, n_2) 代入式(4-4-2)，则

$$a = \frac{n_1 n_2 (p_2 - p_1)}{n_1 p_2 - n_2 p_1} \tag{4-4-4}$$

$$b = \frac{n_1 p_2 - n_2 p_1}{p_1 p_1 (n_2 - n_1)} \tag{4-4-5}$$

因此，对煤等温吸附甲烷过程中 N 个不同吸附压力测点 $p_i(i=1, 2, 3, \cdots, N)$ 的吸附量 $n_i(i=1, 2, 3, \cdots, N)$ 进行测定，并将其划分为连续的 $N-1$ 个吸附压力段，即 p_i 至 p_{i+1} 压力段$(i=1, 2, 3, \cdots, N-1)$。根据式(4-4-3)～式(4-4-5)，即可对煤样等温甲烷吸附过程中 a 与 b 的变化规律进行计算。

我国低变质程度煤储层(长焰煤、烟煤)的煤层气储量巨大，勘探与开发非常活跃。与高变质煤相比，低变质煤具有低固定碳含量(35%～60%)与高灰分(5%～20%)、挥发分(25%～40%)的特征，其不仅含有含氧官能团(—OH、C═O)、烷基侧链(—CH_3、—C_2H_5)、含硫和含氮官能团(—SH、—NO)，以及各类桥键等丰富的边缘基团，还含有多种黏土矿、碳酸盐矿物质结构，其表面复杂的微观结构具有典型的吸附势阱非均匀特征。

马东民(2008)采用《煤的高压容量法等温吸附实验方法》(GB/T 19560—2004)规定的实验方法，将内蒙古 1#CYM 煤样、新疆六道湾 43#CYM 煤样、新疆碱沟 YM 煤样三种干燥煤样破碎、粉碎、筛分，制备为 60～80 目煤样颗粒，并利用

AST-2000 型大样量吸附/解吸仿真实验仪，进行 30℃条件下的等温吸附实验，并分别对实验过程中的吸附量与吸附压力进行测定，结果如表 4-9 所示。

表 4-9 不同煤体甲烷吸附量与吸附压力(马东民，2008)

内蒙古 1#CYM 煤样		新疆六道湾 43#CYM 煤样		新疆碱沟 YM 煤样	
压力测点/MPa	吸附量/(m^3/t)	压力测点/MPa	吸附量/(m^3/t)	压力测点/MPa	吸附量/(m^3/t)
0.79	1.931	0.685	3.927	0.75	3.72
1.785	3.509	1.655	6.73	1.63	5.706
2.745	4.507	2.725	8.651	2.45	7.311
3.735	5.473	3.725	10.522	3.315	8.895
4.685	6.257	4.815	11.9	4.195	9.618
5.705	6.828	5.89	12.757	5.1	10.807
6.7	7.616	6.88	14.145	6.155	11.91
7.705	8.358	7.865	15.598	7.09	12.648
8.715	9.212	8.725	16.699	7.675	13.255

为了对煤样等温甲烷吸附过程中 a 与 b 的变化规律进行计算，分别将每组实验中的 9 个吸附压力测点由低到高依次划分为连续的 8 个吸附压力段。以内蒙古 1#CYM 煤样吸附甲烷实验为例，其 8 个吸附压力段分别为：0.79～1.785MPa、1.785～2.745MPa、2.745～3.735MPa、3.735～4.685MPa、4.685～5.705MPa、5.705～6.7MPa、6.7～7.705MPa、7.705～8.715MPa 压力段。依据式(4-4-4)与式(4-4-5)，分别计算每组实验中各个压力段的朗缪尔参数 a_ε 和 b_ε，以及压力段中点值 p，计算结果如表 4-10 所示。

表 4-10 数值实验和物理实验中煤在不同吸附压力下吸附甲烷的朗缪尔参数 a_ε 和 b_ε

内蒙古 1#CYM 煤样			新疆六道湾 43#CYM 煤样			新疆碱沟 YM 煤样		
p/MPa	a_ε	b_ε	p/MPa	a_ε	b_ε	p/MPa	a_ε	b_ε
1.2875	9.98	0.303	1.17	13.568	0.594	1.19	10.471	0.735
2.265	9.569	0.324	2.19	15.479	0.464	2.04	16.583	0.321
3.24	13.477	0.183	3.225	25.641	0.186	2.8825	23.041	0.189
4.21	14.326	0.165	4.27	21.645	0.253	3.755	13.869	0.54
5.195	11.75	0.243	5.3525	18.761	0.361	4.6475	25.316	0.146
6.2025	22.522	0.076	6.385	40.16	0.079	5.6275	23.474	0.167
7.2025	23.866	0.069	7.3725	55.248	0.05	6.6225	21.367	0.204
8.21	41.841	0.032	8.295	47.169	0.062	7.3825	31.746	0.093

分别绘制各组煤样的 p 与 a_ε，p 与 b_ε 的曲线图，绘制结果如图 4-16 所示。可以看出，各组煤样的朗缪尔参数 b_ε 为 0.03～0.75，由于天然煤体中的甲烷分子优

先吸附在深势阱中，其值随吸附压力的增加呈减小趋势。各组煤样的朗缪尔参数 a_ε 为 10～55m^3/t，随吸附压力增加而增大，其增长过程具有波动性，这表明天然煤中不同势阱深度段的势阱数量随着其深度降低而增大；且由于天然煤体多组分与内部结构的复杂性，煤体中不同深度的势阱的数量具有多峰值的分布特征。

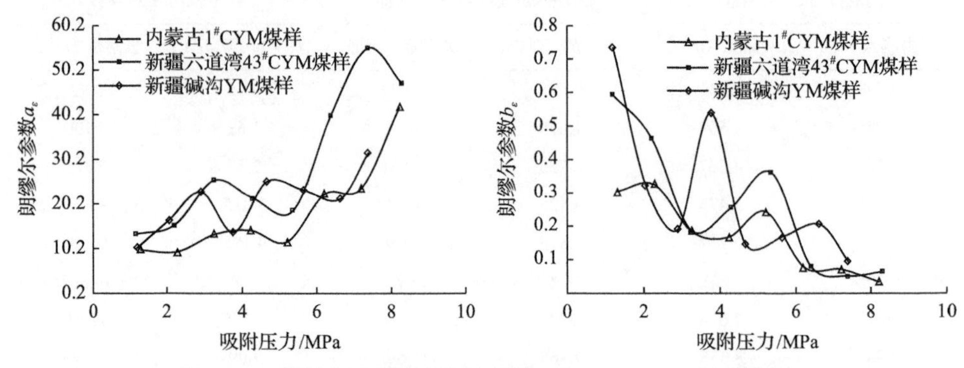

图 4-16　数值实验和物理实验中的 p 与 a_ε，p 与 b_ε 的曲线图

对于不同种类的天然煤样，不同吸附压力下 p 的朗缪尔参数 a_ε 与 b_ε 的不同，反映了各组煤样间吸附势阱分布的差异性。在相同的吸附压力段(2～7MPa)，新疆碱沟 YM 煤样朗缪尔参数 b_ε 平均值最大，新疆六道湾 43#CYM 煤样次之，内蒙古 1#CYM 煤样最小，这表明新疆碱沟 YM 煤样在该吸附压力段所对应的中等深度势阱的平均深度较高，内蒙古 1#CYM 煤样在该压力段的中等深度势阱的平均势阱深度最低。而在该吸附压力段，新疆六道湾 43#CYM 煤样的朗缪尔参数 a_ε 平均值最大，新疆碱沟 YM 煤样次之，内蒙古 1#CYM 煤样最小，表明新疆六道湾 43#CYM 煤样在该压力段的中等深度势阱数量最多，内蒙古 1#CYM 煤样在该压力段的中等深度势阱数量最少。朗缪尔参数 a_ε 和 b_ε 分别与储层含气量与甲烷解吸的难易程度密切相关，因此，此研究对于不同孔隙压力下的煤层气储层评价具有重要意义。

4.4.2　朗缪尔方法与非均匀势阱煤体的甲烷吸附量计算精度

非均匀势阱煤体甲烷吸附量的精确计算，对于煤储层甲烷含量的评估至关重要。依据 p 与 a_ε，p 与 b_ε 的曲线图(图 4-16)和式(4-4-2)，可实现对非均匀势阱煤样在任意吸附压力测点下甲烷吸附量的计算，记为非均匀势阱等温吸附量计算方法。

为了验证非均匀势阱煤体的甲烷吸附量计算精度，现分别依据朗缪尔方法和非均匀势阱等温吸附量计算方法对内蒙古 1#CYM 煤样、新疆六道湾 43#CYM 煤样、新疆碱沟 YM 煤样三组天然煤样在相同吸附压力测点的甲烷吸附量精确程度进行计算与比较。

对朗缪尔方程变形得到

$$\frac{1}{n}=\frac{1}{a_{\varepsilon}b_{\varepsilon}p}+\frac{1}{p} \tag{4-4-6}$$

依据式(4-4-6)对表 4-9 中数据拟合计算，分别得到拟合结果如表 4-11 所示，据此可对三组天然煤样在指定吸附压力条件下的吸附量进行计算。

表 4-11 数值实验和物理实验中煤吸附甲烷朗缪尔曲线拟合

煤样类型	曲线拟合	相关系数
内蒙古 1#CYM 煤样	$n=\frac{12.121\times 0.236\times p}{1+0.236\times p}$	0.9956
新疆六道湾 43#CYM 煤样	$n=\frac{18.762\times 0.376\times p}{1+0.376\times p}$	0.9868
新疆碱沟 YM 煤样	$n=\frac{16.584\times 0.369\times p}{1+0.369\times p}$	0.9847

非均匀势阱方法和朗缪尔方法对煤中甲烷等温吸附量计算结果如表 4-12 所示，对比可知，对于不同的吸附压力测点：

(1)内蒙古 1#CYM 煤样利用朗缪尔方法的甲烷吸附量计算误差范围为–6.3752%～5.8388%，计算误差绝对平均值高达 3.5402%，利用非均匀势阱方法的甲烷吸附量计算误差范围为–0.4518%～0.8791%，计算误差绝对平均值仅有0.479%。

(2)新疆六道湾 43#CYM 煤样利用朗缪尔方法的甲烷吸附量计算误差范围为–10.1393%～9.696%，计算误差绝对平均值高达 5.399%，利用非均匀势阱方法的甲烷吸附量计算误差范围为–0.4912%～1.545%，计算误差绝对平均值仅有0.552%。

新疆碱沟 YM 煤样利用朗缪尔方法的甲烷吸附量计算误差范围为–5.0903%～9.2743%，计算误差绝对平均值高达 4.742%，利用非均匀势阱方法的甲烷吸附量计算误差范围为–1.4395%～1.3974%，计算误差绝对平均值仅有 0.752%。

这表明利用非均匀势阱方法可比朗缪尔方法更精确地计算天然煤样吸附甲烷的平衡吸附量，对于内蒙古 1#CYM 煤样、新疆六道湾 43#CYM 煤样、新疆碱沟 YM 煤样等天然煤样中甲烷吸附量的计算，相关系数分别高达 0.9998、0.997、0.9994，误差率降低幅度分别达到 86.46%、89.77%和 84.14%。

煤样在不同吸附压力下的非均匀势阱方法和朗缪尔方法的吸附量计算误差曲线如图 4-17 所示，可以看出，各组煤样吸附甲烷的误差曲线基本相似，即朗缪尔方法在低吸附压力下计算值偏高，在高吸附压力下计算值偏低；而对于非均匀势阱方法，其误差值仅在较小范围内波动。因此，当采用不同测定方法对天然煤体

表 4-12 非均匀势阱方法和朗缪尔方法计算的煤中甲烷吸附量精度验证

内蒙古 1#CYM 煤样						新疆六道湾 43#CYM 煤样						新疆碱沟 YM 煤样					
吸附压力/MPa	实测吸附量/(cm^3/t)	朗缪尔方法计算吸附量/(cm^3/t)	朗缪尔方法计算误差/%	非均匀势阱方法计算吸附量/(cm^3/t)	非均匀势阱方法计算误差/%	吸附压力/MPa	实测吸附量/(cm^3/t)	朗缪尔方法计算吸附量/(cm^3/t)	朗缪尔方法计算误差/%	非均匀势阱方法计算吸附量/(cm^3/t)	非均匀势阱方法计算误差/%	吸附压力/MPa	实测吸附量/(cm^3/t)	朗缪尔方法计算吸附量/(cm^3/t)	朗缪尔方法计算误差/%	非均匀势阱方法计算吸附量/(cm^3/t)	非均匀势阱方法计算误差/%
1.785	3.5093	3.5976	2.5162	3.4945	–0.422	1.655	6.7304	7.1921	6.8595	6.7127	–0.2642	1.63	5.7066	6.2359	9.2743	5.7411	0.6035
2.745	4.5077	4.7709	5.8388	4.5445	0.8162	2.725	8.6512	9.49	9.696	8.7849	1.545	2.45	7.3110	7.882	7.8097	7.3825	0.9777
3.735	5.4735	5.68461	3.8554	5.479	0.0991	3.725	10.5224	10.9416	3.9833	10.4708	–0.4912	3.315	8.8955	9.1323	2.6621	8.7675	–1.4395
4.685	6.2573	6.3705	1.8091	6.2291	–0.4518	4.815	11.9072	12.0816	1.4647	11.8625	–0.3754	4.195	9.6183	10.0827	4.8275	9.7528	1.3974
5.705	6.8280	6.961	1.9472	6.8881	0.8791	5.89	12.7571	12.9213	1.28685	12.8982	1.1058	5.1	10.8079	10.8365	0.2643	10.7676	–0.3735
6.7	7.6166	7.4308	–2.4394	7.6021	–0.1906	6.88	14.1451	13.5272	–4.3686	14.153	0.0552	6.155	11.9102	11.5209	–3.2687	11.8955	–0.1235
7.705	8.3586	7.8258	–6.3752	8.4002	0.4966	7.865	15.5985	14.017	–10.1393	15.6032	0.0295	7.09	12.6480	12.0042	–5.0903	12.6922	0.3492

的甲烷吸附量进行测定时，依据此误差曲线对煤体甲烷吸附量测定值进行修正，可有效提高煤体甲烷吸附量的计算精度。

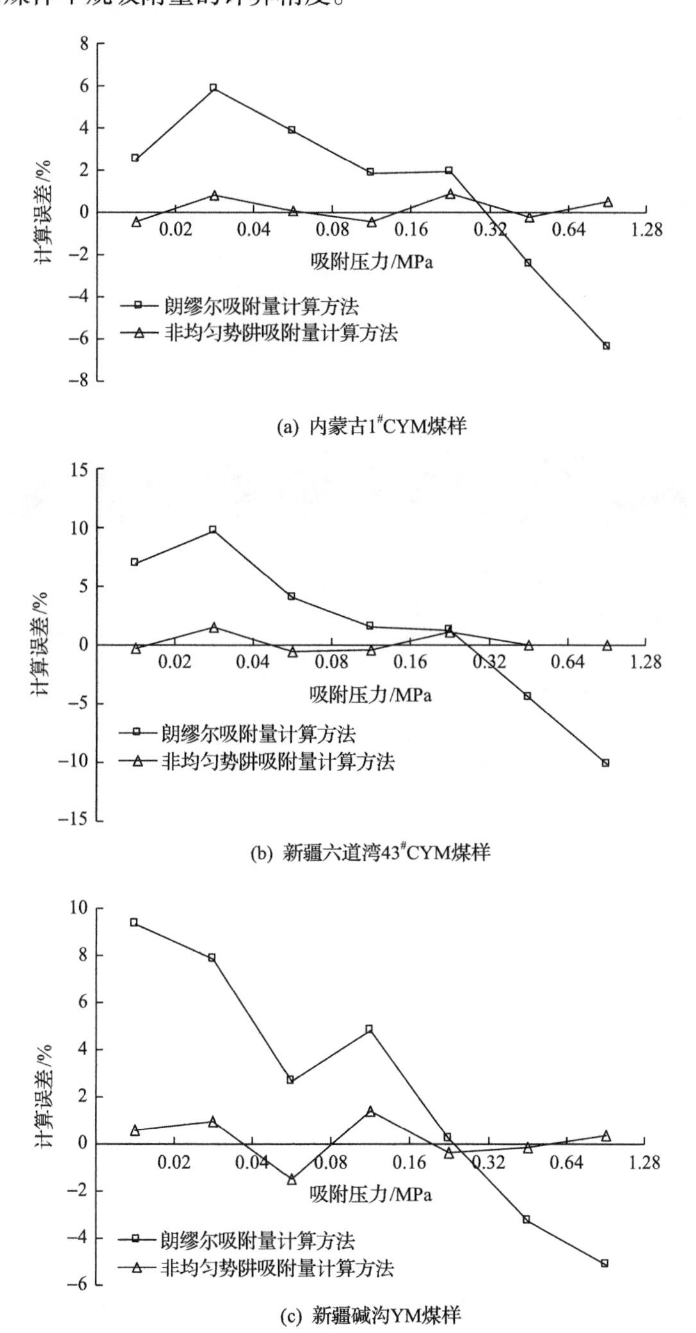

图 4-17 数值实验和物理实验中煤吸附甲烷的非均匀势阱方法和朗缪尔方法的计算误差

4.5 甲烷分子在孔喉空间的通过性

煤是天然的多孔介质，其内部含有大量破碎煤块与多种类型的微孔隙结构(图 4-18)，且不同煤阶的煤的微孔分布差异很大(Lin et al.，2016；Cheng et al.，2017；Liu et al.，2018)。微孔孔喉是指煤的纳米尺度微孔隙之间相互连接比较狭窄的通道，孔喉结构参数主要包括喉道的大小、分布、几何形态、连通关系等(Cui and BuStin，2005；Kang et al.，2016；Pandey，2016)。微孔隙是煤中甲烷的主要赋存场所，煤层气开采过程中，甲烷从微孔隙解吸，通过微孔隙喉道进入煤中裂隙等自由空间，因此，煤中孔喉位置存在孔喉势垒，会对吸附/解吸过程中甲烷的通过性产生显著影响(Yang et al.，2014；Qin et al.，2016)。

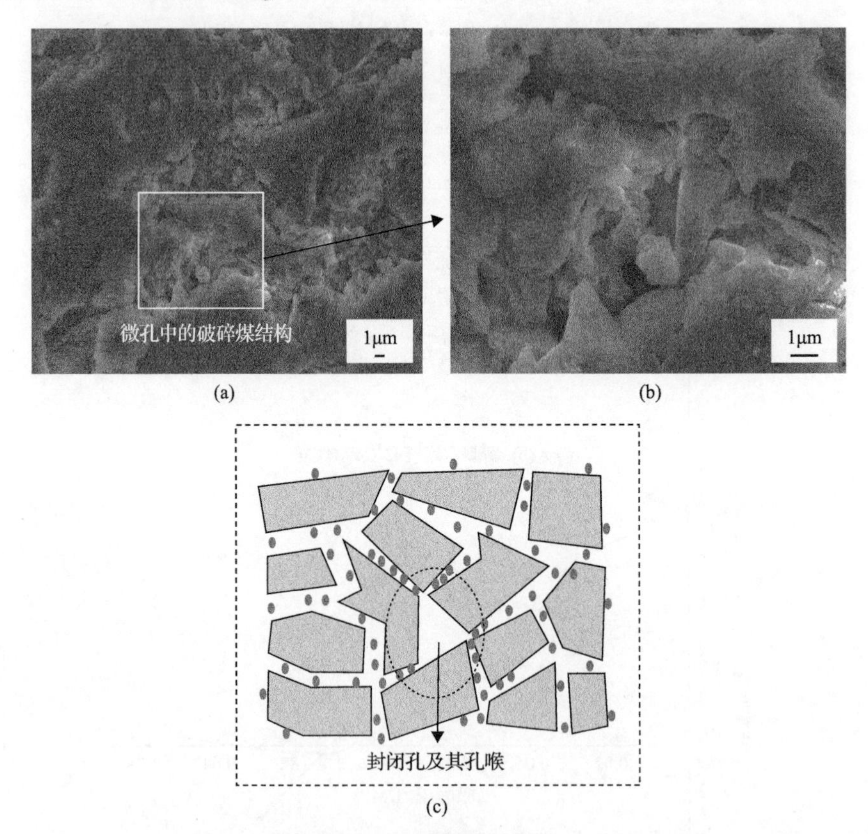

图 4-18　煤中破碎煤块与孔隙结构及煤中孔喉示意图

甲烷在孔喉的通过性对吸附/解吸行为具有重要影响，如低压下吸附/解吸速率缓慢、解吸滞后等。钟玲文(2004)研究表明，在常规实验条件下进行恒温解吸时，有一部分甲烷残留在煤体内部无法解吸出来；马东民等(2011)指出煤层气等温解吸过程滞后于吸附过程，并引入匮乏压力下的残余吸附量对朗缪尔方程进行修正。Li 等(2015)研究表明，在相同解吸条件下，低阶煤残余甲烷含量小于高阶煤。蔺亚兵(2012)研究表明，温度升高时，匮乏压力下的残余吸附量呈减小趋势，表明随着温度的增高，煤层气理论解吸率和理论采收率增大。Bae 等(2009)指出，只有通过同时测定吸附和解吸等温线，分析解析曲线滞后特征，才能正确地估计 CH_4 开采效率。因此，研究甲烷在孔喉的通过性对于煤层气开采效率评估具有重要的理论意义。

4.5.1 甲烷在孔喉空间的势能

为了研究甲烷在煤体微孔孔喉的通过性，对甲烷在孔喉空间的势能进行分析。孔喉的空间几何形态可近似看作两个楔形孔的结合。建立微孔孔喉二维几何模型，如图 4-19 所示，其中两个结合的楔形孔内部称为孔喉空间，两个楔形孔结合面为

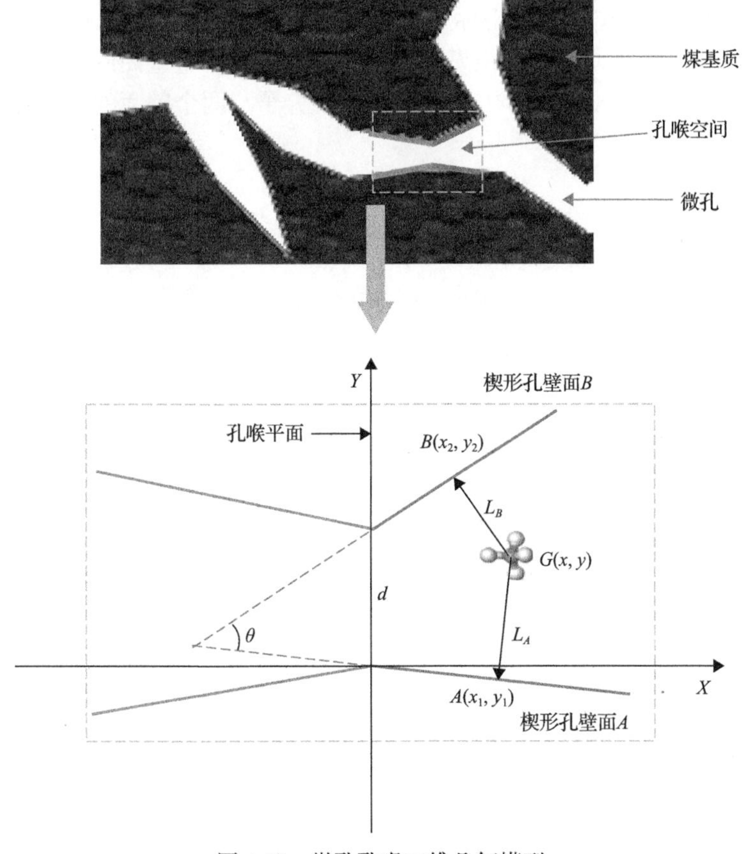

图 4-19 微孔孔喉二维几何模型

孔道的最窄位置，其直径称为孔喉直径 d，楔形孔的夹角 θ 称为孔喉张开角。孔喉基本形态可由孔喉直径与孔喉张开角两个参数描述。

甲烷在孔喉空间运移时，其受到楔形孔壁面的范德瓦耳斯力作用。煤分子与甲烷分子的伦纳德-琼斯势函数 E_p 可表示为

$$E_{\mathrm{p}}=\varepsilon_{\mathrm{a}}\left[\left(\frac{l}{r_0}\right)^{-12}-2\left(\frac{l}{r_0}\right)^{-6}\right] \tag{4-5-1}$$

式中，ε_a 为煤与甲烷分子间的吸附能，取 10kJ/mol；r_0 为甲烷分子直径，取 4.14Å。

对 E_p 进行求导，可得到煤分子与甲烷分子之间的作用力为

$$F_{\mathrm{Van}}=-\frac{\mathrm{d}E_{\mathrm{p}}}{\mathrm{d}l}=\frac{12\varepsilon_{\mathrm{a}}}{r_0}\left[\left(\frac{l}{r_0}\right)^{-13}-\left(\frac{l}{r_0}\right)^{-7}\right] \tag{4-5-2}$$

对孔喉空间建立二维直角坐标系如图 4-19 所示，根据式(4-5-2)可知，在二维直角坐标系中，对于空间位置坐标为 $G(x, y)$ 的甲烷分子，楔形孔壁面 A 与楔形孔壁面 B 对范德瓦耳斯力的作用距离分别为甲烷分子到两个壁面的垂直距离，记录其垂足坐标分别为 $A(x_1, y_1)$、$B(x_2, y_2)$，则甲烷分子与两个壁面的范德瓦耳斯力的方向矢量分别为

$$\boldsymbol{e}_A=\frac{\boldsymbol{L}_A}{|\boldsymbol{L}_A|}=\left(\frac{x_1-x}{\sqrt{(x_1-x)^2+(y_1-y)^2}}, \frac{y_1-y}{\sqrt{(x_1-x)^2+(y_1-y)^2}}\right) \tag{4-5-3}$$

$$\boldsymbol{e}_B=\frac{\boldsymbol{L}_B}{|\boldsymbol{L}_B|}=\left(\frac{x_2-x}{\sqrt{(x_2-x)^2+(y_2-y)^2}}, \frac{y_2-y}{\sqrt{(x_2-x)^2+(y_2-y)^2}}\right) \tag{4-5-4}$$

根据式(4-5-2)得到甲烷分子与两个壁面的范德瓦耳斯力大小分别为

$$|\boldsymbol{F}_A|=\frac{12\varepsilon_{\mathrm{a}}}{r_0}\left[\left(\frac{|\boldsymbol{L}_A|}{r_0}\right)^{-13}-\left(\frac{|\boldsymbol{L}_A|}{r_0}\right)^{-7}\right] \tag{4-5-5}$$

$$|\boldsymbol{F}_B|=\frac{12\varepsilon_{\mathrm{a}}}{r_0}\left[\left(\frac{|\boldsymbol{L}_B|}{r_0}\right)^{-13}-\left(\frac{|\boldsymbol{L}_B|}{r_0}\right)^{-7}\right] \tag{4-5-6}$$

甲烷受到楔形孔壁面的合力为

$$\boldsymbol{F}_{\mathrm{total}}=\boldsymbol{F}_A+\boldsymbol{F}_B=|\boldsymbol{F}_A|\boldsymbol{e}_A+|\boldsymbol{F}_B|\boldsymbol{e}_B \tag{4-5-7}$$

根据式(4-5-7)，对合力进行 x 方向与 y 方向分解，即

$$\boldsymbol{F}_{\text{total}} = \left|\boldsymbol{F}_x\right|\boldsymbol{e}_x + \left|\boldsymbol{F}_y\right|\boldsymbol{e}_y \tag{4-5-8}$$

式中，$\boldsymbol{e}_x = (1,0)$；$\boldsymbol{e}_y = (0,1)$

$$\left|\boldsymbol{F}_x\right| = \frac{\left|\boldsymbol{F}_A\right|(x_1 - x)}{\sqrt{(x_1 - x)^2 + (y_1 - y)^2}} + \frac{\left|\boldsymbol{F}_B\right|(x_2 - x)}{\sqrt{(x_2 - x)^2 + (y_2 - y)^2}} \tag{4-5-9}$$

$$\left|\boldsymbol{F}_y\right| = \frac{\left|\boldsymbol{F}_A\right|(y_1 - y)}{\sqrt{(x_1 - x)^2 + (y_1 - y)^2}} + \frac{\left|\boldsymbol{F}_B\right|(y_2 - y)}{\sqrt{(x_2 - x)^2 + (y_2 - y)^2}} \tag{4-5-10}$$

根据式(4-5-2)、式(4-5-8)可得到孔喉空间中甲烷分子的势能为

$$E_{\text{p,total}} = -\int \boldsymbol{F}_{\text{total}} \mathrm{d}\boldsymbol{l} = -\int \left(\left|\boldsymbol{F}_x\right|\boldsymbol{e}_x + \left|\boldsymbol{F}_y\right|\boldsymbol{e}_y\right)\left(\mathrm{d}x\boldsymbol{e}_x + \mathrm{d}y\boldsymbol{e}_y\right) = \int_{-\infty}^{x} \left|\boldsymbol{F}_x\right| \mathrm{d}x + \int_{-\infty}^{y} \left|\boldsymbol{F}_y\right| \mathrm{d}y \tag{4-5-11}$$

将式(4-5-9)、式(4-5-10)代入式(4-5-11)，计算即可得到孔喉空间中甲烷分子的势能。

依据式(4-5-11)对孔喉空间势能分布进行计算，结果如图 4-20 所示，当纳米孔不存在孔喉时(图 4-20(a))，在微孔轴向方向上势能为均匀分布，在径向方向上，由于范德瓦耳斯力的作用，孔壁处存在一定的引力场，随着与孔壁距离增加，引力场势能逐渐减弱，过渡为无力场空间。当纳米孔存在孔喉时(图 4-20(b))，孔喉位置的势场分布发生显著变化，比较图 4-20(b)与图 4-20(c)可以看出，孔喉直径对孔喉空间的势场分布具有显著影响；比较图 4-20(d)孔喉两侧势场分布可以看出，孔喉张开角对孔喉空间的势场分布具有显著影响。

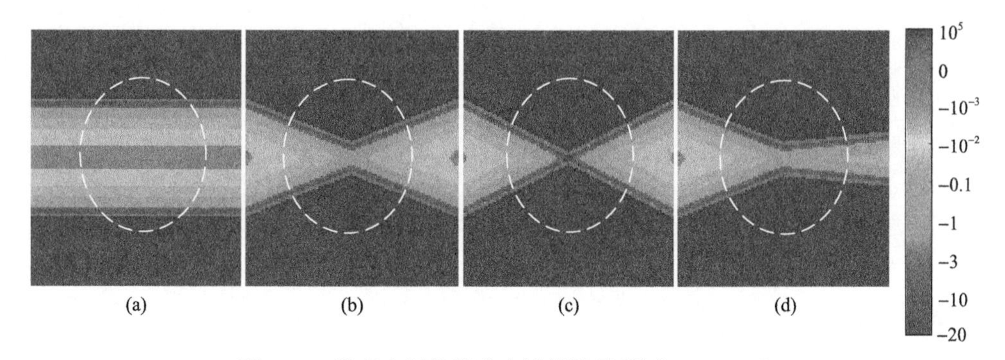

图 4-20 孔喉空间势能分布计算结果(单位：kJ/mol)

为了研究孔喉直径对孔喉势场的影响，现对不同孔喉直径条件下，纳米孔轴向方向中心线上不同位置势能变化规律进行分析，如图 4-21(a)所示，当孔喉附近上下边距离小于 2 倍的范德瓦耳斯引力作用距离，且大于 2 倍斥力场厚度时，如 d=1nm 和 d=1.6nm，孔喉上下两侧壁面的引力势场叠加，在孔喉平面位置势能出现低谷，随着孔喉直径减小，在孔喉平面位置势能低谷更明显。当孔喉附近上下壁面距离趋近并小于 2 倍斥力场距离时，如 d=0.74nm 和 d=0.72nm，孔喉上下两

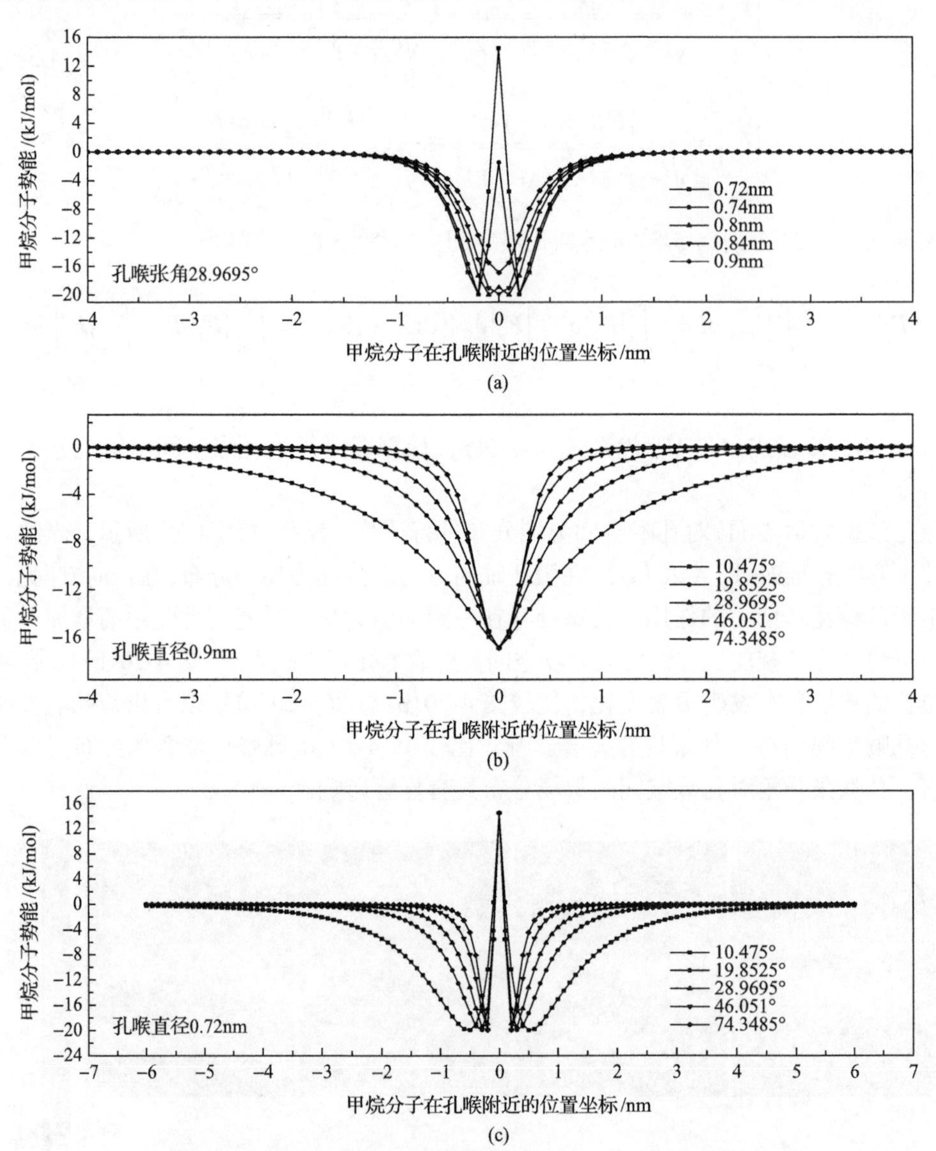

图 4-21　不同孔喉张开角纳米孔轴向中心位置的势能曲线

侧壁面的引力势场减小，斥力势场叠加，在孔喉平面位置势能低谷逐渐减小，并出现势能峰值，孔喉平面两侧则出现势能低谷。

为了研究孔喉张开角对孔喉势场的影响，现对不同孔喉张开角条件下，纳米孔轴向方向中心线上不同位置势能变化规律进行分析，如图 4-21(b)与(c)所示，孔喉张开角对孔喉平面两侧势能峰值或低谷在纳米孔轴向方向上的衰减速度具有显著影响，孔喉张开角越大，孔喉平面两侧势场梯度越大，孔喉平面两侧势能峰值或低谷在纳米孔轴向方向上的衰减速度也越快。

4.5.2 含微孔孔喉的阻塞孔特性

基于两能态模型，可以分析微孔孔喉对甲烷分子的通过性影响。假设离微孔孔喉无限远的甲烷分子势能为零。甲烷分子势能的最大正值称为势垒，而最小负值称为势阱。当甲烷分子通过直径为 d_p 的微孔孔喉时，势阱或势垒为

$$\varepsilon(d_p) = E_{p,m}(d_p) \tag{4-5-12}$$

式中，$\varepsilon(d_p)$ 为单个甲烷分子通过微孔孔喉时所克服的势阱或势垒；$E_{p,m}(d_p)$ 为甲烷分子通过微孔孔喉时势能变化的最大值或最小值。

甲烷在微孔孔喉的运移形式是先碰撞后通过。在甲烷的吸附和解吸过程中，大量甲烷分子在微孔孔喉平面附近不规则运动，并与微孔孔喉平面发生碰撞。当甲烷分子在垂直于微孔孔喉平面方向上的平动动能分量 E 大于微孔孔喉势阱或势垒时，甲烷分子可能通过微孔孔喉，反之亦然。换句话说，每一个与微孔孔喉平面碰撞的甲烷分子都有可能通过微孔孔喉。

$$\begin{cases} E - \left|\varepsilon(d_p)\right| \leqslant 0, & \text{分子不可通过} \\ E - \left|\varepsilon(d_p)\right| > 0, & \text{分子可通过} \end{cases} \tag{4-5-13}$$

假定甲烷分子是近似独立的，在甲烷吸附或解吸过程中，它们与直径为 d_p 的平面碰撞。在热平衡条件下，与微孔孔喉平面碰撞的甲烷分子的能量分布服从玻尔兹曼分布，其能量大于 $\varepsilon(d_p)$ 的甲烷分子的比例表示为

$$\frac{N_a}{N} = \exp\left(-\frac{\varepsilon(d_p)}{kT}\right) \tag{4-5-14}$$

式中，k 为玻尔兹曼常量；T 为温度，K；N 为甲烷分子与单位时间内微孔孔隙平面相互独立碰撞的量；N_a 为甲烷分子单位时间通过的量。

当甲烷分子直径为 0.414nm 时，根据式(4-5-12)计算出 $\varepsilon(d_p)$ 的最大值和最小值，可以得到不同直径的微孔孔喉的分子量。根据式(4-5-14)可计算出不同直径

微孔孔喉处甲烷分子的通过比例。以273K 为例，随着微孔孔径的增大，甲烷分子在微孔孔喉中的通过比例呈 S 曲线形式变化，如图 4-22 所示。

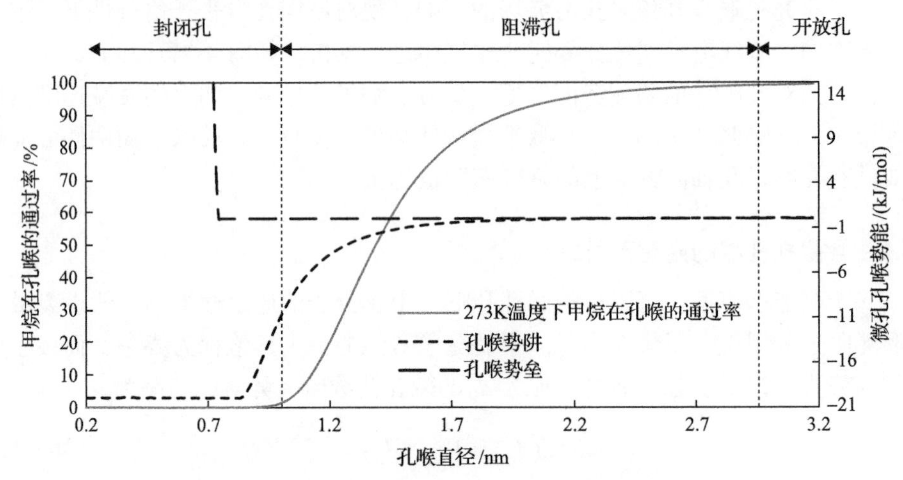

图 4-22　273K 下不同孔径微孔口甲烷分子通过比例

结果表明，由于势阱对甲烷分子的封闭作用，闭孔和开孔的孔径范围不是两个连续的区间，事实上，闭孔和开孔的孔径范围之间存在一个过渡区间，在这个过渡层中具有孔径的微孔称为阻塞孔。为了更好地了解封孔的特性，我们将封孔定义为孔喉甲烷分子通过率为 1%～99%的微孔。根据这个定义，我们可以得到不同温度下堵塞孔的微孔孔喉直径的精确区间，如表 4-13 所示。当温度为 273～363K 时，微孔孔径区间的下限为 0.9287～0.9854nm，上限为 2.7057～2.8256nm，区间宽度为 1.777～1.8402nm。随着温度的升高，堵塞孔径的上限、下限和间隔宽度减小。

表 4-13　不同温度下堵塞孔的微孔孔径间距

温度/K	势阱区间/(kJ/mol)		孔喉直径区间/nm		
	下限	上限	下限	上限	宽度
273	–11.6012	–0.0253	0.9854	2.8256	1.8402
303	–12.7472	–0.0278	0.9655	2.7815	1.816
333	–13.8975	–0.0303	0.9467	2.7418	1.7951
363	–15.0451	–0.0328	0.9287	2.7057	1.777

4.5.3　甲烷分子在微孔孔喉通过性的影响因素

甲烷解吸过程是甲烷分子从煤的内部微孔中解吸，然后通过微孔孔喉进入自由空间的过程。为了分析甲烷分子在微孔孔喉的通过性，建立了如下微孔腔-喉数值模型。

将煤中微孔的结构简化为孔腔与单个孔喉连接的微孔腔-喉结构，如图 4-23 所示。在甲烷解吸过程中，甲烷分子从孔腔的内表面解吸出来，通过孔喉迁移到自由空间。

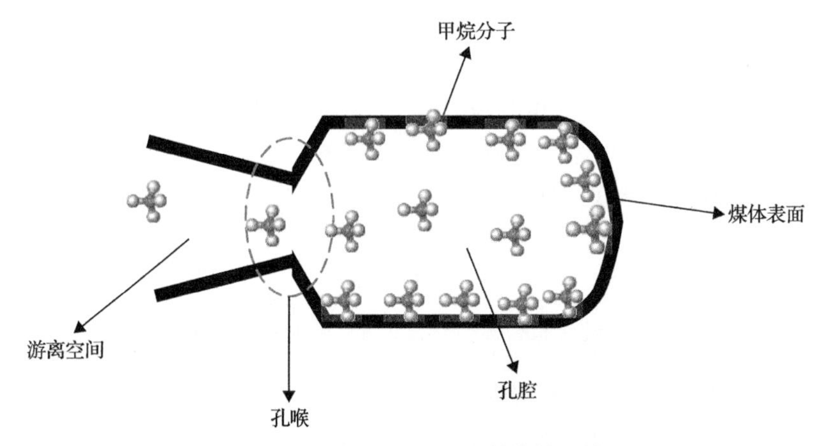

图 4-23　不同孔径微孔孔喉结构简化模型

在单位时间内，甲烷在自由空间压力 p 作用下解吸过程中与微孔孔喉平面碰撞的甲烷分子数为

$$N_0 = k_0 \Delta p S = k_0 \times \pi \left(\frac{d_{\mathrm{p}}}{2} \right)^2 \times (p_{\mathrm{inner}} - p) \tag{4-5-15}$$

式中，p_{inner} 为微孔内压，Pa；S 为微孔孔喉面积，m^3；k_0 为比例系数，根据麦克斯韦速度分布

$$k_0 = \frac{1}{\sqrt{2\pi MRT}} \tag{4-5-16}$$

其中，M 为甲烷分子的摩尔质量，18g/mol；R 为通用气体常数，8.314J/(mol·K)。根据式(4-5-14)和式(4-5-15)，单位时间内甲烷分子的通过量为

$$N_{\mathrm{a}} = \pi \left(\frac{d_{\mathrm{p}}}{2} \right)^2 \cdot k_0 (p_{\mathrm{inner}} - p) \mathrm{e}^{-\frac{\varepsilon(d_{\mathrm{p}})}{kT}} \tag{4-5-17}$$

在甲烷吸附和解吸压力不变的情况下，根据理想气体方程可以确定微孔内外甲烷自由分子的状态。

$$p_{\text{inner}}V = N_{\text{inner}}RT \tag{4-5-18}$$

式中，V 为微孔孔腔体积；N_{inner} 为孔腔中甲烷量。那么单位时间内甲烷分子的通过量也可以表示为

$$N_{\text{a}} = k_0\pi\left(\frac{d_{\text{p}}}{2}\right)^2 \cdot \left(\frac{N_{\text{inner}}RT}{V} - p\right) \cdot \mathrm{e}^{-\frac{\varepsilon(d_{\text{p}})}{kT}} \tag{4-5-19}$$

式中，甲烷解吸时 N_{a} 为正，甲烷吸附时 N_{a} 为负，吸附平衡时 N_{a} 为零。煤吸附/解吸甲烷过程中，由于煤体微孔隙表面能的改变，煤体结构会发生变化，从而引起微孔隙孔喉半径的影响，即

$$N_{\text{a}} = k_0\pi\left(\frac{d_{\text{p}}+\lambda}{2}\right)^2 \cdot \left(\frac{N_{\text{inner}}RT}{V} - p\right) \cdot \mathrm{e}^{-\frac{\varepsilon(d_{\text{p}}+\lambda)}{kT}} \tag{4-5-20}$$

式中，λ 为变形量。煤在吸附/解吸甲烷过程中的变形非常复杂：一方面，微孔中甲烷吸附/解吸时会引起微孔内、外压差的变化，导致孔喉直径发生变化；另一方面，煤吸附/解吸甲烷时，煤体骨架的膨胀与挤压变形也会引起煤微孔隙孔喉半径的改变；二者耦合可能导致甲烷气体在微孔中的通过性变得复杂。

可以看出，温度、压力差、孔喉直径是甲烷通过孔喉的主要影响因素。温度越高，压力差越大，孔喉直径越大，孔隙甲烷的通过性越好，反之则通过性越差。

4.6 微孔孔喉对甲烷吸附/解吸动力学特性的影响

4.6.1 含孔喉结构微孔解吸甲烷的数值模型

(1)假设微孔表面有 0.01mol 的均匀吸附势阱，每个吸附势阱最多只能吸附一个甲烷分子。甲烷吸附遵循 Langmuir 公式：

$$N_{\text{ads}} = \frac{abp_{\text{inner}}}{1 + bp_{\text{inner}}} \tag{4-6-1}$$

$$b = b_{\text{m}} \exp\left(-\frac{\varepsilon_{\text{inner}}}{kT}\right) \tag{4-6-2}$$

式中，a 为吸附势阱数，mol；b 为吸附速率参数；N_{ads} 为甲烷分子吸附态微孔的

数量；$\varepsilon_{\text{inner}}$为孔内表面的吸附势阱深度，kJ/mol；$b_{\text{m}}$为比例系数。

假定煤的吸附势阱深度为10kJ/mol，其在室温298K、压力8MPa下的甲烷覆盖率为80%，可以计算出b_{m}值。

(2)在数值实验中，不考虑吸附/解吸甲烷引起的孔喉直径变化，通过微孔孔喉的甲烷分子数可按式(4-5-20)计算。

(3)微孔中的甲烷分子要么处于吸附状态，要么处于自由状态

$$\frac{p_{\text{inner}}V}{kT}+\frac{abp_{\text{inner}}}{1+bp_{\text{inner}}}=N_{\text{inner}} \tag{4-6-3}$$

将(1)中假定参数代入式(4-6-3)，即可计算微孔孔腔体积。

孔喉对甲烷运移的阻滞作用对微孔内甲烷解吸速率有显著影响，因此，将甲烷解吸实验时间设置得足够长，以显示甲烷解吸的全过程，分别设定了微孔孔喉直径、微孔初始内孔压、微孔外吸附压力和温度，分别计算了吸附和解吸过程中微孔中甲烷的每分钟净吞吐量(mol)、游离甲烷含量(mol)和吸附甲烷含量(mol)，最后得到了微孔中甲烷含量随实验时间的变化曲线，并通过MATLAB编程进行数值实验。

4.6.2 微孔孔喉对甲烷解吸动力学特性的影响

为了研究微孔孔喉堵塞对微孔内甲烷解吸的影响，在1MPa和273K条件下，封闭孔、阻滞孔和开放孔平衡吸附甲烷，然后在273K、303K、333K条件下解吸甲烷。不同微孔孔径的甲烷解吸曲线如图4-24所示，不同温度的解吸曲线如图4-25所示。Airey提出的经验公式表明了甲烷解吸曲线(Liu et al.，2015)，即

$$Q_t=Q_\infty\left[1-\exp(-\alpha t^{\beta})\right] \tag{4-6-4}$$

式中，Q_t为t时甲烷的累积解吸量；Q_∞为$t=\infty$时甲烷的累积解吸量，等于解吸前孔隙中甲烷的含量；α为甲烷初始解吸速率的拟合参数；β为甲烷解吸速率随时间衰减的拟合参数。

根据方程(4-6-4)拟合图4-24和图4-25中的曲线，拟合结果见表4-14，封闭孔、阻滞孔、开放孔的甲烷解吸速率存在显著差异。结果表明，封闭孔的甲烷解吸速率几乎为零，阻滞孔的甲烷解吸速率居中，而开放孔的甲烷解吸速率最快。α和β随微孔孔径的变化曲线如图4-26所示，α随微孔孔径的增大而增大，β随微孔孔径的增大而减小。由于α和β的增加对甲烷解吸速率都有积极的影响，可以认为随着微孔孔径的增大，α的增加是提高甲烷解吸速率的关键因素。也就是说，

初始甲烷解吸速率参数随着微孔孔径的减小而减小，从而导致甲烷解吸速率的减小。

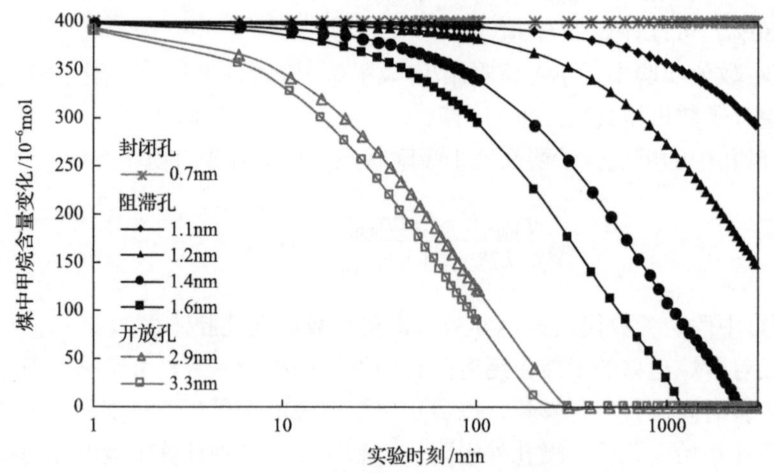

图 4-24 273K 下不同微孔孔径的甲烷解吸曲线

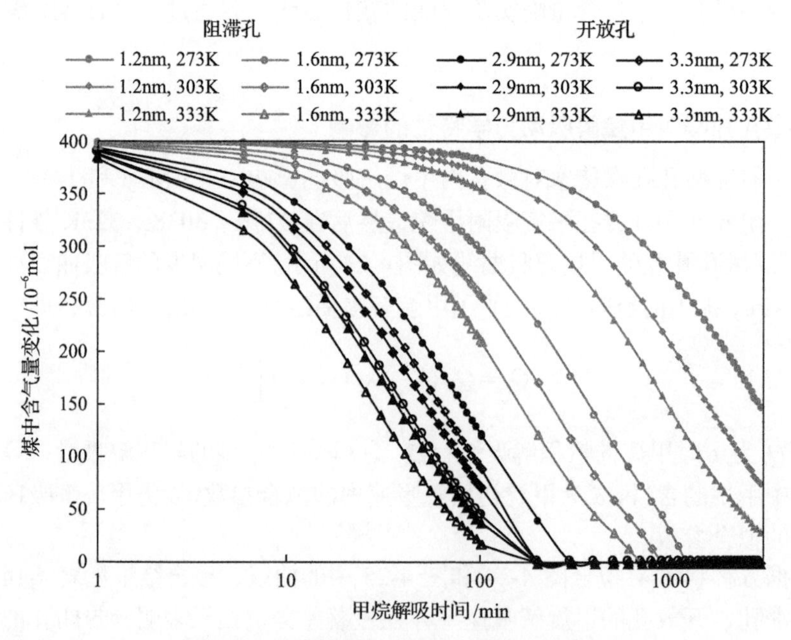

图 4-25 不同温度下微孔中甲烷解吸曲线

图4-25显示了温度对阻滞孔和开放孔的甲烷解吸速率有显著影响。结果表明，随着温度的升高，阻滞孔和开放孔的甲烷解吸速率均增大。α 随温度变化的曲线如图 4-27 所示，表明 α 随温度的升高而增大，微孔孔径越大，α 增大越大。结果

表明，温度升高会降低微孔对甲烷的吸附能力，对甲烷的解吸速率有正向影响，微孔孔径越大，正向影响越大。

表 4-14 甲烷解吸曲线拟合

孔隙裂隙	孔喉直径/nm	温度/K	拟合参数 α	拟合参数 β	相关系数 R^2
阻滞孔	1.1	273	0.000114	0.9973	0.9999
	1.2	273	0.000409	0.996	0.9999
		303	0.00074	0.9958	0.9999
		333	0.001185	0.9922	0.9999
	1.4	273	0.001556	0.9885	0.9999
	1.6	273	0.00295	0.9798	0.9999
		303	0.004541	0.9998	0.9735
		333	0.006429	0.9997	0.9655
开放孔	2.9	273	0.012266	0.9424	0.9994
		303	0.0184	0.932	0.9993
		333	0.025776	0.9228	0.9993
	3.3	273	0.015778	0.9335	0.9993
		303	0.023754	0.9238	0.9993
		333	0.033596	0.919	0.9994

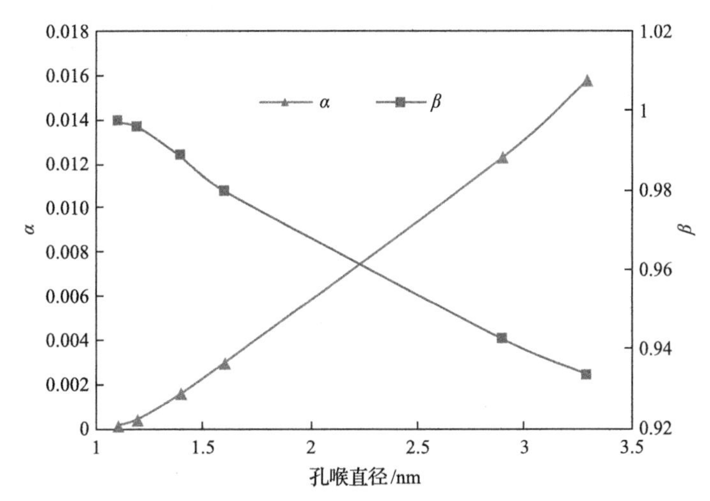

图 4-26 α 和 β 随微孔孔径变化曲线

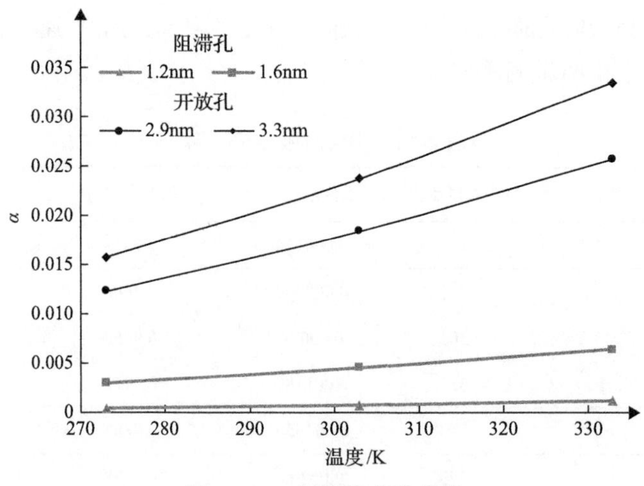

图 4-27 α 随温度变化曲线

4.6.3 微孔孔喉对甲烷解吸滞后特征的影响

大量实验证明，煤是含有大量不同尺度微孔隙的多孔介质，煤吸附/解吸甲烷的过程不能完全可逆，即在同一吸附压力下，解吸过程中的煤中含气量始终大于吸附过程，且煤中甲烷不能够完全解吸，这种现象称为煤中甲烷解吸滞后现象，该现象可导致煤层气开采过程中匮乏压力下的产率不足，导致煤层气开采效率降低。

为了阐明微孔隙孔喉与煤中解吸甲烷滞后的关系，分别依据含孔喉微孔隙吸附/解吸甲烷数值模型构建吸附位数量为 0.01mol 的五种不同微孔隙孔喉分布类型的煤样(表 4-15)。根据文献(张庆玲等，2004；马东民等，2012)，不同煤阶煤体在 8MPa 吸附压力下均接近饱和吸附。因此，数值模拟与物理实验均选取小于 8MPa 的压力范围进行吸附/解吸实验，旨在完整揭示煤样或煤样模型解吸甲烷的规律。获得吸附/解吸曲线如图 4-28 所示。可以看出，不同孔喉分布特征的煤样吸附/解吸曲线均不能重合，在相同吸附压力下解吸过程含气量大于吸附过程含气量，即存在解吸滞后现象，且解吸滞后程度与孔喉直径分布特征关系密切，煤样平均孔喉直径越小，吸附/解吸曲线之间区域的面积越多，煤样解吸甲烷滞后特征越明显。

表 4-15 煤样模型

煤样编号	孔喉孔径占比/%				平均孔喉直径/nm
	1nm	1.05nm	1.1nm	1.15nm	
Coal 1#	40	20	20	20	1.06
Coal 2#	20	40	20	20	1.07
Coal 3#	20	20	40	20	1.08
Coal 4#	20	20	20	40	1.09

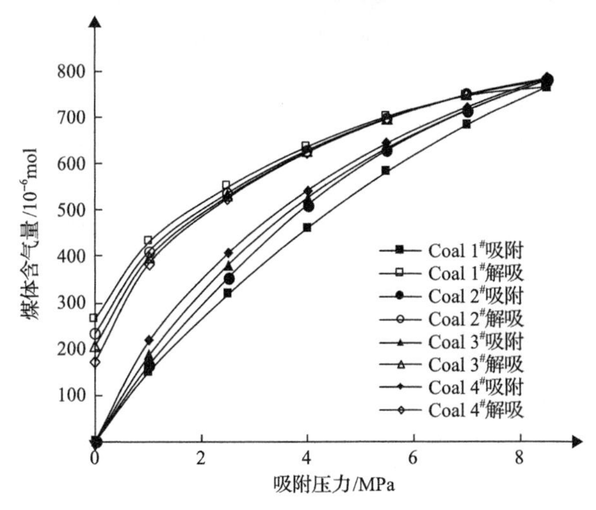

图 4-28 不同孔喉分布煤样模型吸附/解吸甲烷曲线

孔喉势阱对甲烷分子运移的阻滞作用是引起煤层甲烷吸附/解吸速率下降、煤解吸甲烷存在滞后现象、在开采期限内甲烷解吸率低下的重要原因之一；微孔隙孔喉越小，其影响越明显。因此，通过小角散射(small-angle scattering)技术和超小角散射(ultra small-angle scattering)技术及氮吸附等方法对储层微孔隙孔喉分布特征进行测定，是预测煤层气开采效率和产率的关键步骤。此外，通过致裂手段改变煤中孔喉的分布特征，改善甲烷分子在煤中孔喉的通过性，对于煤层气高效率开发的意义重大。

参 考 文 献

陈青, 杨宏民, 王兆丰, 等. 2012. 高压容量法测定吸附常数-低压点对甲烷吸附常数测定结果的影响. 煤矿安全, 43(9): 7-9.

郭亮, 吴占松. 2008. 超临界条件下甲烷在纳米活性炭表面的吸附机理[J]. 物理化学学报, 24(5): 737-742.

降文萍, 崔永君, 张群, 等. 2007. 不同变质程度煤表面与甲烷相互作用的量子化学研究[J]. 煤炭学报, 32(3): 292-295.

蔺亚兵. 2012. 煤层气解吸滞后效应研究. 西安: 西安科技大学.

马东民. 2008. 煤层气吸附解吸机制研究. 西安: 西安科技大学.

马东民, 张遂安, 蔺亚兵. 2011. 煤的等温吸附-解吸实验及其精确拟合. 煤炭学报, 36(3): 477-480.

马东民, 马薇, 蔺亚兵. 2012. 煤层气解吸滞后特征分析. 煤炭学报, 37(11): 1885-1889.

岳高伟, 王兆丰, 谢策. 2014. 低温环境下煤表面吸附的均匀性试验. 科技导报, 32(31): 71-74.

张超, 鲁雪生, 顾安忠. 2004. 天然气和氢气吸附储能吸附热研究现状[J]. 太阳能学报, 25(2): 249-253

张庆玲, 崔永君, 曹利戈. 2004. 压力对不同变质程度煤的吸附性能影响分析. 天然气工业, 24(1): 98-100.

钟玲文. 2004. 煤的吸附性能及其影响因素. 地球科学, 29(3): 238-332.

周动, 冯增朝, 赵东, 等. 2016. 煤表面非均匀势阱吸附甲烷特性数值模拟. 煤炭学报, 41(08): 1968-1975.

Bae J S, Bhatia S K, Rudolph V, et al. 2009. Pore accessibility of methane and carbon dioxide in coals. Energy & Fuels, 23(6): 3319-3327.

Bird G A. 1994. Molecular Gas Dynamics and the Direct Simulation of Gas Flows[M]. Oxford: Clarendon Press.

Cheng Y P, Jiang H N, Zhang X L, et al. 2017. Effects of coal rank on physicochemical properties of coal and on methane adsorption. International Journal of Coal Science & Technology, 4(2): 129-146.

Cui X, Bustin R M. 2005. Volumetric strain associated with methane desorption and its impact on coalbed gas production from deep coal seams. AAPG Bulletin, 89(89): 1181-1202.

Deng J C, Kang J H, Zhou F B, et al. 2019. The adsorption heat of methane on coal: Comparison of theoretical and calorimetric heat and model of heat flow by micro calorimeter. Fuel, 237: 81-90.

Kang J, Zhou F, Xia T, et al. 2016. Numerical modeling and experimental validation of anomalous time and space subdiffusion for gas transport in porous coal matrix. International Journal of Heat & Mass Transfer, 100: 747-757.

Karacan C Ö, Okandan E. 2000. Assessment of energetic heterogeneity of coals for gas adsorption and its effect on mixture predictions for coalbed methane studies . Fuel, 79 (15): 1964-1974.

Li Z, Lin B, Gao Y, et al. 2015. Fractal analysis of pore characteristics and their impacts on methane adsorption of coals from Northern China. International Journal of Oil, Gas and Coal Technology, 10(3): 306.

Lin Y, Jia X, Ma D. 2016. Study and application of coal pore features based on liquid nitrogen adsorption method. Coal Science & Technology, 44(3): 135-140.

Liu Z, Feng Z, Zhang Q, et al. 2015. Heat and deformation effects of coal during adsorption and desorption of carbon dioxide. Journal of Natural Gas Science & Engineering, 25: 242-252.

Liu Z, Zhang Z, Choi S K, et al. 2018. Surface Properties and Pore Structure of Anthracite. Bituminous Coal and Lignite. Energies, 11(6): 1502.

Meng Z, Liu S, Li G. 2016. Adsorption capacity, adsorption potential and surface free energy of different structure high rank coals. Journal of Petroleum Science and Engineering, 146: 856-865.

Nie B S, Wang L K, Li X C. 2013. Simulation of the interaction of methane, carbon dioxide and coal. International Journal of Mining Science and Technology, 23(6): 919-923.

Pandey R, Harpalani S, Feng R, et al. 2016. Changes in gas storage and transport properties of coal as a result of enhanced microbial methane generation. Fuel, 179: 114-123.

Qin L, Zhai C, Liu S, et al. 2016. Failure mechanism of coal after cryogenic freezing with cyclic liquid nitrogen and its influences on coalbed methane exploitation. Energy & Fuels, 30(10): 8567-8578.

Yang X, Huang F, Dai W, et al. 2014. Thermodynamic performance analysis for flashing-binary cycle using different working fluids to low temperature steam. Proceedings of the CSEE, 34(20): 3257-3265.

Zhao D, Zhao Y S, Feng Z C, et al. 2011. Experiments of methane adsorption on raw coal at 30–270℃. Energy Sources, Part A: Recovery, Utilization, and Environmental Effects, 34(4): 324-331.

第五章　煤体细观结构吸附甲烷特征

5.1　煤体细观结构的观测研究

5.1.1　材料的细观结构及其研究方法

细观结构研究尺度可从纳米到毫米量级，随研究对象不同而异，其发展对固体力学研究层次的深入以及对材料科学规律的定量化表达都有重要意义。20 世纪 20、30 年代，泰勒等在细观塑性理论方面进行了初步探索；细观力学的方法论则由艾舍比、希尔、穆拉等力学家开创。经过几十年的发展，材料细观力学相继在金属、复合材料、陶瓷、混凝土、高分子和电子材料中取得重要应用，且其发展与细观计算力学的发展相辅相成。50 年代，钱学森第一次提出并系统阐述了“细观力学”这一中文名词。细观力学的研究内容涵盖了细观力学方法论、细观塑性理论、细观损伤力学、材料细观力学、细观计算力学、细观实验力学等多个方面(方岱宁和周储伟，1998；邢纪波等，1999；白以龙等，2006；尤春安和战玉宝，2009；杜修力等，2011)。

煤是天然的非均质岩体。从成煤原始材料上看，高等古植物门类齐全，低等生物种类繁多，均参与了成煤作用，形成不同的煤岩组分。此外，煤中还有多种无机矿物质成分，在地质作用下形成了不同的煤岩细观结构，经过沉积、成岩、变质、变形等多种地质作用，形成孔隙裂隙等复杂的显微构造，使得煤岩细观结构纷繁复杂。

煤岩细观结构吸附/解吸甲烷能力的差异，是煤中甲烷储存分布非均匀性的重要原因(Zhou et al.，2016)；煤不同细观结构吸附甲烷的吸附热与膨胀变形规律的差异，会引起煤岩非均匀热损伤与膨胀变形；这会对煤岩结构的力学强度与渗流能力造成显著影响(Zhou et al.，2017)。因此，煤岩细观结构的研究对于煤与甲烷吸附规律及相关热效应与变形效应的研究具有重要意义。

细观结构的常用方法主要有 CT 技术、SEM-EDS 测试、光学显微镜观测、核磁(MIR)扫描等，这里主要介绍 SEM-EDS 扫描与显微 CT 技术。

1. SEM-EDS 扫描

扫描电子显微镜(scanning electron microscope，SEM)，简称扫描电镜，是 1965 年发明的较现代的细胞生物学研究工具，主要是利用二次电子信号成像来观察样品的表面形态，即用极狭窄的电子束去扫描样品，通过电子束与样品的相互作用产生各种效应，其中主要是样品的二次电子发射。

扫描电镜是介于透射电镜和光学显微镜之间的一种微观形貌观察手段，可直接利用样品表面材料的物质性能进行微观成像。扫描电镜的优点是：①有较高的放大倍数，可在20倍至20万倍之间连续可调；②景深大，视野大，成像富有立体感，可直接观察各种试样凹凸不平表面的细微结构；③试样制备简单。目前的扫描电镜都配有X射线能谱仪装置，这样可以同时进行显微组织形貌的观察和微区成分分析，因此它是当今应用十分广泛的科学研究仪器。

能谱仪(energy dispersive spectrometer，EDS)是用来对材料微区成分元素种类与含量进行分析，配合扫描电子显微镜与透射电子显微镜的使用。各种元素具有自己的X射线特征波长，特征波长的大小则取决于能级跃迁过程中释放出的特征能量ΔE。当X射线光子进入检测器后，在Si(Li)晶体内激发出一定数目的电子-空穴对。在低温下产生一个空穴对的最低平均能量为3.8eV，而由一个X射线光子造成的空穴对的数目为$N=\Delta E/3.8$。因此，入射X射线光子的能量越高，N就越大。利用加在晶体两端的偏压收集电子-空穴对，经过前置放大器转换成电流脉冲，电流脉冲的高度取决于N的大小。电流脉冲经过主放大器转换成电压脉冲进入多道脉冲高度分析器，脉冲高度分析器按高度对脉冲分类进行计数，这样就可以描出一张X射线按能量大小分布的图谱。

2. 显微CT技术

工业CT(industrial computer tomography)是工业用计算机断层扫描技术的简称，它能在对检测物体无损伤条件下，以二维断层图像或三维立体图像的形式，清晰、准确、直观地展示被检测物体的内部结构、组成、材质及缺损状况，被誉为当今最佳无损检测和无损评估技术。工业CT是在射线检测的基础上发展起来的，其基本原理是当经过准直且具有一定能量的射线束穿过被检物时，根据各个透射方向上各体积元的衰减系数不同，探测器接收到的透射能量也不同。按照一定的图像重建算法，即可获得被检工件截面一薄层无影像重叠的断层扫描图像，重复上述过程又可获得一个新的断层图像，当测得足够多的二维断层图像时就可重建出三维图像。

杨卫(1992)曾提出，显微图像重建和特征识别方法与动态显微观察技术和计算机图像识别技术相结合可能是解决材料细观损伤演化的有效手段。众多学者借助电镜扫描实验，从不同角度研究了煤的孔隙特征，发挥了其研究煤孔隙裂隙、矿物质、微观构造等多方面的优势(杨峰等，2013；Haritos et al.，1988)；宋晓夏等(2013)利用显微CT技术对重庆市中梁山南矿构造煤的渗流孔进行了精细定量表征，并研究了其孔隙结构的表征；Wang等(2013)用多光谱的同步辐射X射线CT设备对无烟煤的物理结构进行了研究，得到了煤样孔隙的无损测试图像。因此，本章将基于前人研究成果，利用SEM-EDS与CT技术相结合的手段，对煤样细观结构进行详细研究。

5.1.2 煤样制备与 SEM-EDS 测试

如图 5-1 所示，实验所用煤样取自山西阳泉煤业集团矿区，煤种为无烟煤，煤样基本信息与工业成分测定结果如表 5-1 所示。煤样制取步骤如下：①利用小型台钻钻取高度为 12mm、直径为 8.5mm 的细观煤样，然后用钻石切割机将煤样径向端面切平；②在煤样径向表面刻画深度为 1mm 的偏心十字线切槽，用于 CT 与 SEM-EDS 实验中对煤样放置角度的定位；③利用超声波清洗机对煤样进行清洁，然后烘干备用。

图 5-1 实验选用煤样

表 5-1 煤样基本信息

煤层	煤阶	重量/g	镜质组最大反射率/%	工业分析			
				水分/%	灰分/%	挥发分/%	固定碳/%
15	无烟煤	0.966	2.45	1.39	13.13	7.12	78.36

扫描电镜采用设备为中国科学院山西煤炭化学研究所 JSM-7001F 型热场发射扫描电子显微镜(图 5-2)，其装配有 INCA X-Act 型能谱测试仪，可实现对煤样表

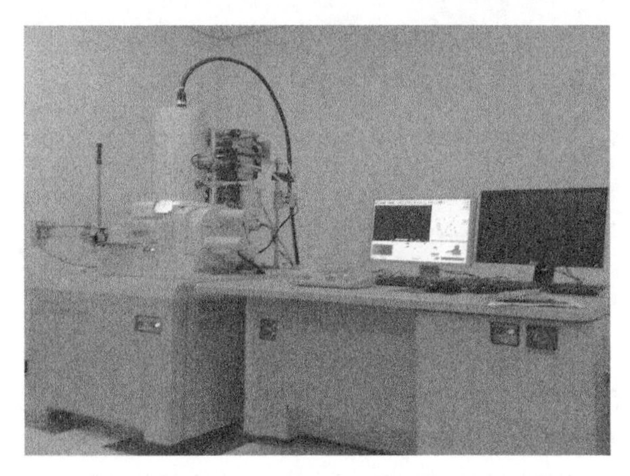

图 5-2 JSM-7001F 型热场发射扫描电子显微镜

面微观区域元素组分的定量化分析。测试步骤如下：①将样品放置于测试室，并固定；②对样品进行真空处理，真空度需达到 10^{-3}Pa 以下；③利用二次电子对煤样表面进行成像，选取目标区域，调整图像(焦距、亮度、对比度)，并保存；④选取扫描电镜成像区域中目标点或面，进行 EDS 测试，并保存。

5.1.3 煤样 CT 与表面层提取方法

1. 煤样 CT

太原理工大学μCT225kVFCB 型高精度显微 CT 实验系统如图 5-3 所示，该 CT 系统由微焦点 X 光机、数字平板探测器、高精度工作转台及夹具、机座、水平移动机构、采集分析系统等结构组成。该 CT 系统可以实现对各种金属及非金属材料的三维 CT 分析，放大倍数(β)为 1～400 倍。成像窗口：406mm×293mm(3200×2304 个探元)，有效窗口：406mm×282mm(3200×2232 个探元)，探元尺寸为 0.127mm；扫描单元分辨率为 0.194/β，密度分辨率≤0.2%，可分辨出 0.5μm 的孔隙裂隙结构(Nodzeriski，1998)。显微 CT 通过射线源发射 X 射线，平板探测器可对扫描数据进行精确采集；实验装置固定在 CT 系统的旋转台上，扫描时以 655360steps/revolution 匀速旋转，使煤样得以全方位扫描；显微 CT 运动控制器的位移精度为 0.02mm，可确保装置在全部的扫描过程中不发生任何方向的偏移，从而保证实验结果的准确性。

图 5-3 μCT225kVFCB 型高精度显微 CT 实验系统

煤样细观结构显微 CT 测试步骤如下：①将测试煤样垂直放置于 CT 实验台上，并固定；②设定 CT 放大倍数为 36.5 倍，调节管电流、管电压等参数，使煤样得以全方位扫描，且不同煤结构可以清晰分辨；③对煤样进行 CT 扫描，扫描时分

400 帧进行分阶段扫描，每帧叠加两幅，之后重建生成平面图像。重建层数是 1500 层，图像的平面大小是 2000×2000 像素点，每个像素点的绝对尺度为 5.8μm×5.8μm。CT 所得数据采用基于 Matlab 软件所开发的程序进行处理。

岩石的密度是岩石最基本的物理参数，它与岩石的强度、孔隙率、变形特性等物理力学特性有着密切关系。因此，研究岩石密度分布规律对于研究岩石的其他宏观物理性质具有重要的意义。CT 是利用射线对被测物体断面进行扫描，得到材料密度变化的断面图像。衰减系数是射线穿越被测物体横截面任一点的强度变化量，与被测物体的密度关系为

$$\mu_{i,j} = \mu_{\mathrm{m}} \rho_{i,j} \tag{5-1-1}$$

式中，$\mu_{i,j}$ 为质量衰减系数；$\rho_{i,j}$ 为被测物体某点处的密度；μ_{m} 为衰减系数比例常数。

依据式(5-1-1)得到试件某截面的衰减系数阵列，并转换为灰度图像，即可观察到煤体内部结构的真实信息。

2. 煤样表面层提取

在 CT 数据中，煤样表面层厚度仅有 5.8μm，由于实验条件限制，煤样在实验台上无法绝对垂直放置，即实际的煤样表面层信息包含在 CT 数据的若干层中，不能以其中某一层位作为煤样表面层进行分析，需通过表面层提取的算法编程进行处理。煤样表面层提取原理如图 5-4 所示，具体步骤如下：①选择包含煤样表

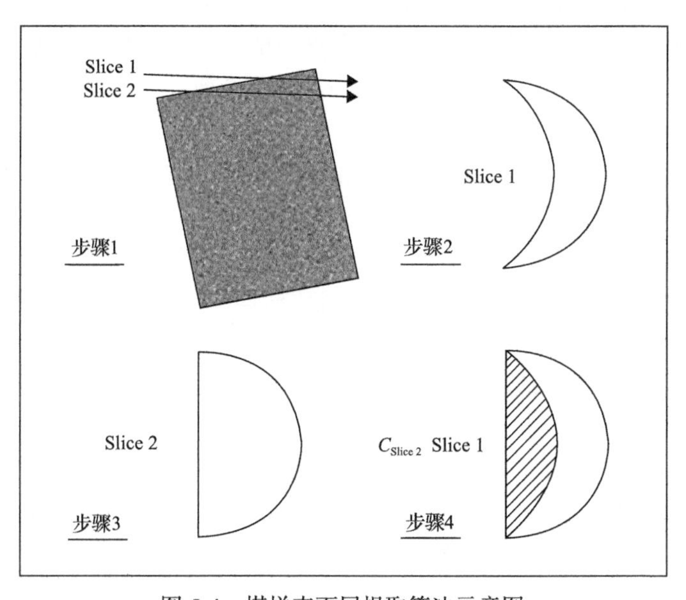

图 5-4 煤样表面层提取算法示意图

面信息所有 N_{CT} 层的目标层位；②将每一层 Slice i ($1<i<N_{CT}$) 煤样信息区域进行提取；③对连续两个目标层煤样信息区域取补集 $C_i=C_{\text{Slice }i+1}(\text{Slice }i)$ ($1<i<N_{CT}$)；④获得每一层包含的煤样信息 C_i，并叠加，从而较准确地将煤样表面层从 CT 扫描三维数据中的信息提取出来。

如图 5-5 所示，经 CT 表面层提取算法获得的煤样表面 CT 图像清晰度高，且与煤样表面 SEM 图像形成了良好的对应，基于此，可对煤细观结构的 CT 图像与 SEM 图像进行进一步的对比分析。

(a) (b)

图 5-5 煤样表面同一区域 CT 图像(a)与 SEM 图像(b)对比

5.2 煤岩细观结构特征与分类

5.2.1 煤岩 SEM-EDS 特征及其分类

煤体宏观物理性质是其细观物理性质的综合效应。因此，煤的吸附性、吸附变形能力、渗透性、力学强度等宏观物理性质的非均匀特征，与煤体细观结构的多样性密切相关，因此，对煤样细观结构进行分类研究与定量化描述，对于煤物理性质的研究具有极其重要的意义。

通过对煤样表面 SEM 图像观察，依据煤岩组分与矿物质类型，图 5-6 所示区域可分为镜质体煤基质与黏土矿物质两类物质组分。对煤中含黏土矿物质的结构镜质体区域中结构镜质体煤基质与黏土矿物质位置(图 5-6 十字型标记处)分别进行能谱点测试，测试结果如表 5-2 所示。镜质体煤基质在 C、O、S 元素出现峰值；黏土矿物质区域则主要在 O、Si、Al 元素出现峰值，证明其主要成分为含铝硅酸盐。镜质体煤基质中 C 元素质量比例高达 86.36%，黏土矿物质中 O、Si、Al 元素质量比例则达到 54.33%。

煤中孔隙裂隙是煤中甲烷储存与运移的重要场所，因此依据煤细观孔隙裂隙结构特征对煤细观结构进行分类研究对于煤中甲烷吸附运移特征具有重要意义，具体可分为均质镜质体、结构镜质体、细观裂隙三类。

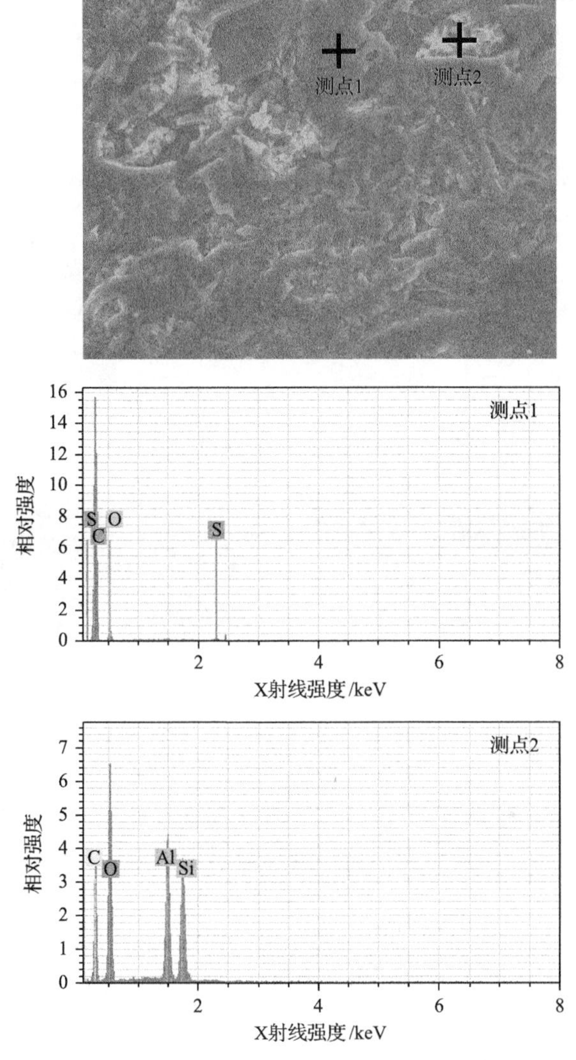

图 5-6　煤中镜质体煤基质与黏土矿物质能谱测试

表 5-2　煤中镜质体煤基质与黏土矿物质能谱测试

	镜质体煤基质			黏土矿物质			
	C	O	S	C	O	Si	Al
质量/%	86.36	13.22	0.42	45.67	34.86	10.54	8.93

1. 均质镜质体

均质镜质体是镜质组无结构镜质体的亚组分之一，通常以均一、纯净、宽窄不等条带状或透镜状出现。低煤化煤中的均质镜质体有时可见不清晰的隐结构，经氧化腐蚀，可见清晰的细胞结构。均质镜质体具有正常的反射率，一般用以测定反射率，确定煤级的标准组分。如图 5-7 所示，在 SEM 测试煤样中，均质镜质体区域结构致密，孔隙发育差，在微米尺度上不含有孔隙结构。

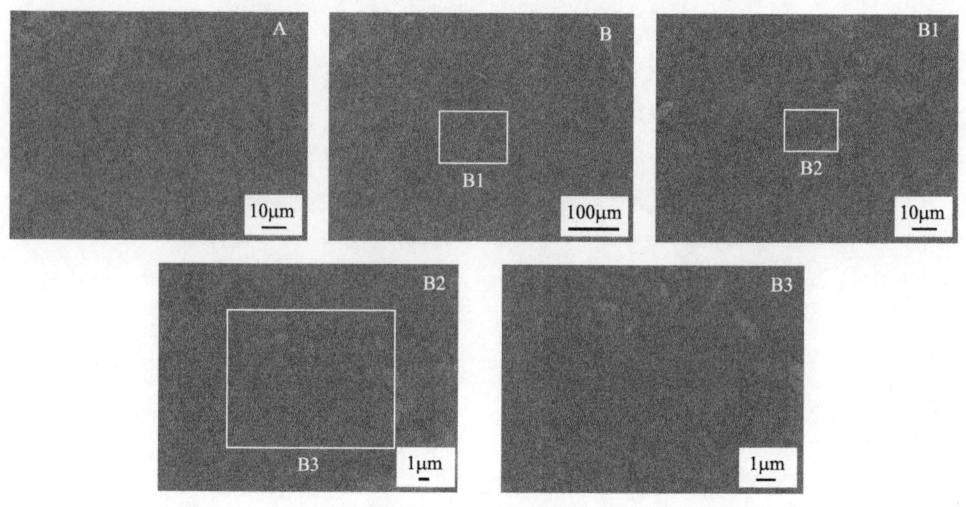

图 5-7　均质镜质体

2. 结构镜质体

结构镜质体是在普通显微镜下具有植物细胞结构的镜质组组分，其细胞壁部分称为结构镜质体。其中，细胞腔开放成近圆形的称结构镜质体 1；细胞壁强烈膨胀，细胞腔闭合成为断续线条的称结构镜质体 2。细胞腔往往被无结构镜质体、树脂体、微粒体或黏土矿物所充填。在 SEM 测试煤样中，1～20μm 的植物细胞腔组织煤化作用形成的胞腔孔群结构，其在煤中呈条带状分布，具有一定的方向性。

对于黏土矿物质致密填充的胞腔孔结构(图 5-8)：呈层片状或颗粒状结晶，其中晶间孔较少，细胞腔结构间连通性也较差。而对于黏土矿物质非致密填充的胞腔孔结构(图 5-9)：由于长期的溶蚀作用，存在大量的晶间孔、层间孔与粒间孔。部分由于地质构造的挤压摩擦等作用形成大量破碎煤与碎屑孔，孔隙结构发育，连通性较好。

3. 细观裂隙

如图 5-10 所示，煤受构造应力作用产生的微小裂隙。在 SEM 测试煤样中，裂隙宽度为 1～20μm，黏土矿物质在其中部分或全部填充形成黏土矿物质条带。

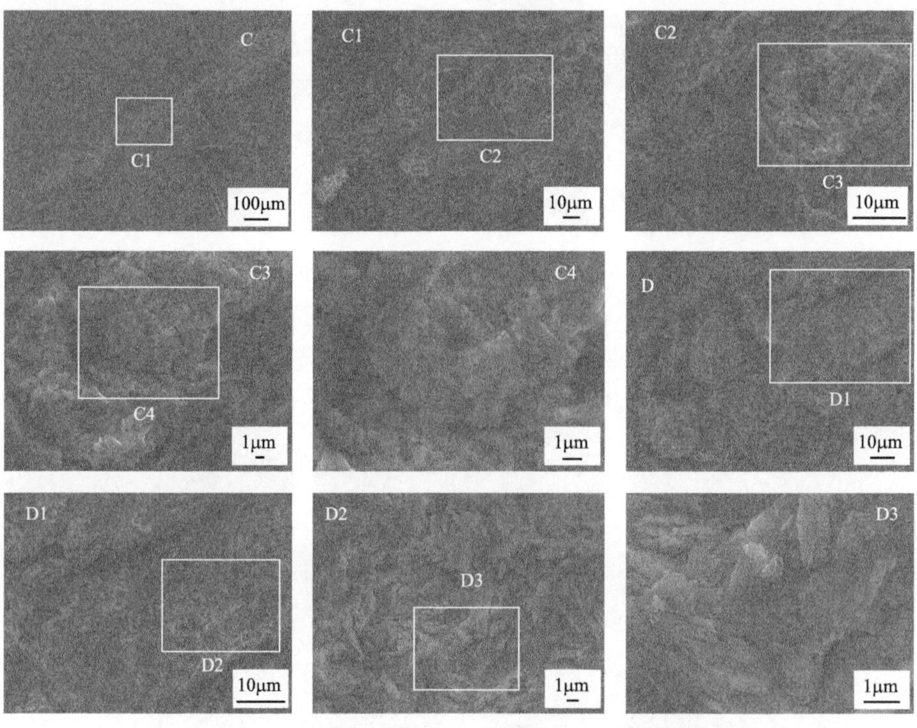

图 5-8　结构镜质体中胞腔孔被黏土矿物质致密填充

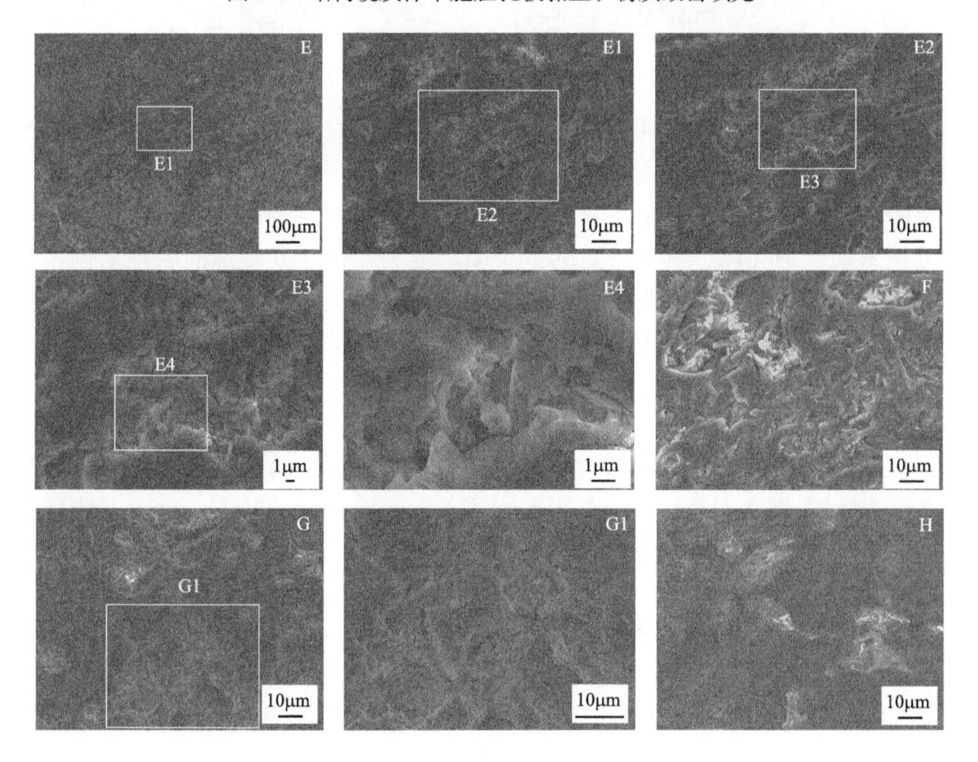

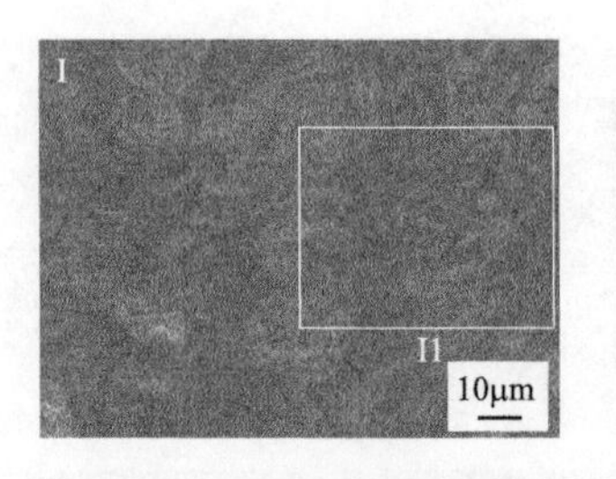

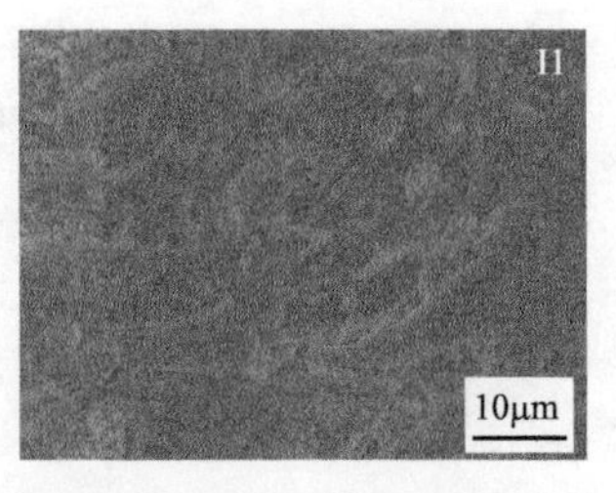

图 5-9　结构镜质体中胞腔孔被黏土矿物质非致密填充

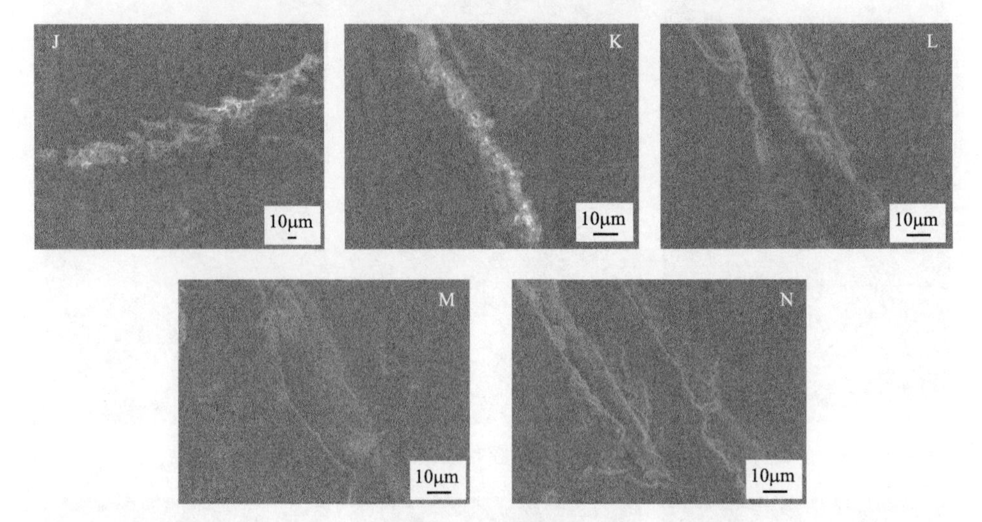

图 5-10　细观裂隙

黏土矿物质是煤中最常见的矿物质种类之一。它们是以含铝、镁等为主的含水硅酸盐矿物。矿物质类型主要包括高岭石族、伊利石族、蒙脱石族、蛭石族及海泡石族等矿物。黏土矿物质呈层理状结晶，其层理间、晶体颗粒间存在大量纳米尺度的孔隙，具有一定的甲烷吸附能力，由于其特殊的层理结构、分布方式及较大的密度，吸附甲烷后会对煤细观结构变形产生显著影响，因此，讨论不同区域的黏土矿物质分布特征对于煤吸附甲烷能力及其细观结构变形特征具有重要意义。

在选取的 SEM 测试煤样中，根据黏土矿物质在煤中的分布特征，可分为如下四类：①较大黏土矿物质团簇集中分布区域(图 5-11(a))；②较小黏土矿物质颗粒分散分布区域(图 5-11(b))；③黏土矿物质条带区域(图 5-11(c))；④几乎不含黏土矿物质区域(图 5-11(d))。

5.2.2　基于 EDS 面扫描的煤细观结构定量化描述

区域能谱面扫描测试是指电子束在样品表面做光栅式面扫描，谱仪检测某一元素的特征 X 射线位置，以特定元素的 X 射线的信号强度调制阴极射线管荧光屏的亮度，得到由许多亮点组成的图像。亮点为元素的所在处，因此根据亮点的疏密程度可确定元素在试样表面的分布图像。

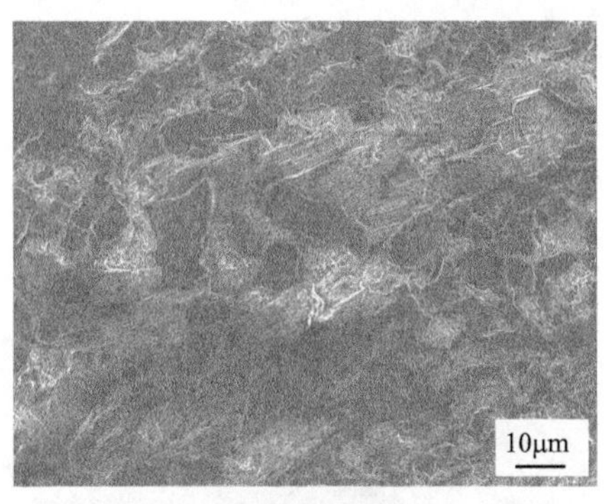

(a) 较大黏土矿物质团簇集中分布区域

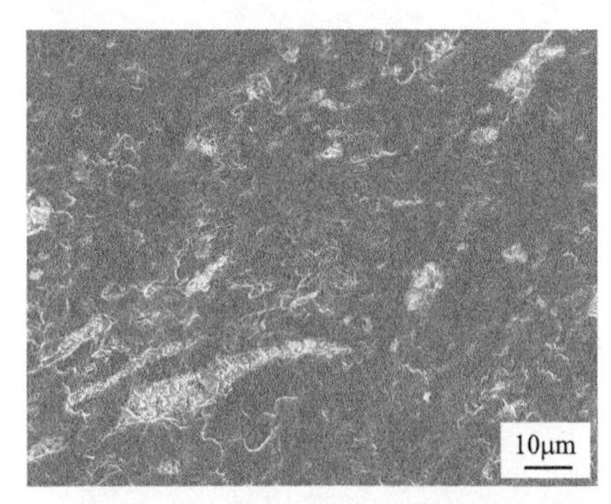

(b) 较小黏土矿物质颗粒分散分布区域

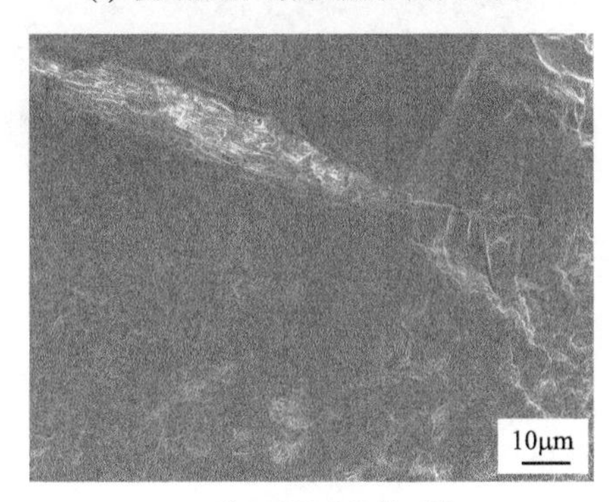

(c) 黏土矿物质条带区域

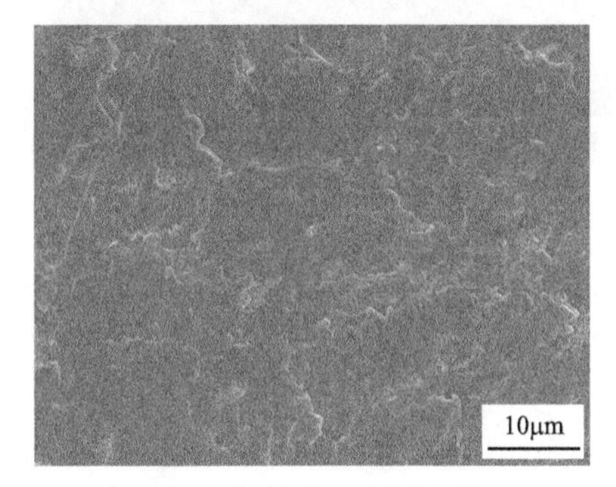

(d) 几乎不含黏土矿物质区域

图 5-11　不同黏土矿物质分布特征区域 SEM 图像

煤岩通常主要包括煤基质和矿物质两种物质组分，其含有不同的特征元素，例如，煤基质主要由 C 元素组成，而矿物质则含有 Ca、Si、Al 等无机物质元素，其在能谱检测过程中会有对应的特征元素出峰；而煤中孔隙裂隙等天然缺陷则无特征元素出峰。因此，通过对煤样表面进行 EDS 扫描，并对煤表面不同元素分布位置进行提取比较，即可准确、定量化地区分煤体不同物质组分及孔隙裂隙结构。

煤样表面 15kV 能谱面扫描及其元素分布测试结果如图 5-12 所示。实验测试煤样主要由镜质体煤基质和黏土矿物质两种物质组分，因此，在面扫描过程中，主要出峰元素为 C、O、Si、Al、S。其中，煤基质骨架区域主要为 C 元素，此外还有少量 S 元素；Al 和 Si 元素分布区域完全一致，且与煤基质分布区域近似互补，表明其主要为黏土矿物质。黏土矿物质中含铝硅酸盐中含有大量的 O 元素，无烟煤变质程度高，其煤分子中仅含有少量含氧官能团结构，因此，O 元素分布区域在煤基质与黏土矿物质中均有所存在，且主要在黏土矿物质中。其他几乎不存在元素分布的区域为空样品位置，主要为煤样的孔隙裂隙等缺陷结构。

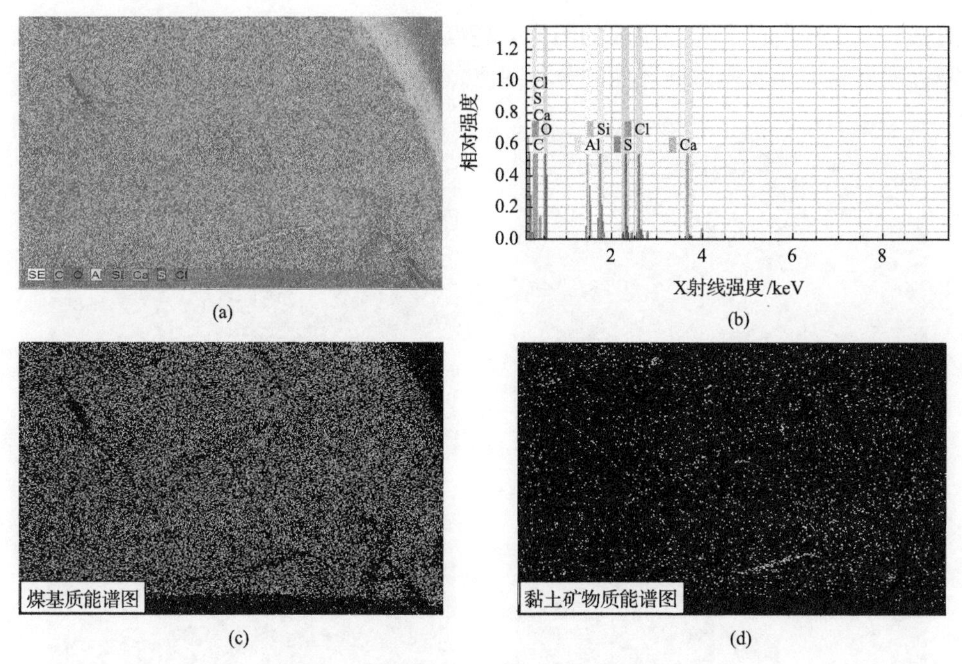

(a) (b) (c) (d)

图 5-12 煤样表面能谱面扫描及其元素分布

基于 EDS 面扫描提取结果，对不同类型的细观结构的提取与定量化分析利用 Matlab 软件编程实现。提取步骤如下：①对能谱面扫描图像进行二值化处理；②对二值化能谱面扫描图像进行网格划分，按照网格中能谱点密度对不同结构骨架(如煤基质、黏土矿物质)区域提取；③对煤基质与黏土矿物质能谱提取图进行边缘平滑与噪点处理；④将煤基质与黏土矿物质提取区域相加，并与整体区域取补集，获得孔隙结构提取图。提取流程如图 5-13 所示，提取过程结果以图 5-14 所示区

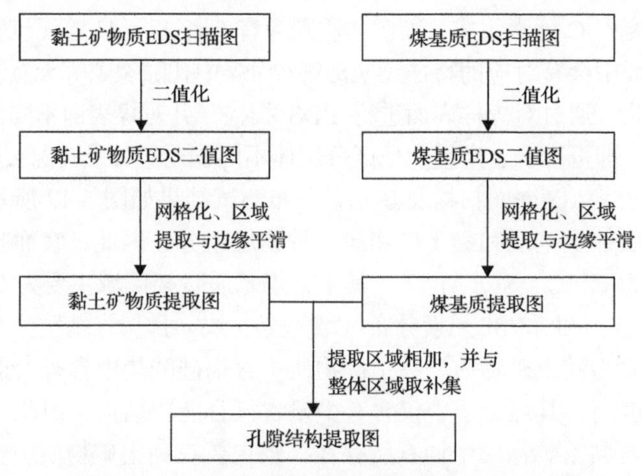

图 5-13 基于 EDS 面扫描的煤结构的提取流程图

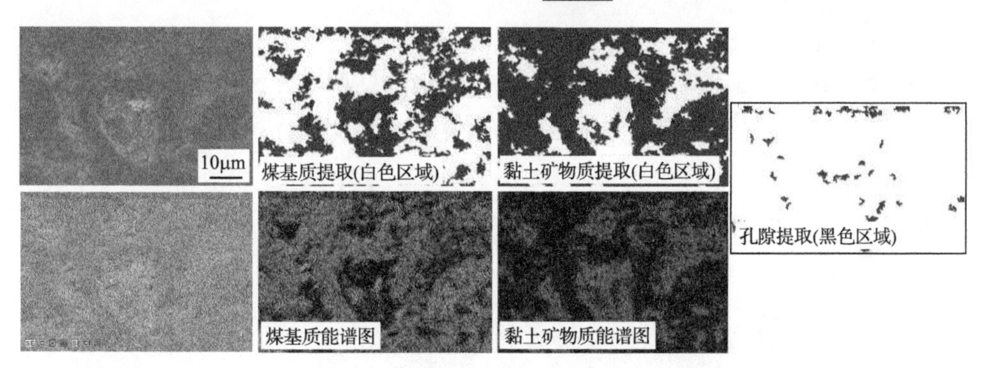

图 5-14 基于 EDS 面扫描的煤体细观结构提取

域为例，煤基质和黏土矿物质的孔隙结构提取结果与对应元素的能谱扫面区域分布形成良好的对应关系。

为了对不同类型细观结构进行定量化描述，在本次实验中，选择煤样中均质镜质体、结构镜质体(黏土矿物质致密填充和黏土矿物质非致密填充)、细观裂隙(黏土矿物质致密填充和黏土矿物质非致密填充)等共计 20 个区域分别进行能谱面测试及不同物质分布区域提取与定量化分析。提取结果如图 5-15～图 5-19 所示，统计结果如表 5-3 所示。均质镜质体煤基质含量最多，达到 97.95%以上，孔隙率不足 1%，孔隙数量不足 10，即孔隙结构极不发育。结构镜质体区域中煤基质含量相近，平均在 50%～60%。将区域中黏土矿物质结构面积与非煤基质黏土矿物质结构的面积比值记为黏土矿物质填充率，则致密填充的胞腔孔黏土矿物质填充率达到 90%以上，孔隙率与平均孔隙数量分别仅有 4.06%和 36，即孔隙结构不发育；而黏土矿物质非致密填充的胞腔孔填充率仅有 47.23%，孔隙率与平均孔隙数量分别则达到 23.23%和 48.8，即孔隙结构非常发育。在含有细观裂隙的区域，黏土矿物质致密填充的裂隙中黏土矿物质填充率达到 75%以上，裂隙面积比率仅有 8%；而黏土矿物质非致密填充的胞腔孔填充率仅有 19.76%，裂隙面积比率则

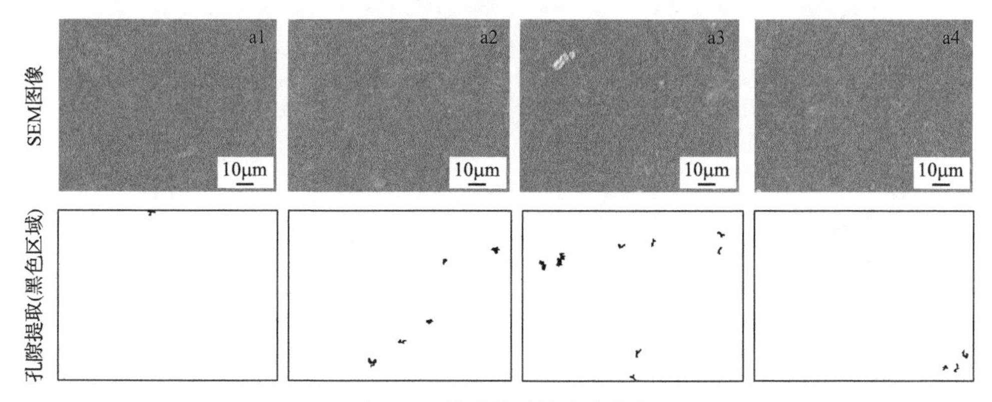

图 5-15 均质镜质体孔隙分布

达到 23%。这表明煤中不同细观结构的孔隙结构与煤中黏土矿物质的分布与填充程度密切相关，黏土矿物质非致密填充的细观结构中孔隙更加发育。利用基于 EDS 的煤体细观结构提取方法可以有效地实现对煤中不同细观结构的定量化分析与研究。

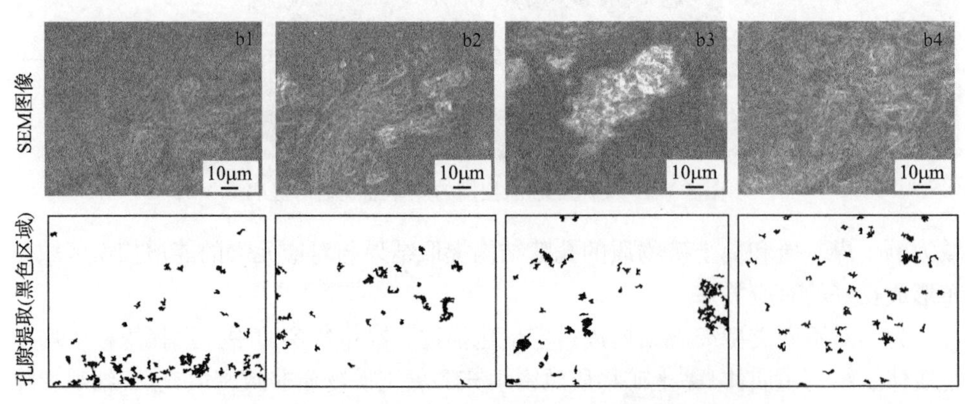

图 5-16 结构镜质体中胞腔孔被黏土矿物质致密填充

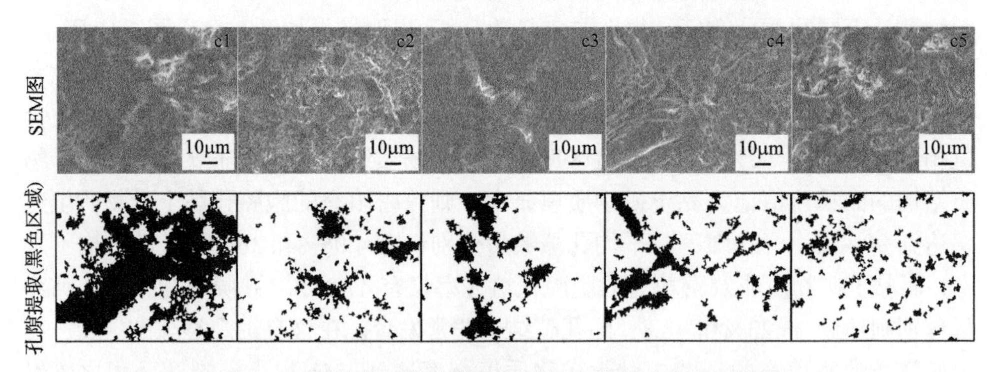

图 5-17 结构镜质体中胞腔孔被黏土矿物质非致密填充

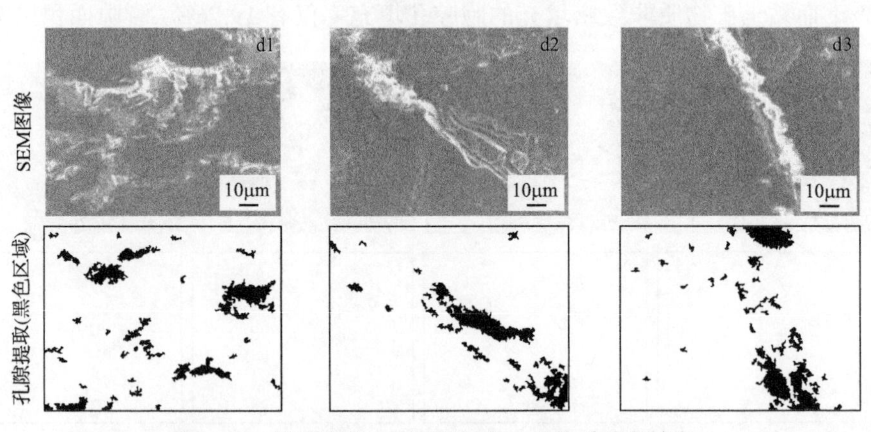

图 5-18 细观裂隙中胞腔孔被黏土矿物质致密填充

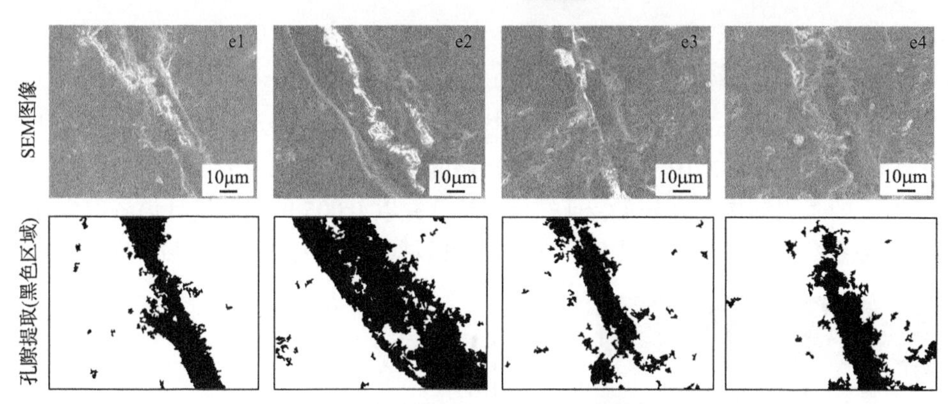

图 5-19 细观裂隙中胞腔孔被黏土矿物质非致密填充

表 5-3 基于 EDS 面扫描的不同细观结构的定量化描述

区域类型	区域编号	煤基质率/%	矿物质率/%	孔隙率/%	矿物质填充率/%	孔隙数量
均质镜质体	a1	99.69	0.25	0.06	80.65	1
	a2	96.83	2.78	0.39	87.70	5
	a3	97.26	2.09	0.65	76.28	8
	a4	98.01	1.8	0.19	90.45	3
	平均值	97.95	1.73	0.32	84.39	4.25
结构镜质体（黏矿物质致密填充）	b1	45.96	49.15	4.89	90.95	43
	b2	81.31	15.89	2.8	85.02	25
	b3	65.16	30.23	4.61	86.77	32
	b4	40.06	55.99	3.95	93.41	44
	平均值	58.12	37.82	4.06	90.31	36
结构镜质体（黏矿物质非致密填充）	c1	34.41	11.74	53.85	17.90	28
	c2	34.96	50.17	14.87	77.14	66
	c3	71.39	13.15	15.46	45.96	28
	c4	72.16	8.77	19.07	31.50	43
	c5	66.98	20.12	12.9	60.93	79
	平均值	55.98	20.79	23.23	47.23	48.8
细观裂隙（黏矿物质致密填充）	d1	31.52	58.84	9.64	85.92	30
	d2	78.96	13.04	8	61.98	21
	d3	80.84	10.34	8.82	53.97	28
	平均值	63.77	27.41	8.82	75.66	26.3
细观裂隙（黏矿物质非致密填充）	e1	76.8	5.81	17.39	25.04	16
	e2	54.62	5.11	40.27	11.26	16
	e3	75.91	7.3	16.79	30.30	28
	e4	78.06	4.4	17.54	20.05	18
	平均值	71.35	5.66	22.99	19.76	19.5

注：黏土矿物质填充率为区域中黏土矿物质结构面积与非煤基质黏土矿物质结构的面积比值。

5.2.3 基于 CT 扫描煤岩密度分布特征

CT 扫描所获得的煤样表面层 CT 扫描图像如图 5-20 所示，其中煤样区域所占总 CT 像素数为 1.46×10^6，每个 CT 像素格的宽度为 5.8μm。为了对目标区域在显微 CT 下的煤岩结构密度分布特征进行分析，并以 0.005 的间隔统计该图像中煤样不同衰减系数像素数量所占比例，获得目标区域组成单元的衰减系数分布比率图。

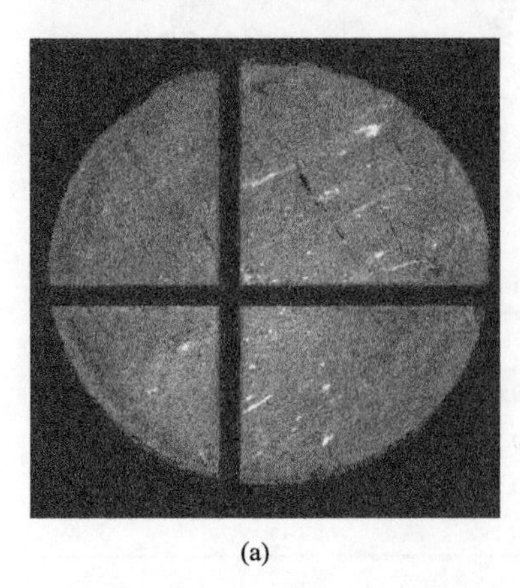

(a)

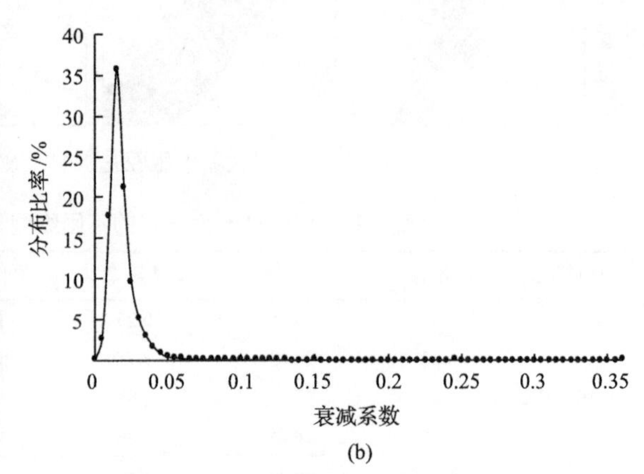

(b)

图 5-20 CT 扫描区域衰减系数分布图

由图 5-20 可知，煤体属于天然的非均质岩体，该区域的煤样在真空状态下的 CT 衰减系数分布在 0～0.36，平均衰减系数值为 0.0377，大部分的煤体衰减系数集中在较小的范围内。其中，0.02～0.06 占 89.06%，构成该区域的主要部分。通过与电镜图像进行对照，按照煤体密度（衰减系数）大小，可将煤体分为三类结构。

(1) 高密度区域。衰减系数大于 0.06 的区域，主要为黏土矿物质，在 CT 图像中呈亮白色，具有较大的密度与强度。

(2) 低密度区域。衰减系数小于 0.02 的区域，主要为煤中的孔隙裂隙结构，在 CT 图像中呈黑色或暗灰色。孔隙裂隙结构越发育，密度越低，力学强度较小。

(3) 中等密度区域。衰减系数为 0.02～0.06，主要为均质镜质体，在 CT 图像中呈较均匀的亮灰色，具有一定的力学强度。

由于黏土矿物质密度明显大于煤基质密度，因此煤体密度分布差异主要是由黏土矿物质填充程度的差别引起的。

5.3 煤体细观结构吸附/解吸甲烷温度变化规律

5.3.1 煤吸附/解吸甲烷红外热成像实验研究

自然界中所有温度高于绝对零度（–273.15℃）的物体，由于分子的热运动，都在不停地向周围空间辐射包括红外波段在内的电磁波，其辐射能量密度与物体本身的温度关系符合辐射定律(Cetine et al，2004；范晋祥和杨建宇，2012)：

$$Er = \sigma e\left(T_1^{\ 4} - T_2^{\ 4}\right) \tag{5-3-1}$$

式中，Er为辐射出射度，W/m^3；σ为斯特藩-玻尔兹曼常量，取值$5.67\times10^{-8}W/(m^2\cdot K^4)$；$e$为物体的辐射率；$T_1$为物体的温度，K；$T_2$为物体周围的环境温度，K。

依据式(5-3-1)通过对红外出射度 Er 与环境温度测量，即可得到热辐射点的温度。

红外热像仪是利用红外探测器和光学成像物镜接收被测目标的红外辐射能量分布图形，反映到红外探测器的光敏元件上(图 5-21)，从而获得红外热像图，这种热像图与物体表面的热分布场相对应。热像图中的不同颜色代表被测物体的不同温度。实验所用设备为优利德 Uti380D 型高清红外热像仪，可对波长为 8～14μm 的红外热辐射进行探测，热灵敏度为 0.08℃，可实现对煤样表面微米尺度细观结构吸附/解吸甲烷温度变化的实时精确测定。

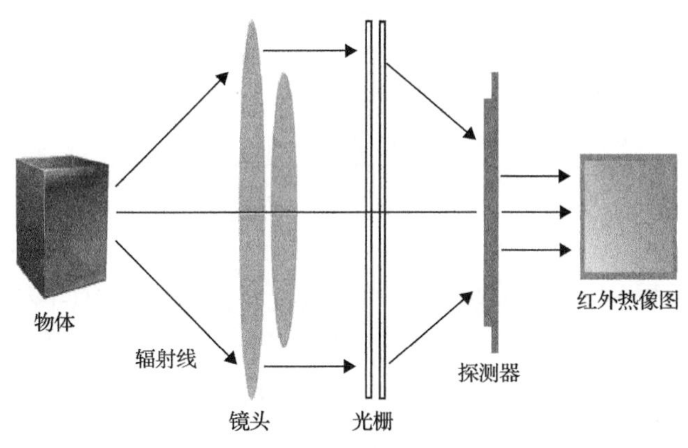

图 5-21　红外热像仪工作原理

煤吸附甲烷红外热成像实验装置如图 5-22 所示。试验系统主要由以下几部分组成：①耐压筒，由钛合金材料制成，用于放置煤样、储气，使煤样吸附，测试表明具有良好的气密性，耐压筒顶端装配高透红外玻璃窗片，其红外透射率达到90%以上，可满足实验要求；②设备底座，用于耐压筒夹持器与红外热像仪的固定，保证实验中红外成像的稳定性；③精密数字压力表，用于显示耐压筒的甲烷气体压力；④气体注入装置，包括减压阀、甲烷储气瓶和相应的管线等。煤样在耐压筒中水平放置，其径向表面紧贴高透红外玻璃窗片，保证红外热像仪对热辐射的接收。实验煤样选用与吸附压力设定如图 5-1 和表 5-4 所示。实验在 20℃恒定室温条件下进行，详细步骤如下：

(1)为了减少煤与甲烷吸附过程中的热量散失，排除环境温度因素对煤体温度变

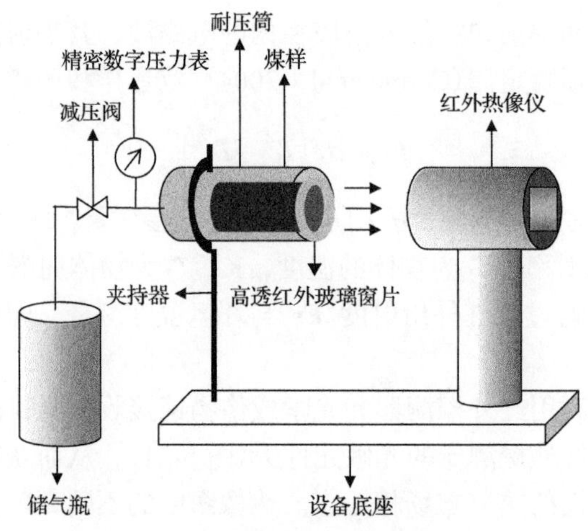

图 5-22　煤吸附甲烷红外成像实验装置

表 5-4　实验煤样选用与吸附压力设定

煤样基本信息				设定吸附压力/MPa
煤样编号	煤种	规格	表面是否切槽	
煤样 A	无烟煤	ϕ8.5mm×12mm	是	0.3, 0.6, 0.9, 1.2, 1.5
煤样 B	无烟煤	ϕ8.5mm×12mm	否	1.2

化的影响，实验时用保温棉将煤样侧面包裹，使煤样尽可能保持绝热。实验前将煤样放置在耐压筒中，煤样 A 需调整放置角度，使十字切槽划分的煤样表面最大区域位于右上方，调节夹持器，使煤样与红外热像仪探测镜头等高且平行放置，并固定。

(2) 对耐压筒中煤样进行真空处理，即采用 2XZ-0.5 型双叶旋片式真空泵使煤样的真空度达到 0.6Pa 以下，并保持 1h 以上，确保煤样内部及耐压筒内无其他气体存在。

(3) 手动调节红外热像仪焦距，使煤样表面在红外热像仪显示器中清晰呈现，然后对吸附前煤样红外热像图进行拍摄并保存；打开减压阀，以设定吸附压力注入甲烷气体(99.99%)，同时以 1s/次的频率拍摄红外成像图，实时保存并记录吸附时间，实验持续观测吸附时间为 180s；然后打开阀门，使耐压筒与外界连通，同时利用红外热像仪对煤样解吸过程进行连续拍摄，并记录解吸时间，持续解吸时间也为 180s。

5.3.2　煤吸附/解吸甲烷温度变化的非均匀特征

提取红外扫描所得不同吸附时间的煤表面温度阵列，并与吸附前的煤表面温度阵列做差，依据同一色度条范围伪彩色显示，即可分别获得不同吸附压力下煤表面不同位置升温量随时间变化图像(图 5-23 与图 5-24)。图中每个像素对应煤样

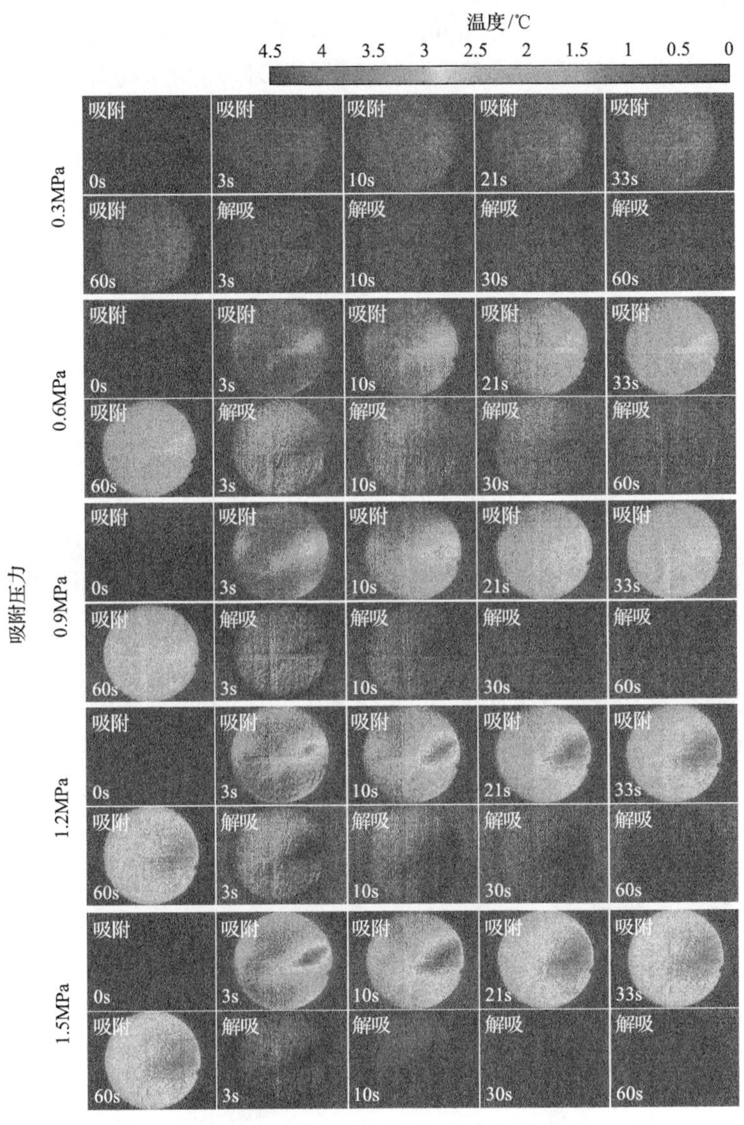

图 5-23 煤样 A 吸附/解吸甲烷温度变化图(单位：℃)

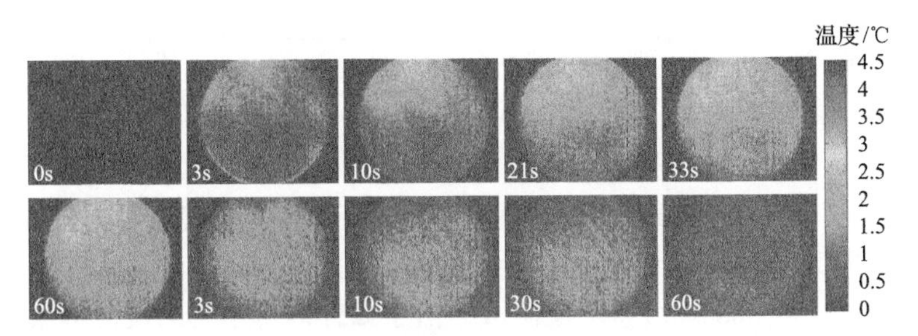

图 5-24 煤样 B 吸附/解吸甲烷温度变化图(吸附压力为 1.2MPa)

表面的绝对尺寸为35.4μm×35.4μm。对比图中煤样A与煤样B在1.2MPa压力下吸附/解吸温度变化可以看出，随吸附时间增加，环境温度均基本保持不变，而煤样A与煤样B煤表面温度明显升高；在解吸过程中，煤表面温度则逐渐减小。在同一吸附压力下吸附/解吸甲烷过程中，不同煤样在相同吸附时间的温度变化量具有明显差异。两个煤样表面的温度变化均具有明显的非均匀特征：煤样A吸附甲烷升温主要发生在右侧中上部区域，煤样B吸附甲烷升温主要发生在上部区域，而在解吸时，温度降低则主要发生在吸附升温明显的位置。

由图5-23可以看出，在吸附压力为0.3～1.5MPa的吸附过程中，煤样A表面温度升高量为0～4.5℃，不同压力下煤表面吸附升温与解吸降温具有一致的非均匀特征，且吸附压力越高，温度变化越明显。

为了对煤吸附甲烷温度变化过程进行分析，现提取红外热像图中煤样表面区域，并统计其不同吸附压力下不同吸附时间的平均温度升高量，如图5-25所示。在煤样A吸附甲烷过程中，煤温度变化现象主要发生在吸附的前1min，以1.2MPa吸附/解吸甲烷过程为例，升温过程可分为三个阶段：0～10s为快速升温阶段，即注入甲烷气体后，甲烷分子在煤表面发生吸附，放出大量吸附热，煤表面平均升温速率为0.194℃/s；10～60s为缓慢升温阶段，煤表面甲烷吸附平衡并发生热传递现象，煤内部结构开始缓慢吸附，吸附热减少，平均升温速率降低为0.0108℃/s；在60s以后，煤表面吸附平衡，由于煤样表面无法绝热导致热量散失，煤表面温度呈缓慢下降趋势。

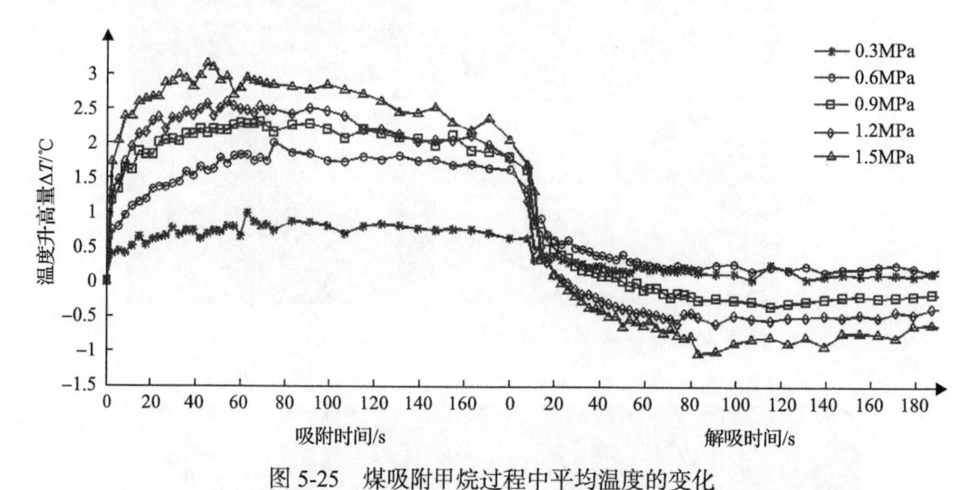

图5-25 煤吸附甲烷过程中平均温度的变化

在解吸过程中，煤表面温度则逐渐降低，且温度变化趋势与吸附过程具有“对称性”。其中0～10s为快速降温阶段，煤表面吸附甲烷迅速解吸，导致煤表面温度剧烈降低；10～60s为缓慢降温阶段，由于煤体内部甲烷的缓慢解吸，煤表面温度缓慢降低；60s以后，煤中甲烷接近完全解吸，煤表面温度趋于平衡。采用数理统计中方差的概念来反映煤表面任意单元(像素)温度与其数学期望的偏离程度，表达式如下：

$$S^2 = \frac{1}{N_p}\sum_{1}^{N_p}\left(\Delta T_{i,a-b} - \Delta T_{0,a-b}\right)^2 \tag{5-3-2}$$

其中

$$\Delta T_{i,a-b} = T_{i,b} - T_{i,a}, \quad \Delta T_{0,a-b} = T_{0,b} - T_{0,a} \tag{5-3-3}$$

式中，S^2为方差；$T_{0,a}$为煤表面吸附甲烷前平均温度；$T_{0,b}$为煤表面吸附甲烷后平均温度；$T_{i,a}$为煤表面第i个单元吸附甲烷前温度；$T_{i,b}$为煤表面第i个单元吸附甲烷后温度；N_p为煤表面单元总数。

平均方差可以对吸附过程中的煤表面升温量非均匀性的演化规律进行表征，方差越大，非均匀性越强。

同样以煤样 A 的吸附/解吸甲烷过程为例，由图 5-26 可以看出，在不同吸附压力下吸附与解吸甲烷过程中，煤样表面温度非均匀性均为先急剧增大后缓慢减小，如吸附压力为 1.2MPa 的吸附过程中，吸附时间 0～10s 为煤样径向表面甲烷吸附平衡过程，煤表面温度变化主要由其吸附热引起。由于煤表面不同位置吸附甲烷能力的差异性，煤中甲烷集中吸附区域的升温量明显大于其他位置，导致煤表面甲烷升温量的非均匀性急剧增加；吸附时间大于 10s 为煤样表面温度平衡过程，煤表面甲烷吸附平衡后，煤表面温度场主要受到煤不同位置之间的热传递的影响，其温度非均匀性缓慢降低，直至温度平衡。在解吸过程中，0～10s 为煤样径向表面甲烷解吸过程，煤表面吸附能力较强的位置迅速发生解吸，煤表面温度非均匀性急剧增大；10s 以后，在煤体内部甲烷解吸与热散失的共同影响下，煤表面不同位置温度的差异缓慢减小。

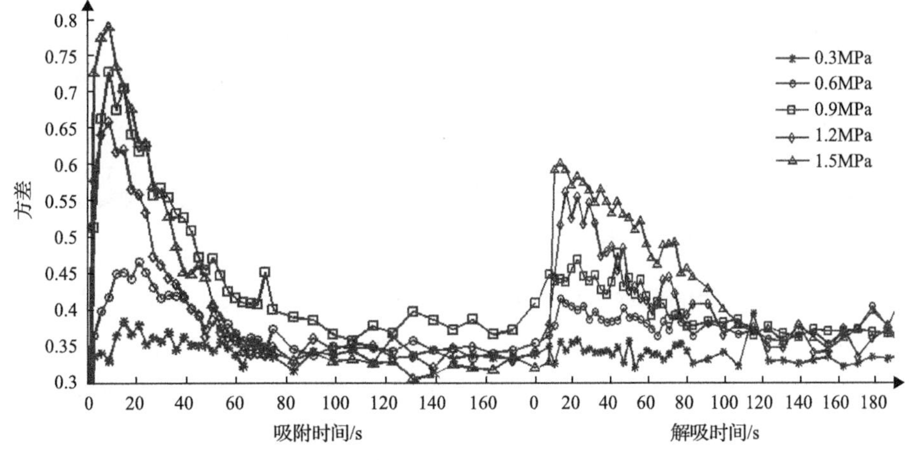

图 5-26 煤吸附甲烷过程方差的变化

5.3.3 煤不同细观结构温度变化特征

将煤样 A 右上方沿十字线切槽的长方形区域(4.5mm×2.2mm)设定为全幅电镜扫描区域(以下简记为全幅区域)进行电镜扫描，如图 5-27 所示，可清楚观察到煤样表面 1～100μm 细观尺度的非均匀结构，区域左侧为镜质体煤基质，区域右侧为黏土矿物质条带。进一步对该区域选取一条宽为 4.5mm、高为 0.075mm 的条带区域，并对条带中不同径向长度位置放大的扫描电镜图像进行观察，设定放大倍数为 1000 倍，获得图像绝对尺寸为 0.1mm×0.075mm。其中 A、B、C、D 为黏土矿物质非致密填充的胞腔孔结构，E 为黏土矿物质致密填充的胞腔孔结构，F、G 为均质镜质体，H 为黏土矿物质致密填充的裂隙，I、G 为黏土矿物质非致密填充的裂隙。

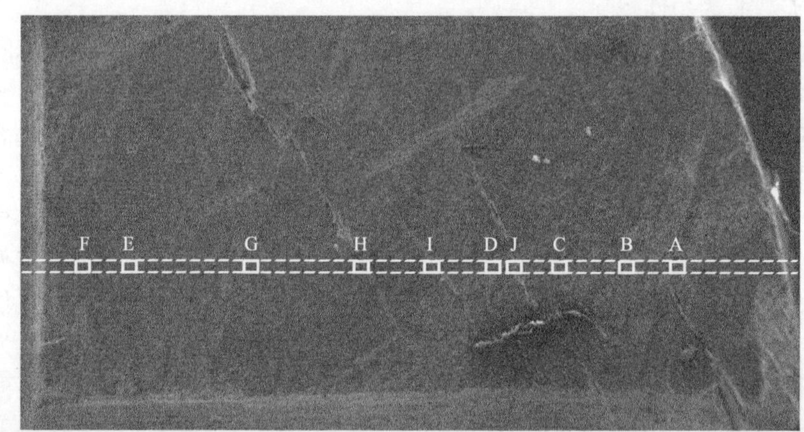

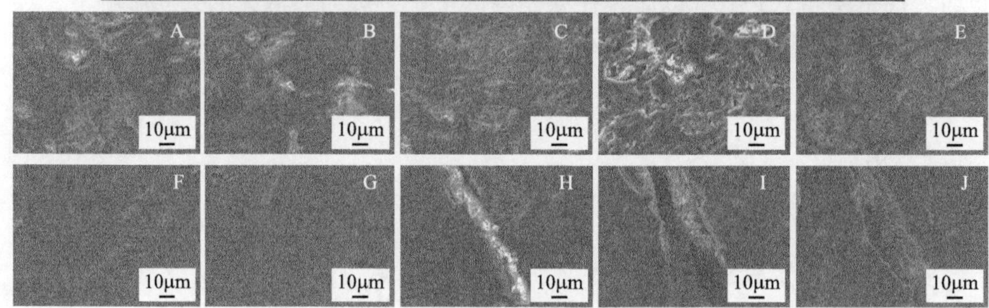

图 5-27 煤样细观结构扫描电镜图像

甲烷在煤中吸附的非均匀性是由煤体不同细观结构对甲烷吸附能力与吸附速率的差异引起的。以 1.2MPa 为例(图 5-28)，煤与甲烷吸附与放热主要发生在黏土矿物质非致密填充的胞腔孔结构中(A、B、C 与 D 区域)；其平均升温量在吸附时间 3s 与 9s 时分别达到 2.90℃与 3.29℃。在相同吸附时间，非致密填充的裂隙结构(I 与 J 区域)比其邻近结构具有较明显的升温现象，3s 与 9s 时分别达到 2.96℃

与3.06℃；而均质镜质体(F与G区域)、黏土矿物质致密填充的细胞腔结构(E区域)与裂隙(H区域)则吸附升温量较低，吸附时间3s与9s时平均升温量分别仅有1.24℃与1.85℃。在解吸过程中，A、B、C、D、I与J区域在3s与9s解吸时间内温度平均下降量分别为E、F、G与H区域的1.97倍与2.06倍，即在吸附升温现象较高的区域，解吸时发生了更明显的降温现象。这表明煤不同位置甲烷吸附能力与其细观结构密切相关。在煤中结构镜质体中被黏土矿物质非致密填充的胞腔孔与细观裂隙内大量不同尺度的碎屑孔和破碎煤结构，对甲烷具有极强的储藏能力，而均质镜质体、致密填充的细胞腔结构与裂隙中，孔隙结构发育较差，吸附甲烷能力也较弱。

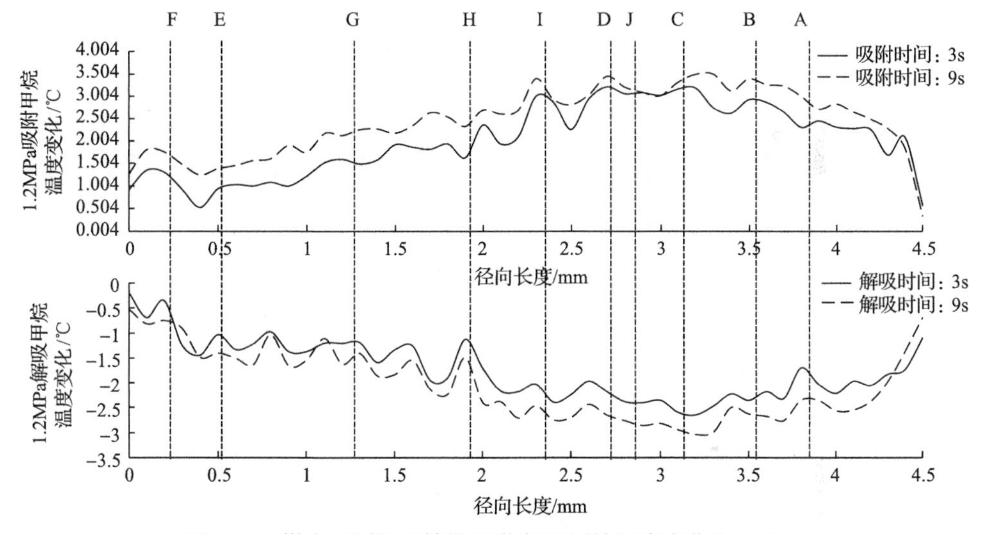

图5-28 煤中不同细观结构吸附/解吸甲烷温度变化(1.2MPa)

不同细观结构吸附/解吸甲烷过程中温度变化曲线如图5-29所示。在吸附甲烷时，具有较强甲烷吸附能力的非致密填充胞腔孔与裂隙结构在0～10s内升温速度极快，在0.6MPa与1.2MPa吸附压力下分别达到0.194℃/s与0.351℃/s；在10～75s内，由于热传递与热耗散，在0.6MPa时升温明显减缓，1.2MPa时则温度明显下降；在解吸0～10s内温度下降速度则分别达到0.241℃/s与0.386℃/s，甲烷完全解吸。吸附甲烷能力较差的致密填充的胞腔孔与裂隙结构以及均质镜质体在吸附0～10s内升温速度较慢，在0.6MPa与1.2MPa分别仅为0.0978℃/s与0.177℃/s，在10～70s由于高温区域的热传递作用继续缓慢升温；在解吸时，这些区域降温速度缓慢，直到1min后才完全解吸，温度趋于平衡。在吸附/解吸甲烷过程中，煤不同位置温度变化的差异性会引起煤结构的非均匀热膨胀与收缩，从而对煤体造成细观损伤。

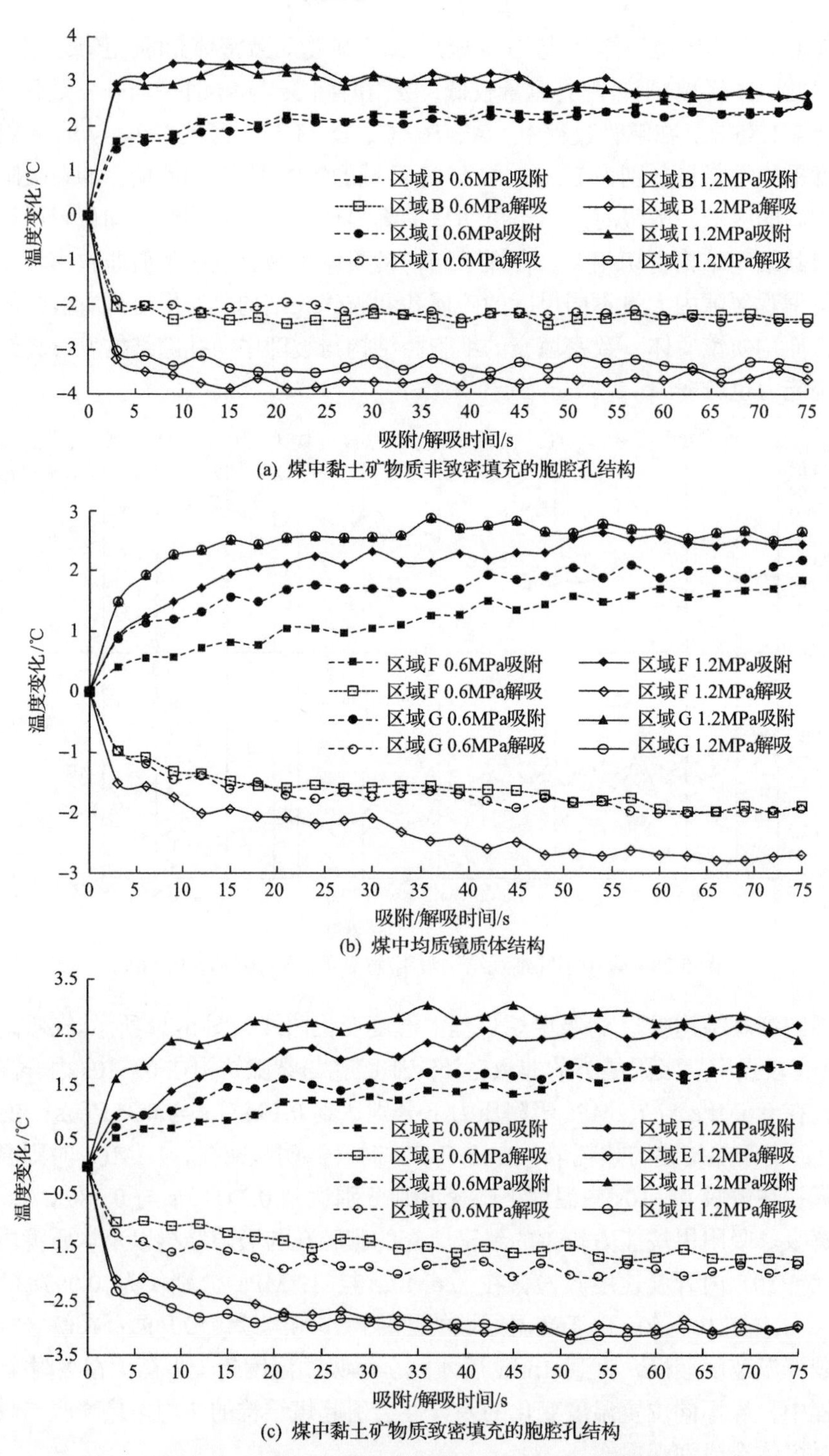

(a) 煤中黏土矿物质非致密填充的胞腔孔结构

(b) 煤中均质镜质体结构

(c) 煤中黏土矿物质致密填充的胞腔孔结构

图 5-29 煤中不同细观结构吸附/解吸甲烷温度变化

为了对煤细观结构在不同吸附压力下温度演化特征进行研究，现以不同吸附压力吸附平衡状态(10s)下全幅区域的升温量平均值为阈值进行区分，即区域中升温量大于平均值的区域定义为甲烷富集区域，升温量小于平均值的区域定义为甲烷非富集区域。如图 5-30 所示，全幅区域内升温量平均值随吸附压力升高而增大。在低吸附压力下，甲烷富集区域包含各类细观结构；吸附压力升高后，甲烷富集区域主要为黏土矿物质非致密填充的胞腔孔(A、B、C 与 D 区域)与细观裂隙结构(I 与 J 区域)，以 0.3MPa、0.9MPa、1.5MPa 为例，其平均升温量分别达到 0.95℃、

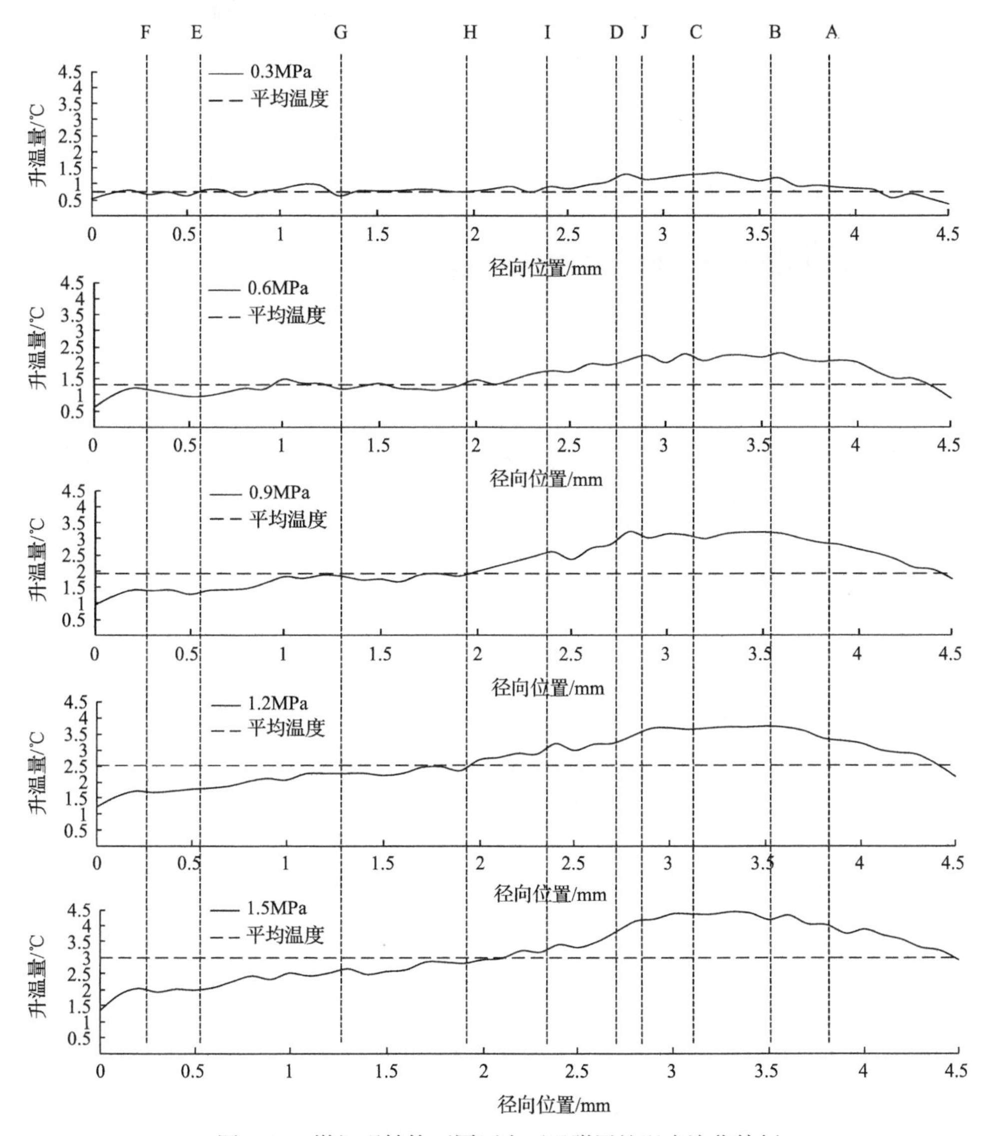

图 5-30　煤细观结构不同压力下吸附甲烷温度演化特征

2.881℃、4.028℃，甲烷非富集区域主要为均质镜质体(F 与 G 区域)、黏土矿物质致密填充的细胞腔结构(E 区域)与裂隙(H 区域)，其在 0.3MPa、0.9MPa、1.5MPa 条件下平均升温量分别仅有 0.664℃、1.584℃、2.349℃；随着吸附压力增大，甲烷富集区域与甲烷非富集区域的平均升温量差值由 0.286℃增大至 1.679℃，二者温度的差异更加明显。这表明，不同压力下煤吸附甲烷温度变化的非均匀性是由煤细观结构吸附甲烷升温能力的差异引起的，在低吸附压力下，不同细观结构间升温能力差异较小，煤表面温度场的非均匀性较弱；吸附压力升高后，在煤样 A 右侧中部的结构镜质体中被黏土矿物质非致密填充的胞腔孔与细观裂隙内大量不同尺度的角砾孔和破碎煤结构，比其邻近的均质镜质体与黏土矿物质致密填充结构吸附甲烷升温优势更加明显，导致煤表面温度非均匀性增强。

5.4 甲烷在煤体细观结构的分布与演化

5.4.1 煤中不同细观结构的非均匀势阱分布特征

煤吸附甲烷升温现象由煤与甲烷分子的吸附热引起，与煤中甲烷吸附量密切相关，即

$$Q = -qn \tag{5-4-1}$$

式中，q 为煤吸附甲烷过程中等量吸附热，kJ/mol；n 为单位质量煤体的甲烷吸附量，mol；Q 为单位质量煤体吸附甲烷放出的热量，kJ。

假定煤与甲烷吸附在绝热环境下进行，释放的热量仅使煤体温度升高，而不发生其他物理作用，由式(5-4-1)可知，煤体升温量 ΔT 为

$$\Delta T = -\frac{qn}{C} \tag{5-4-2}$$

式中，C 为煤体比热容，J/(kg·℃)，其余同上。

由式(5-4-2)可知，在吸附过程中，假定煤体各位置比热容与等量吸附热为恒定值，则单位质量煤体升温量与其甲烷吸附量成正比，吸附量越大，即煤体吸附能力越强，升温现象越明显。

煤与甲烷吸附为物理吸附，在吸附平衡状态下，吸附压力与煤中甲烷吸附量可利用基于吸附动力学的朗缪尔公式描述，即

$$n = a\theta = \frac{abp}{1+bp} \tag{5-4-3}$$

式中，θ 为甲烷分子在煤细观结构吸附位的覆盖率；p 为吸附压力，MPa；a 为煤表面甲烷最大吸附量，即吸附位的总量，mol；b 为与吸附速率相关的参数。

b 的表达式为

$$b = b_{\mathrm{m}} \exp\left(-\frac{\varepsilon}{kT}\right) \tag{5-4-4}$$

式中，b_{m}为比例常数；k为玻尔兹曼常量；T为吸附体系温度，K；ε为煤表面甲烷分子所占据吸附位的势阱深度，kJ/mol。

忽略煤体温度变化对煤吸附能力的影响，由式(5-4-3)可知，煤表面势阱深度越深，煤对甲烷吸附能力越强。将式(5-4-3)代入式(5-4-2)可得

$$\Delta T = -\frac{q}{C} \times \frac{abp}{1+bp} = \frac{a_{\mathrm{t}}bp}{1+bp} \tag{5-4-5}$$

式中，a_{t}为煤样细观结构吸附甲烷极限升温量，℃，当p趋于无穷大时，$\Delta T = a_{\mathrm{t}}$，所以其值由吸附位的总量$a$值决定。

依据式(5-4-5)对图 5-30 中各类细观结构区域在不同吸附压力下的升温量进行拟合，如表 5-5 所示。在不同细观结构区域，吸附压力与甲烷升温量均较好地

表 5-5　煤不同细观结构温度变化朗缪尔拟合

区域类别	细观特征	编号	拟合公式	相关系数
显著吸附甲烷区域	黏土矿物质非致密填充的胞腔孔结构	A	$\Delta T = \frac{15.38 \times 0.25p}{1+0.25p}$	0.9834
		B	$\Delta T = \frac{22.99 \times 0.16p}{1+0.16p}$	0.9958
		C	$\Delta T = \frac{10.78 \times 0.44p}{1+0.44p}$.	0.9996
		D	$\Delta T = \frac{11.76 \times 0.33p}{1+0.33p}$	0.9904
	黏土矿物质非致密填充的细观裂隙	I	$\Delta T = \frac{17.76 \times 0.18p}{1+0.18p}$	0.999
		J	$\Delta T = \frac{8.55 \times 0.59p}{1+0.59p}$	0.9889
非显著吸附甲烷区域	均质镜质体煤基质	F	$\Delta T = \frac{3.45 \times 0.8p}{1+0.8p}$	0.9902
		G	$\Delta T = \frac{5.156 \times 0.63p}{1+0.63p}$	0.9858
	黏土矿物质致密填充的胞腔孔结构	E	$\Delta T = \frac{3.6 \times 0.98p}{1+0.98p}$	0.9777
	黏土矿物质致密填充的细观裂隙	H	$\Delta T = \frac{7.53 \times 0.36p}{1+0.36p}$	0.9847

服从朗缪尔分布，其中在显著吸附甲烷区域(A、B、C、D、I与J区域)平均极限升温量 a_t 为14.54℃，吸附速率参数 b 为0.33，分别是非显著吸附甲烷区域(E、F、G与H区域)平均 a 值(4.93℃)与 b 值(0.61)的2.95倍与0.62倍。结合式(5-4-2)可知，与均质镜质体、黏土矿物质致密填充的胞腔孔与细观裂隙结构相比，结构镜质体中黏土矿物质非致密填充的胞腔孔与细观裂隙结构由于存在更大的表面积与更多的甲烷分子吸附位，在相同吸附压力下能够储藏更多的甲烷；而由于煤分子与黏土矿物质晶体结构的复杂性，其吸附甲烷分子的平均势阱深度较浅。

5.4.2 煤中甲烷分布特征随吸附压力变化规律

煤不同细观结构吸附甲烷量的差异，会引起煤中甲烷非均匀分布，以0.1℃为统计组距，对红外热像图中煤表面升温量 ΔT 的分布比率 $\tau_{\Delta T}$ 的统计方法如式(5-4-6)所示：

$$\tau_{\Delta T}=\frac{N_{\Delta T}}{N}\times 100\% \tag{5-4-6}$$

式中，ΔT 为红外热像图中煤表面升温量，℃；N 为统计区域总像素数；$N_{\Delta T}$ 为统计区域内升温量为 ΔT 的像素数。

依据式(5-4-6)统计可得，各组吸附压力下达到平衡状态(10s)时，煤样全幅区域(图5-27)中不同升温量(甲烷吸附量)区域面积分布比率统计如图5-31所示，煤样在不同压力下的升温量均处于某段温度范围之内，随着升温量统计区段值的增大，其面积分布比率先增大后减小。在低吸附压力下，不同细观结构间甲烷吸附量相对均一，单位面积煤体的甲烷吸附量集中分布在较小的范围内，其非均匀性较弱；吸附压力增大后，煤中不同细观结构的甲烷吸附量差异增大，非均匀性增强。

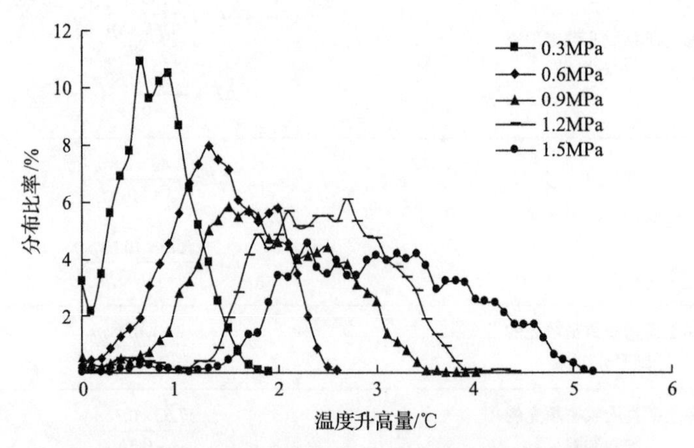

图5-31 煤样全幅区域中不同升温量区域面积分布比率

对煤样全幅扫描区域中甲烷富集区域提取,其三维伪彩色显示如图5-32所示，甲烷位置分布与演化特征统计如表 5-6 所示。对甲烷富集区域的连通情况统计得知，不同吸附压力下，该区域连通域数量为 57～156，平均连通域面积为 0.032～0.0825mm^2；随吸附压力升高，区域内连通域数量减少，平均连通域面积增大。这表明在低吸附压力下，甲烷在煤中不同位置均发生吸附，甲烷富集区域中的细观结构吸附甲烷优势不明显；吸附压力升高后，甲烷富集区域中细观结构的甲烷吸附量急剧增加，煤中甲烷分布位置更加集中。

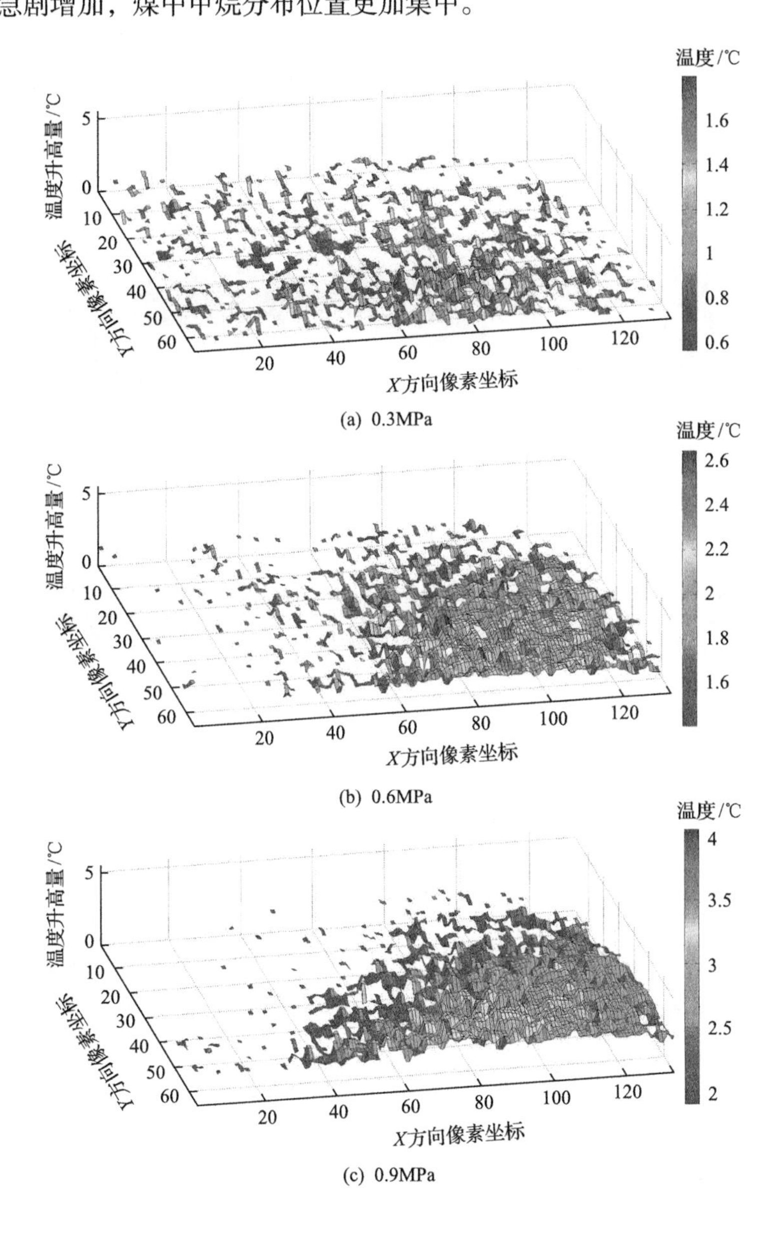

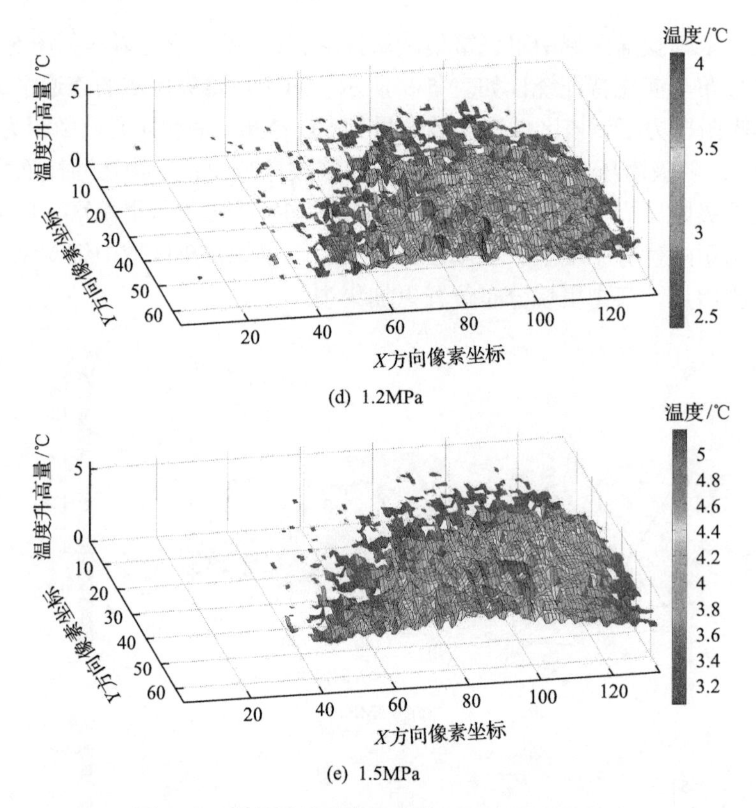

(d) 1.2MPa

(e) 1.5MPa

图 5-32 煤样甲烷富集区域位置分布与演化规律

表 5-6 不同压力下煤表面全幅区域中甲烷位置分布与演化特征统计

吸附压力/MPa	全幅区域平均温度/℃	甲烷富集区域平均温度/℃	甲烷富集区域面积占比/%	甲烷富集区域吸附量占比/%	甲烷富集区域集中程度 η	甲烷富集区域连通区域数量	甲烷富集区域连通域平均面积/mm^2
0.3	0.7478	1.8243	50.47	70.37	2.331	156	0.032
0.6	1.3201	2.4912	49.5	64.04	1.817	134	0.0366
0.9	1.9083	2.9557	48.99	62.91	1.766	93	0.0522
1.2	2.4354	2.4912	48.5	61.6	1.703	82	0.0586
1.5	2.9901	3.7856	47.5	60.06	1.662	57	0.0825

在不同吸附压力下，根据式(5-4-6)可对煤表面全幅区域各位置的甲烷吸附量进行统计。甲烷富集区域甲烷含量占比为 60.06%～70.37%，平均含量占比为 63.795%，区域面积占比为 47.5%～50.47%，平均面积为 48.99%。随着吸附压力升高，由于煤中低甲烷吸附量区域减少，甲烷平均吸附量增大，甲烷富集区域的面积占比与甲烷吸附量占比均呈减小趋势。

若记甲烷富集区域吸附量占比(%)与面积占比(%)分别为 N_1 与 S_1，甲烷非富集区域吸附量占比(%)与面积占比(%)分别为 N_2 与 S_2，则甲烷富集区域与甲烷非富集区域的单位面积平均甲烷含量可分别表示为 $n_1=N_1/S_1$ 与 $n_2=N_2/S_2$。n_1 与 n_2 的比值 τ 可反映全幅区域中甲烷含量的集中程度，τ 越大则表示煤中甲烷吸附越集中。计算表明，在不同吸附压力下，τ 值在 1.66～2.33，且随吸附压力升高而明显减小，即煤中甲烷吸附的集中程度呈下降趋势。

由于吸附压力与不同煤细观结构的甲烷吸附量服从朗缪尔公式，由式(5-4-3)可知：

$$\tau=\frac{\dfrac{a_1b_1p}{1+b_1p}}{\dfrac{a_2b_2p}{1+b_2p}}=\frac{a_1}{a_2}\times\frac{1+\dfrac{1}{b_1p}}{1+\dfrac{1}{b_2p}} \tag{5-4-7}$$

式中，p 为吸附压力，MPa；a_1 为甲烷富集区域的甲烷极限吸附量，mol；b_1 为甲烷富集区域的吸附速率参数；a_2 为甲烷富集区域的甲烷极限吸附量，mol；b_2 为甲烷富集区域的吸附速率参数。

可以看出，当 b_1 大于 b_2 时，τ 随着吸附压力增大而减小。由式(5-4-4)与式(5-4-6)可知：与甲烷非富集区域相比，由于甲烷富集区域内细观结构的吸附势阱深度 ε 较浅，在升高吸附压力时其吸附位覆盖率 θ 的增长速度较慢，煤中甲烷吸附的集中程度呈下降趋势。

5.4.3 煤中甲烷富集区域分布的分形特征

基于第二章所述分形几何学方法，现将煤中甲烷富集区域的等效半径和甲烷富集区域的数量作为基本参数，半径长度代表甲烷富集区域的大小及其分布的连通性，数量则代表甲烷富集区域分布的密度。因此，半径和数量总体上表达了煤中甲烷富集区域的分布规律。在不同的吸附压力中，统计等效半径大于等于 L 的甲烷富集区域数量，记为 $M(L)$。若这个分布为分形分布，则等效半径长度与数量服从如下关系：

$$M(L)=AL^{-D} \tag{5-4-8a}$$

式中，L 为甲烷富集区域等效半径，mm；D 为甲烷富集区域数量分布的分形维数；A 为甲烷富集区域数量的分形分布初值。

式(5-4-8a)两端取对数，有

$$\ln M(L)=-D\ln L+\ln A \tag{5-4-8b}$$

由式(5-4-8b)可知，如果不同温度下甲烷富集区域的分布有自相似性的分形规律，那么以 $\ln L$ 为横轴，$\ln M(L)$ 为纵轴作图，图中直线斜率绝对值即为煤中甲烷富集区域的分形维数 D。分形维数表征了煤样甲烷富集区域分布的复杂程度，分布初值 A 则与煤中细观结构的分布特征有关，煤体细观结构的空间分布越复杂，分形分布初值 A 越大。

对各个压力吸附平衡状态下煤样温度变化图像中甲烷富集区域进行二值化提取，并分别统计不同吸附压力下等效半径大于 L(L=35.4μm, 70.8μm, 141.6μm, 283.2μm 和 566.4μm)的甲烷富集区域数量及其分形分布特征。如图 5-33 和表 5-7 所示，不同吸附压力下，煤中甲烷富集区域数量为 231～541，平均甲烷富集区域半径为 215～320μm，且随吸附压力升高，甲烷富集区域数量减少，平均显著吸附甲烷区域半径呈增大趋势，这表明吸附压力增大导致吸附量增多，煤中大量孤立甲烷富集区域连通成了较大甲烷富集区域。

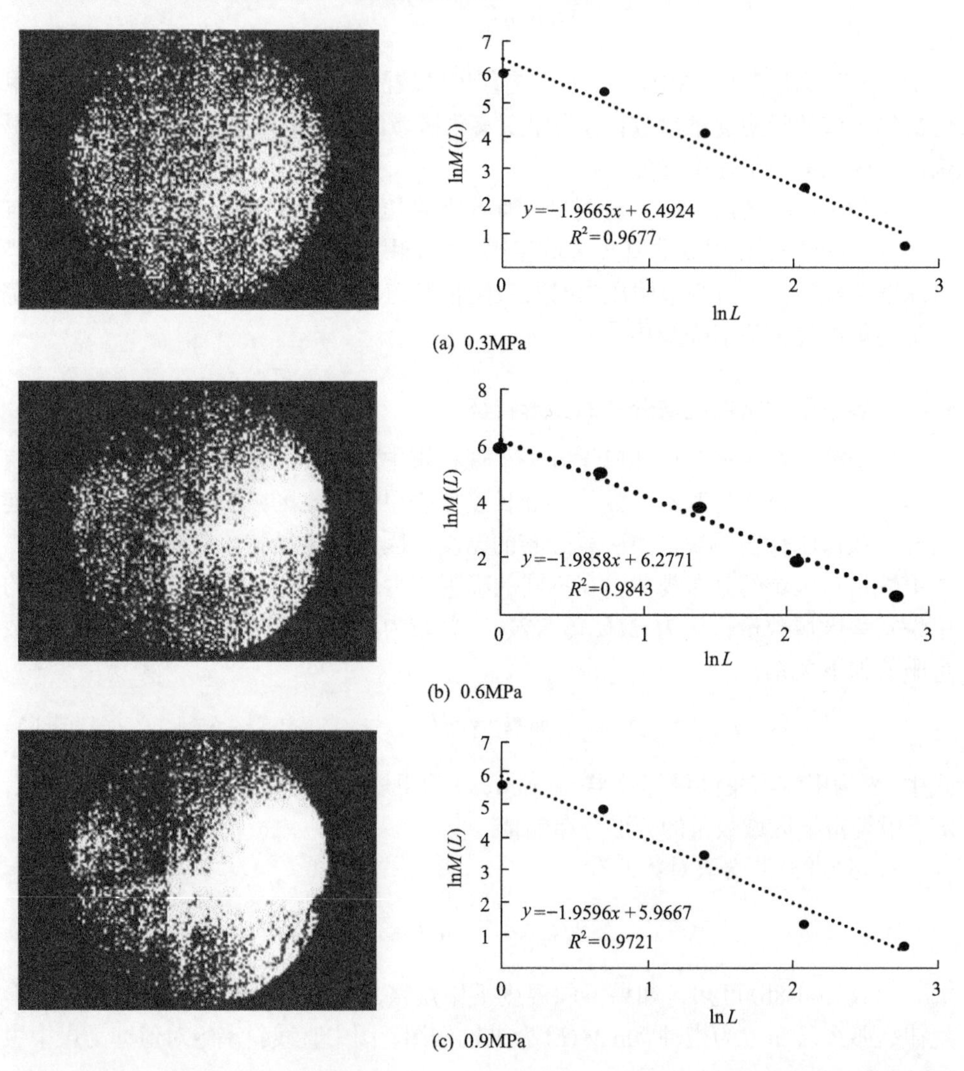

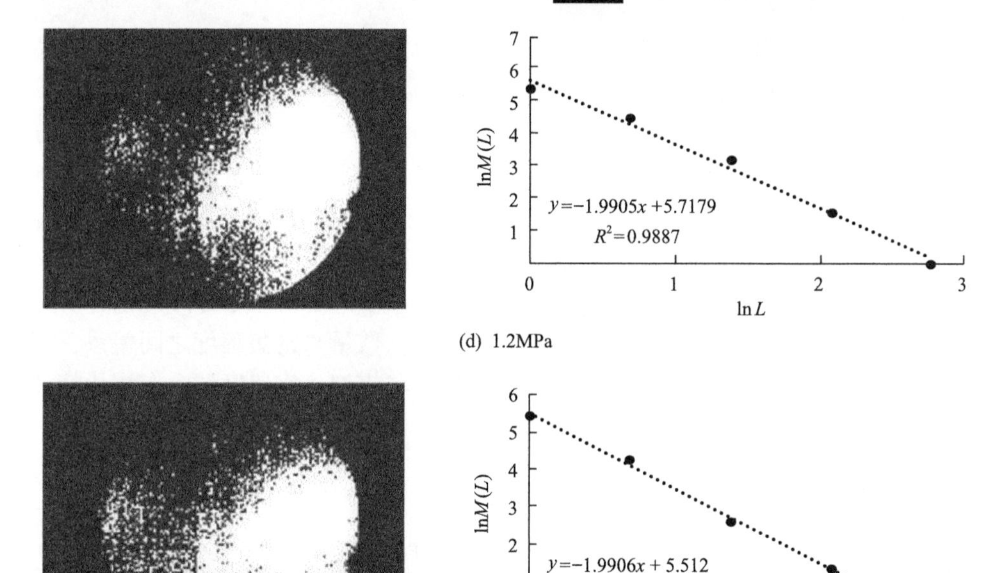

(d) 1.2MPa

(e) 1.5MPa

图 5-33 不同吸附压力下甲烷富集区域二值图像及其分形分布拟合

表 5-7 不同吸附压力下甲烷富集区域数量与分布规律统计

吸附压力/MPa	甲烷富集区域数量	甲烷富集区域平均直径/μm	不同尺度甲烷富集区域直径分布比率/%					分形维数 D	分形初值 A
			35.5～70.8μm	70.8～141.6μm	141.6～283.2μm	283.2～566.4μm	> 566.4μm		
0.3	541	214.451	54.16	31.79	10.72	2.96	0.37	1.9665	660.10
0.6	398	243.633	57.79	30.15	10.30	1.26	0.50	1.9858	532.24
0.9	331	291.3284	60.17	29.00	8.66	1.73	0.43	1.9905	390.21
1.2	302	312.6387	53.97	34.77	9.93	0.66	0.66	1.9596	304.26
1.5	232	320.1895	68.53	25.43	4.31	1.29	0.43	1.9906	247.64

根据式(5-4-8b)对煤中甲烷富集区域尺度与数量的关系拟合的相关系数均在0.96以上，即煤中甲烷富集区域较好地服从分形分布特征，分形维数均在0.95～2.00，分形分布初值随吸附压力升高明显降低，这表明在微米尺度下，煤中甲烷富集区域分布复杂程度较高，且随着吸附压力升高，甲烷富集区域中甲烷吸附量增大，不同尺度的甲烷富集区域均发生了连通演化。

与细观尺度煤样类似，宏观煤储层中不同位置吸附势阱分布的差异引起了煤层气富集区域的非均匀分布特征。根据煤与瓦斯突出的“瓦斯包”假说(俞启香，1992)，煤层中存在着瓦斯压力与瓦斯含量比邻近区域高得多的煤窝，即“瓦斯包”，其为诱发煤与瓦斯突出的主要原因之一。瓦斯包现象实质上反映了在煤中不同位置甲烷储集的非均匀性。然而，由于对于煤层中瓦斯吸附非均匀特征认识不足，迄今为止，不同条件下煤中瓦斯包尚无定量化的界定与评价方法。因此，基于分形理论对煤层中瓦斯包现象进行评估，对于煤矿采掘平衡，促进煤炭资源安全高效开采至关重要。

在煤层气开采过程中，由于煤层气选区评价准确度不够，精细化的煤层气富集区分布演化预测与评价方法仍存在相对欠缺等诸多问题。基于分形理论，研究不同煤阶大尺度煤样中甲烷富集区域的空间尺度，数量与富集程度之间关系，建立与完善基于非均匀势阱吸附理论的煤储层评价与煤层气富集区域分布演化特征评价方法，对于煤层气工业开采具有重大意义。

参考文献

白以龙，汪海英，夏蒙棼，等. 2006. 固体的统计细观力学——连接多个耦合的时空尺度. 力学进展，36(2)：286-305.

崔永君，张庆玲，杨锡禄. 2003. 不同煤的吸附性能及等量吸附热的变化规律. 天然气工业，23(4)：130, 131.

杜修力，金浏，金浏. 2011. 混凝土静态力学性能的细观力学方法述评. 力学进展，41(4)：411-426.

范晋祥，杨建宇. 2012. 红外成像探测技术发展趋势分析. 红外与激光工程，41(12)：3145-3153.

方岱宁，周储伟. 1998. 有限元计算细观力学对复合材料力学行为的数值分析. 力学进展，28(2)：173-188.

宋晓夏，唐跃刚，李伟，等. 2013. 基于显微 CT 的构造煤渗流孔精细表征. 煤炭学报，38(3)，435-440.

邢纪波，俞良群，王泳嘉. 1999. 三维梁-颗粒模型与岩石材料细观力学行为模拟. 岩石力学与工程报，18(6)：627-630.

杨峰，宁正福，孔德涛，等. 2013. 高压压汞法和氮气吸附法分析页岩孔隙结构. 天然气地球科学，24(3)，450-455.

杨卫. 1992. 细观力学和细观损伤力学. 力学进展，22(1)：1-8.

尤春安，战玉宝. 2009. 预应力锚索锚固段界面滑移的细观力学分析. 岩石力学与工程学报，28(10)：1976-1985.

俞启香. 1992. 矿井瓦斯防治. 徐州：中国矿业大学出版社：66-79.

Cetine E, Gupatal R, Moghtaderi B. 2004. Effect of pyrolysis pressure and heating rate on radiate pine char structure and apparent gasification reactivity. Fuel, 83: 1469-1482.

Haritos G K, Hager J W, Amos A K, et al. 1988. Mesomechanics: The microstructure-mechanics connection. International Journal of Solids and Structures, 24: 1081-1095.

Nodzeriski A. 1998. Sorption and desorption of gases (CH_4, CO_2) on hard coal and active carbon at elevated pressures. Fuel, 77(11): 1243-1246.

Wang H P, Yang Y S,Wang Y D, et al. 2013. Data-constrained modelling of an anthracite coal physical structure with multi-spectrum synchrotron X-ray CT Fuel, 106: 219-225.

Zhou D, Feng Z C, Zhao D, et al. 2017. Experiental study of meso-structural deformation of coal during methane adsorption-desorption cycles. Journal of Natural Gas Science and Engineering, 42: 243-251.

Zhou D, Feng Z C, Zhao D, et al. 2016. Experimental meso scale study on the distribution and evolution of methane adsorption in coal. Applied Thermal Engineering, 112: 942-951.

下篇

热与水作用下煤体中甲烷运移

第六章　高温条件下煤吸附/解吸甲烷特性实验

本章将温度作为单一的因素，对干燥原煤进行甲烷的吸附/解吸随温度变化的特性实验，用以说明在实验温度范围内，煤中甲烷的吸附/解吸规律和吸附参数随温度的变化规律。

6.1　高温吸附/解吸的实验

6.1.1　高温吸附实验装置

温度是影响煤吸附瓦斯的一个重要的因素，在温度作用下，煤样吸附瓦斯的能力下降，使得煤样中吸附瓦斯的解吸量提高(赵阳升，2010；赵东，2013)。对于通过加热煤层开采煤层气的方法和高温煤样吸附特性的研究，国内外鲜有报道。由于目前针对温度对瓦斯解吸影响的研究，所进行的温度范围有限，不能完全揭示温度对煤样吸附性的影响(张群和杨锡禄，1999；杨新乐等，2008；李志强等，2009；张凤捷等，2012)。为了较全面地研究温度对煤样吸附性的影响，作者采用太原理工大学自主研制的“高温吸附解吸实验系统”，研究了两种不同产地的煤样在加温过程中的瓦斯解吸规律，揭示了温度和压力对煤体瓦斯解吸规律的影响。

高温吸附实验装置的主要由两部分组成：一是高温电加热空气循环恒温装置，二是耐高温吸附缶。高温吸附缶可以在 300℃以内进行煤样的吸附和解吸实验，并且能够保证整个实验系统的气密性。煤受热后，煤中的大分子链断裂，发生热解反应，并产生部分气体，这些气体以烃类气体为主。如果产生的气体量较多，将会影响实验的结果(Frantisek and Zdenka，2010；Pini et al.，2010)。为了验证热解对试验结果的影响，以工业氮气为吸附剂进行高温解吸试验，对不同温度段的解吸气体进行采样，并通过色谱仪进行浓度测量(表 6-1)。从表 6-1 可以看出，加热后有烃类气体产生，但总量很小，最大的累计浓度仅为 0.0426%，不会对实验结果产生明显影响(Feng et al.，2016)，因此实验的温度设定为 30～270℃。

高温吸附缶由以下装置组成：两端可分离且端口处经过特殊处理的吸附装置(A1)；端面新型耐高温密封材料(M1)，能够维持整个实验过程的密封性；轴向固体液压加载装置(A2)挤压高温吸附缶，保持高温条件下的密封性；温控精度±0.1℃气体循环式鼓风加热装置(A31)；冷却装置(A32)；刻度 20mL 的集气装置(A4)；甲烷贮气瓶(B1)；氦气贮气瓶(B2)；精度 0.001MPa 的 ACD-2 型数字压力表以及相应的配套阀门管线。辅助设备是 DHG-9035AD 型鼓风干燥箱、2XZ-0.5

型真空泵和 TD3001 型精度 0.1g 的电子天平，装置的原理及连接如图 6-1 所示。实验系统的外观如图 6-2 所示，辅助设备的组成和结构如图 6-3 所示。

表 6-1　高温解吸气体成分分析　　（单位：%）

类别	不同解吸温度的气体成分									
	原样	30℃	60℃	90℃	120℃	150℃	180℃	210℃	240℃	270℃
氮气	99.14	98.02	97.18	98.47	98.43	98.71	97.23	97.68	96.12	96.62
甲烷	—	—	0.0005	0.0004	0.0006	0.001	0.0007	0.002	0.0026	0.0095
乙烷	—	—	—	—	0.0005	0.001	0.0009	0.002	0.0033	0.0107
丙烷	—	—	—	—	—	0.0004	0.0001	0.0007	0.0013	0.0058
二氧化碳	—	—	—	—	—	—	—	—	0.0161	0.0166

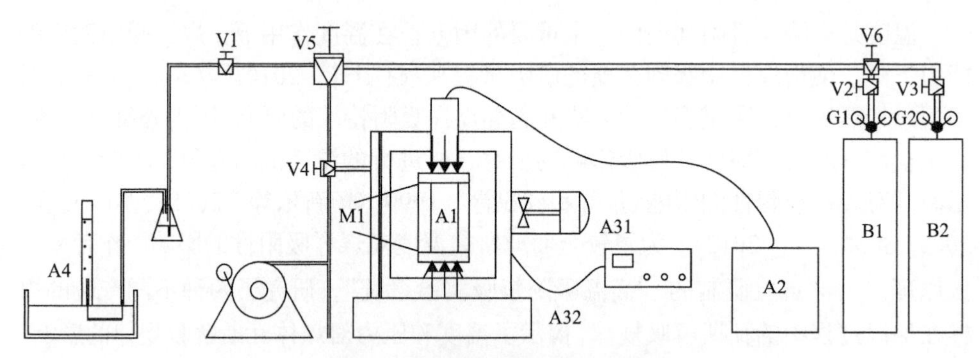

图 6-1　实验系统原理及组成图

图 6-2　实验系统的外观图

图 6-3 辅助设备的外观图

6.1.2 试样的选取和加工

通常进行煤的吸附/解吸特性实验采用粉煤煤样，即将原煤加工成不同粒径的煤粉后，对其进行真空脱气、注气、吸附平衡、卸压解吸等实验步骤(Azmi et al., 2002；Crosdale et al., 2008)。此方法破坏了煤中的孔隙、裂隙双重结构，也改变了原生吸附气体的赋存特征，不能较为真实地描述吸附气体在煤样中的解吸运移规律。实验采用直接取芯得到的大块圆柱形煤样(ϕ100mm × 150mm)，保持了煤体本身的裂隙、节理结构，可以使所得出的瓦斯解吸规律更符合实际。

实验用煤样取自潞安矿区屯留煤矿 3#煤层和阳泉矿区开元煤矿 9#煤层(以下分别标记为 TL 和 KY)，运抵实验室后依据《煤的甲烷吸附量测定方法(高压容量法)》加工成实验所需的试样，以能放入吸附装置并完好密封为标准。加工好后放入恒温鼓风干燥箱烘干 12～16h，以确保煤中原生水分蒸发完全，而后对煤样称重得到 m(TL)=1589.2g，m(KY)=1601.5g。每次实验前均需检验吸附设备的气密性，采用 6MPa 的高压氦气，若压力稳定则说明气密性良好可以实验，在此过程中亦可以同时测得煤样放入吸附装置后的自由体积(即常温条件下，煤样与吸附装置内壁之间，以及煤样内裂隙、孔隙的体积)。注气前先对吸附装置抽真空，一方面能够测得吸附装置中的自由体积，整理两种测试结果汇总后，得到 V_F(TL)=0.30L，V_F(KY)=0.31L；另一方面能够去除煤样中的残余气体。

6.1.3 高温吸附/解吸实验

(1)高温吸附/解吸甲烷实验方案如表 6-2 所示。

(2)30℃的恒温吸附实验：如 6.1.2 节所述制备样品，依次装配好 A1、M1，接通 B2 检查装置的气密性，并调节 A2 的加载压力使之恒大于吸附装置 A1 中的气体压力，采用 S2 对 A1 进行真空处理并维持 24h，之后连接 A1 与 B1 开始甲烷的吸附，由于试样较大，吸附时间设定为 48h，并且全过程温度恒定在 30℃，由 A31 控制，结果表明吸附终止后，煤样达到了吸附平衡。

表 6-2　高温条件下煤吸附/解吸甲烷实验方案

高温吸附/解吸实验方案	TL(屯留)	KY(开元)
吸附平衡压力/MPa	0.2、0.7	0.2、0.7
定容解吸压力/MPa	0.2、0.7	0.2、0.7
定压解吸压力/MPa	0.2、0.7	0.2、0.7
解吸温度/℃	30、60、90、120、150、180、210、240、270	30、60、90、120、150、180、210、240、270
吸附时间/h	48	48
各温度值解吸时间/h	8	8

(3)升温定容解吸实验：30℃吸附平衡后，调节 A31 分别至不同的温度 60℃、90℃、120℃、150℃、180℃、210℃、240℃和 270℃，确保在注入气体总量恒定时，能够得到不同温度所对应的吸附压力下煤对甲烷的吸附量与温度的关系。每一温度均保持 8h 以上，当压力基本维持不变时方可升温至下一温度，此过程只记录气体压力和温度。表 6-3 是 KY 和 TL 煤样在 30～270℃的定容解吸实验结果。

表 6-3　KY 和 TL 煤样的定容解吸实验结果(30～270℃)

实验参数		不同温度下的结果									
		30℃		60℃		90℃		120℃		150℃	
KY 煤样	解吸压力/MPa	0.261	0.724	0.391	0.986	0.644	1.498	0.943	2.122	1.275	2.843
	解吸量/L	0	0	0.483	0.611	1.047	1.707	1.634	2.902	2.212	4.144
TL 煤样	解吸压力/MPa	0.269	0.776	0.385	1.042	0.596	1.436	0.818	1.911	1.105	2.494
	解吸量/L	0	0	0.244	0.535	0.686	1.286	1.085	2.111	1.568	3.050

实验参数		不同温度下的结果							
		180℃		210℃		240℃		270℃	
KY 煤样	解吸压力/MPa	1.665	3.732	2.127	4.549	2.648	5.479	3.223	6.574
	解吸量/L	2.833	5.570	3.517	6.678	4.229	7.864	4.956	9.204
TL 煤样	解吸压力/MPa	1.469	3.288	1.928	4.253	2.503	5.512	3.198	6.986
	解吸量/L	2.141	4.289	2.822	5.700	3.629	7.459	4.548	9.387

(4)升温定压解吸实验：30℃吸附平衡后，调节 A31 与定容实验相同，此时在每一温度均维持气体压力在一定的值，记录不同温度的解吸气体量，最终得到相同吸附压力下吸附量与温度的关系。此过程中每一温度仍保持 8h 以上，当压力维持不变并且无气体解吸时，方可升温。表 6-4 是 KY 和 TL 煤样在 30～270℃的定压解吸实验结果。

表 6-4 KY 和 TL 煤样的定压解吸实验结果(30～270℃)

实验参数		不同温度下的结果								
		30℃	60℃	90℃	120℃	150℃	180℃	210℃	240℃	270℃
KY 煤样	0.2MPa 下的解吸量/L	0	0.94	3.17	5.50	7.22	8.56	9.64	10.31	10.75
	0.7MPa 下的解吸量/L	0	1.06	4.09	7.69	10.87	13.76	15.71	17.17	18.27
TL 煤样	0.1MPa 下的解吸量/L	0	0.50	1.55	2.88	4.02	5.07	5.55	5.72	5.79
	0.7MPa 下的解吸量/L	0	1.01	3.34	5.97	9.67	12.18	13.45	14.63	14.99

TL 和 KY 煤样在 30℃时的吸附压力均维持在 0.2MPa 和 0.7MPa 左右，并且每种压力各进行一次定容和定压解吸实验，最终得到四组不同的定容或定压解吸实验结果。实验所用气体为纯度达 99.99%的甲烷气体。对于上述两种实验方案，实验前和高温实验后分别采集气样进行气相色谱成分分析，测试结果表明：实验前后的气体成分相同，煤样没有发生热解和产生新的气体。

6.2 煤体高温吸附/解吸甲烷的特征

6.2.1 定压、定容解吸特性分析

1. 计算依据

定压解吸实验是维持原始吸附平衡压力的条件下，研究瓦斯解吸量随温度的变化规律，实验结果反映煤样温度对其吸附性的影响。在加热过程中，剩余空间的游离瓦斯气体也会受热膨胀，并同解吸瓦斯一起被排出。根据真实气体遵循的范德瓦耳斯方程：

$$\left(p+a\frac{n^2}{V^2}\right)(V-nb)=nRT \tag{6-2-1}$$

式中，p 为气体压力，Pa；T 为气体温度，K；V 为气体体积，m^3；a，b 为范德瓦耳斯常数，对于 CH_4，$a=2.283\times10^{-1}\mathrm{Pa\cdot m^6/mol^2}$，$b=4.278\times10^{-5}\mathrm{m^3/mol}$；$n$ 为气体摩尔数，mol；R 为摩尔气体常数，$R=8.314\mathrm{J/(mol\cdot K)}$。

令 $V_m=V/n$，得到由摩尔体积 V_m 表示的范德瓦耳斯方程：

$$V_m^3-\left(b+\frac{RT}{p}\right)V_m^2+\left(\frac{a}{p}\right)V_m-\frac{ab}{p}=0 \tag{6-2-2}$$

在温度升高，压力恒定的条件下，可根据式(6-2-2)及自由体积 V，确定温度从 T_1 升高至 T_2 时从自由体积中溢出的瓦斯气体量：

$$V_{1\text{-}2}=\left(\frac{V}{V_{\mathrm{m2}}}-\frac{V}{V_{\mathrm{m1}}}\right)\frac{M}{\rho} \tag{6-2-3}$$

式中，M 为甲烷的摩尔质量，取 16.04×10^{-3}kg/mol；ρ 为甲烷密度，取 0.7kg/m^3（25℃，1atm）；V_{m1}、V_{m2} 分别为 T_1、T_2 温度条件下的摩尔体积。

表 6-5 中的膨胀溢出量是根据式(6-2-3)计算得出的，即在定压解吸实验中游离气体随温度升高的溢出量，累计解吸量是定压解吸实验的原始实验数据。

表 6-5 定压实验中的瓦斯解吸量及膨胀溢出量对比表

参数			30℃	60℃	90℃	120℃	150℃	180℃	210℃	240℃	270℃
KY	0.2MPa	累计解吸量/L	0	0.94	3.17	5.5	7.22	8.56	9.64	10.31	10.75
		膨胀溢出量/L	0	0.0067	0.0122	0.0170	0.0210	0.0245	0.0275	0.0302	0.0326
		误差值/%	0	0.71	0.38	0.31	0.29	0.29	0.29	0.29	0.30
	0.7MPa	累计解吸量/L	0	1.06	4.09	7.69	10.87	13.76	15.71	17.17	18.27
		膨胀溢出量/L	0	0.0069	0.0143	0.0223	0.0282	0.0358	0.0408	0.0463	0.0475
		误差值/%	0	0.65	0.35	0.29	0.26	0.26	0.26	0.27	0.26
TL	0.1MPa	累计解吸量/L	0	0.50	1.55	2.88	4.02	5.07	5.55	5.72	5.79
		膨胀溢出量/L	0	0.0029	0.0043	0.0066	0.0084	0.0106	0.0116	0.0120	0.0122
		误差值/%	0	0.58	0.28	0.23	0.21	0.21	0.21	0.21	0.21
	0.7MPa	累计解吸量/L	0	1.01	3.34	5.97	9.67	12.18	13.45	14.63	14.99
		膨胀溢出量/L	0	0.0062	0.0103	0.0149	0.0213	0.0280	0.0296	0.0322	0.0330
		误差值/%	0	0.62	0.31	0.25	0.22	0.23	0.22	0.22	0.22

对于定容解吸实验，在加热过程中有两种因素可以导致吸附装置中压力升高：第一是煤样解吸瓦斯，增加了吸附装置中的游离态瓦斯量，而导致压力升高；第二是游离态瓦斯气体受热膨胀，在约束体积不变情况下，引起压力升高，该部分

压力随温度变化遵循范德瓦耳斯方程(6-2-1)。

对式(6-2-1)进行变换可以得到气体压力与温度的线性表达式：

$$p=\frac{nRT}{V-nb}-a\frac{n^2}{V^2} \tag{6-2-4}$$

表 6-6 中的膨胀压力是根据式(6-2-1)～式(6-2-4)计算得到的，解吸压力是定容解吸实验的原始实验数据，解吸量是根据解吸压力和膨胀压力计算得出的。

由表 6-5 中数据可以看出，自由体积中的瓦斯气体膨胀溢出量与瓦斯解吸量相比，其相对值不大于 1%，因此，实验数据可以反映在等压条件下，温度对煤样吸附能力的影响规律。由表 6-6 的数据可以看出，在定容解吸实验中，自由体积中的游离瓦斯气体在低温段(100℃以下)对解吸压力有较大影响，二者数值相当；但在高温段(200℃以上)，气体的膨胀压力远低于瓦斯解吸产生的压力，对解吸压力影响很小。由于膨胀压力和温度呈线性关系，而实验的结果是非线性的，因此，实验曲线能够反映瓦斯压力随温度的变化趋势。

表 6-6 定容实验中的瓦斯解吸压力及膨胀压力对比表

初始压力			30℃	60℃	90℃	120℃	150℃	180℃	210℃	240℃	270℃
KY	0.28MPa	解吸压力/MPa	0.261	0.391	0.644	0.943	1.275	1.665	2.127	2.648	3.223
		膨胀压力/MPa	0.261	0.287	0.313	0.338	0.364	0.390	0.416	0.442	0.468
		解吸量/L	0	0.483	1.05	1.63	2.21	2.83	3.52	4.23	4.96
	0.72MPa	解吸压力/MPa	0.724	0.986	1.498	2.122	2.843	3.732	4.549	5.479	6.574
		膨胀压力/MPa	0.724	0.796	0.867	0.939	1.011	1.082	1.154	1.226	1.297
		解吸量/L	0	0.611	1.71	2.90	4.14	5.57	6.69	7.86	9.20
TL	0.27MPa	解吸压力/MPa	0.269	0.385	0.596	0.818	1.105	1.469	1.928	2.503	3.198
		膨胀压力/MPa	0.269	0.296	0.322	0.349	0.375	0.402	0.429	0.455	0.482
		解吸量/L	0	0.244	0.686	1.09	1.57	2.14	2.82	3.63	4.55
	0.78MPa	解吸压力/MPa	0.776	1.042	1.436	1.911	2.494	3.288	4.253	5.512	6.986
		膨胀压力/MPa	0.776	0.846	0.922	0.999	1.075	1.151	1.227	1.303	1.380
		解吸量/L	0	0.535	1.29	2.11	3.05	4.29	5.70	7.46	9.39

2. 煤体高温解吸特性分析

1)定压解吸特性分析

图 6-4 分别是 TL 和 KY 煤样的定压解吸实验曲线。从图 6-4 的实验数据曲线可以看出，温度对煤样吸附性的影响主要介于 100～200℃，在 100℃之前，瓦斯解吸存在一个突变点，即当温度低于 60℃时，煤样解吸瓦斯量相对较少；而当温

度高于 60℃时，煤样解吸瓦斯量迅速增加。在 100～200℃，瓦斯的解吸近乎以直线形式增长；而当温度大于 200℃时，由于煤样中瓦斯解吸区域枯竭，瓦斯解吸累计量曲线斜率减小。

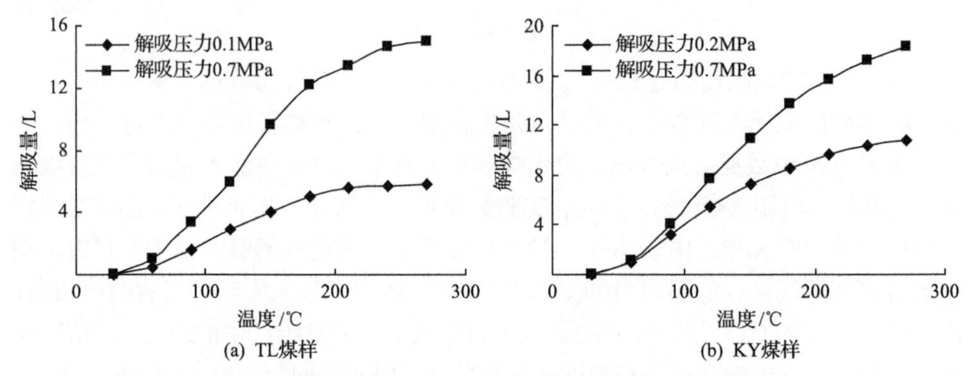

(a) TL煤样　　(b) KY煤样

图 6-4　实验煤样的定压解吸实验曲线(解吸量随温度的变化)

由于不同煤种对瓦斯的吸附能力不同，即使在相同温度和压力下，瓦斯的吸附量亦不相同，为了便于比较，本书假定 270℃时瓦斯达到极限解吸量，定义解吸率为 100%，则任意温度的解吸量与极限解吸量的比值为该温度下的解吸率。将两种煤样的解吸率曲线进行汇总，得到图 6-5。从图 6-5 看出，所有曲线均呈 S 形分布。温度达到 60℃时，解吸速度增加，曲线向上翘起；达到 200℃时，解吸速度减缓，曲线逐渐平缓。

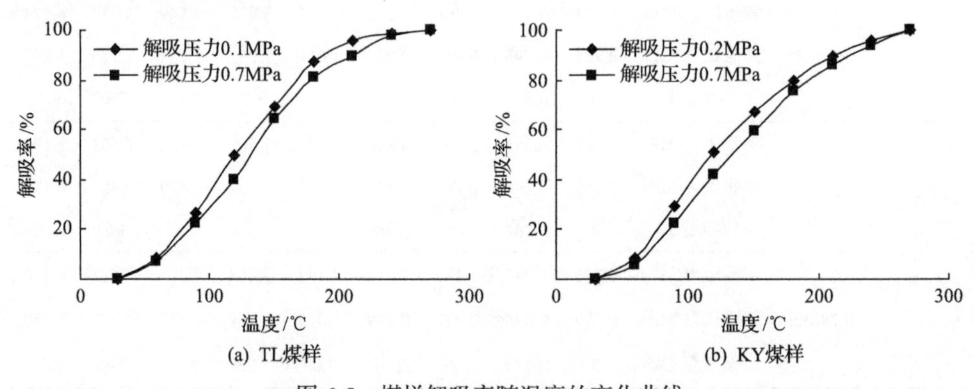

(a) TL煤样　　(b) KY煤样

图 6-5　煤样解吸率随温度的变化曲线

2) 定容解吸特性分析

定容解吸实验是在煤样达到吸附平衡以后，对密闭的吸附装置进行加热，促使吸附装置中的煤样进行解吸。随着温度升高，煤样中吸附的瓦斯不断解吸，吸附装置中的游离气体量增加，压力逐渐升高。因此，定容解吸实验反映了不同温度和压力下煤对瓦斯的吸附能力。图 6-6 是定容解吸实验中气体压力随温度的变化曲线。

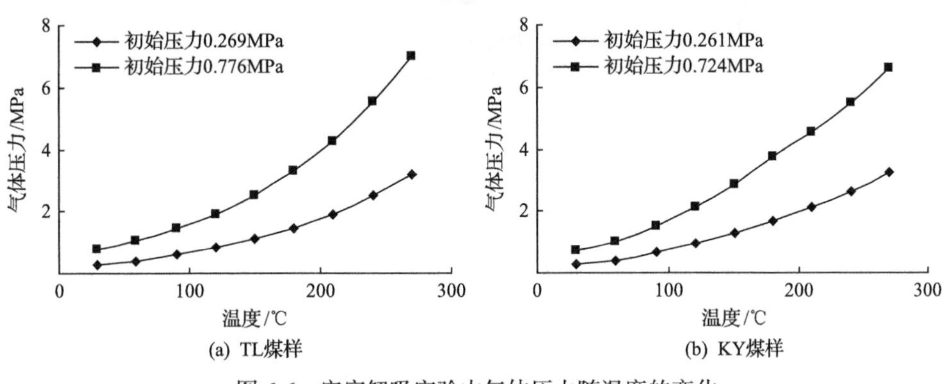

图 6-6　定容解吸实验中气体压力随温度的变化

将定压解吸实验得出的瓦斯解吸量与定容解吸实验的结果进行比较，得到对比曲线，见图 6-7(TL 煤样) 和图 6-8(KY 煤样)。从图 6-7 和图 6-8 可以看出，随

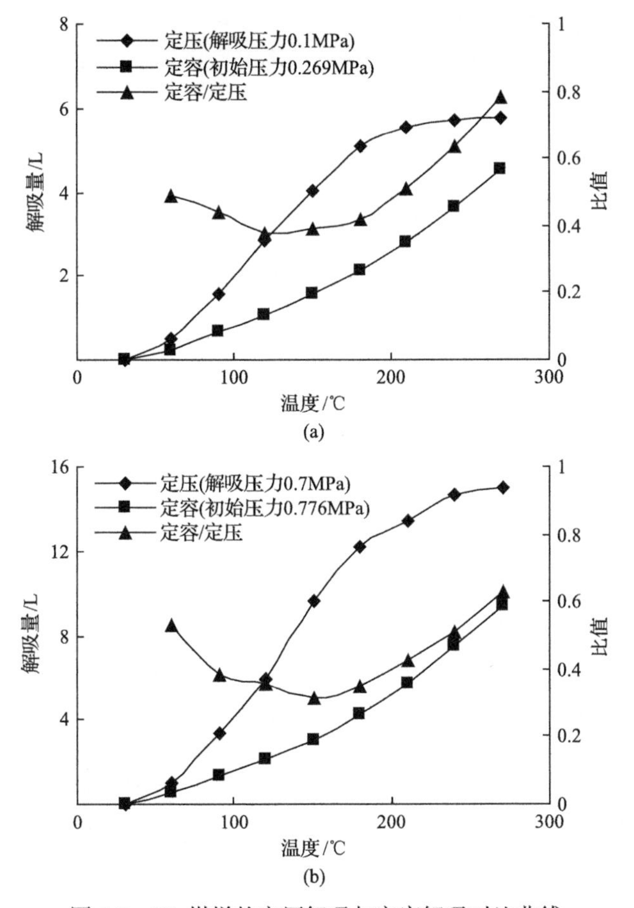

图 6-7　TL 煤样的定压解吸与定容解吸对比曲线

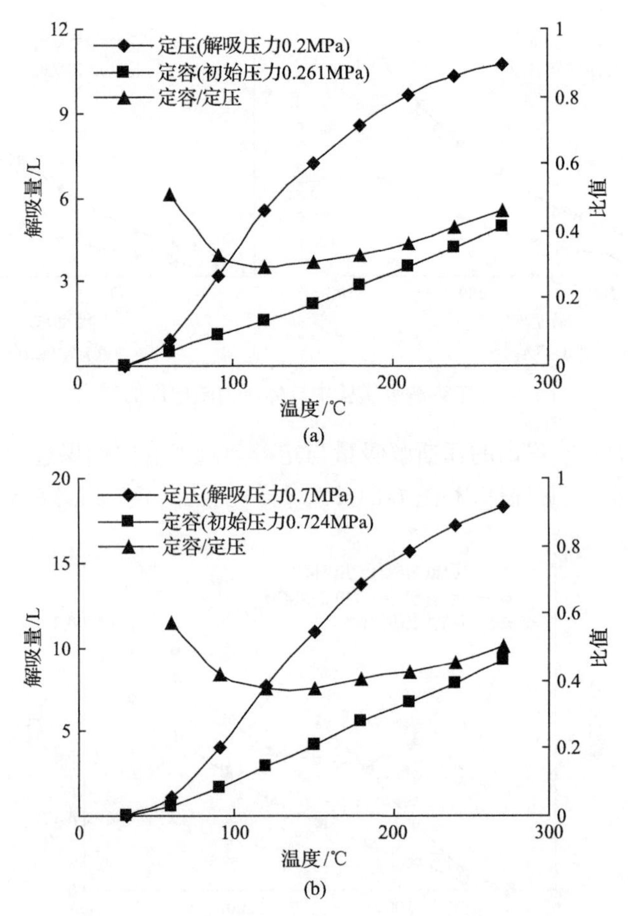

图 6-8　KY 煤样的定压解吸与定容解吸对比曲线

着温度升高，定容解吸实验的瓦斯压力迅速增大，瓦斯解吸量远远低于定压解吸实验的瓦斯解吸量，二者的比值在 0.4～0.8。

6.2.2　温度、压力共同作用的煤体解吸甲烷机制

定容解吸实验反映温度与压力共同作用的煤样吸附瓦斯的特性，是一种复杂条件的解吸过程。瓦斯压力变化既是自由空间中气体内能增长的结果，也是自由空间中气体量增加的结果。在封闭的自由空间中，气体摩尔数量、压力及温度之间符合真实气体状态方程——范德瓦耳斯方程(6-2-1)，同时也比较符合修正的理想气体状态方程。以 KY 煤样为例，图 6-9 是 KY 煤样在初始平衡压力 0.261MPa 的实验结果、范德瓦耳斯方程计算结果与修正的理想气体状态方程计算结果的比较曲线，三者之间的最大误差不大于 0.5%。因此，为了便于推导下面的公式，本书采用带压缩因子的修正理想气体方程。该方程的数学表达式为

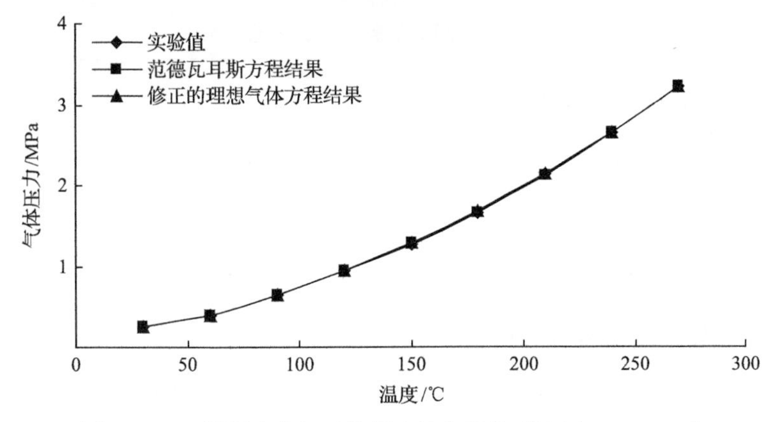

图 6-9　KY 煤样定容解吸数据比较曲线(初始压力 0.261MPa)

$$pV = ZnRT \tag{6-2-5}$$

式中，实验中气体的体积 V 为自由体积，是恒定值；Z 为压缩因子，取值与气体的种类有关；n 为自由体积中的气体摩尔数。在温度升高的过程中，不断有吸附态气体转化为游离态气体，增加了自由体积中的气体数量。因此，气体的摩尔数是温度 T 的函数。

根据玻尔兹曼能量分布定律，一个体系达到平衡后，整个体系中全部分子只有一个确定的能量分布，假设为分子脱离煤表面所需的最低能量，即吸附热 ε_a。体系中分子能量大于及等于 ε_a 的气体分子为游离态分子，分子能量小于 ε_a 的气体分子为吸附态分子，则自由体积中的气体摩尔数为

$$n = A\exp\left(-\frac{\varepsilon_a}{kT}\right) \tag{6-2-6}$$

式中，A 为比例常数；k 为玻尔兹曼常量；T 为体系温度。将式(6-2-6)代入式(6-2-5)中得到

$$p = BT\exp\left(-\frac{C}{T}\right) \tag{6-2-7}$$

式中，$B = AZnR/V$ 为比例常数；系数 C 为吸附热与玻尔兹曼常量的比值，$C = \varepsilon_a/k$。根据式(6-2-7)对定容解吸实验数据进行拟合分析，得到表 6-7。

从拟合结果可以得出，实验数据与理论方程拟合度很好，式(6-2-7)反映了定容解吸实验中温度与压力的数学关系，其中系数 C 随气体压力的升高而降低，说明分子吸附热与平衡压力有关，吸附平衡压力越高，吸附热越小。不同煤样之间的系数差异说明吸附热还与固体介质的性质有关。

表 6-7　定容解吸实验数据的拟合结果

煤样	初始压力/MPa	拟合公式	相关系数
TL	0.269	$p = 0.059\,T\exp(-1300.8/T)$	0.9923
	0.776	$p = 0.0838\,T\exp(-1082.1/T)$	0.9786
KY	0.261	$p = 0.0719\,T\exp(-1349.9/T)$	0.9981
	0.724	$p = 0.1025\,T\exp(-1158.2/T)$	0.9959

6.2.3　定容、定压吸附特性分析

表 6-8 是根据解吸实验前煤样的吸附量和式(6-2-1)～式(6-2-3)计算得到的吸附实验结果。

表 6-8　不同温度下的吸附实验结果

煤样	温度/℃	定容(低初始压力)		定压(低初始压力)		定容(高初始压力)		定压(高初始压力)	
		压力/MPa	吸附量/L	压力/MPa	吸附量/L	压力/MPa	吸附量/L	压力/MPa	吸附量/L
TL 煤样	30	0.269	6.87	0.1	3.36	0.776	13.21	0.7	12.68
	60	0.385	6.63	0.1	2.48	1.042	12.67	0.7	9.78
	90	0.596	6.18	0.1	1.68	1.436	11.92	0.7	7.08
	120	0.818	5.78	0.1	1.22	1.911	11.10	0.7	5.28
	150	1.105	5.30	0.1	0.93	2.494	10.16	0.7	4.28
	180	1.469	4.73	0.1	0.69	3.288	8.92	0.7	3.36
	210	1.928	4.05	0.1	0.49	4.253	7.51	0.7	2.48
	240	2.503	3.24	0.1	0.32	5.512	5.75	0.7	1.68
	270	3.198	2.32	0.1	0.21	6.986	3.82	0.7	1.28
KY 煤样	30	0.261	10.96	0.2	8.58	0.724	18.11	0.7	17.89
	60	0.391	10.48	0.2	6.77	0.986	17.52	0.7	13.56
	90	0.644	9.92	0.2	5.01	1.498	16.41	0.7	10.68
	120	0.943	9.33	0.2	3.81	2.122	15.21	0.7	8.54
	150	1.275	8.75	0.2	2.91	2.843	13.97	0.7	6.79
	180	1.665	8.13	0.2	2.18	3.732	12.54	0.7	5.49
	210	2.127	7.45	0.2	1.58	4.549	11.43	0.7	4.21
	240	2.648	6.73	0.2	1.06	5.479	10.25	0.7	2.97
	270	3.223	6.01	0.2	0.65	6.574	8.91	0.7	1.87

在定容实验中，吸附量随温度的变化表现在吸附平衡压力增加，一方面说明吸附态气体转变为游离态，另一方面说明到达新的温度所需的吸附平衡压力逐渐增加；在定压实验中，吸附量随温度的升高逐渐降低，表现在气体随温度升高不断排出，始终保持吸附平衡压力的稳定。

图 6-10 是定容吸附实验时 TL 和 KY 煤样的吸附平衡压力和相对应的吸附量随温度的变化关系。由图可见，定容吸附实验中，随着温度的升高，煤对甲烷的吸附量有规律地衰减。对于 TL 煤样，吸附量在实验温度范围内的下降速率逐渐增加，最大下降幅度出现在 240～270℃；对于 KY 煤样，吸附量在实验温度范围内的下降速率基本维持不变，吸附量随温度呈线性衰减趋势，并且在初始吸附压力 0.724MPa 时，30～60℃的吸附量衰减明显低于 60～270℃。气体压力的上升速率随着温度的升高呈逐渐增大的趋势，近似呈现指数规律的增长，270℃时的气体压力是 30℃时的 9～15 倍。依据范德瓦耳斯的真实气体状态方程，在 30～270℃范围内，气体由于热膨胀导致的压力上升在 1.5～2 倍，得出定容吸附实验的压力升高是大量的吸附气体发生解吸造成的。吸附平衡压力的上升说明了气体解吸游离与

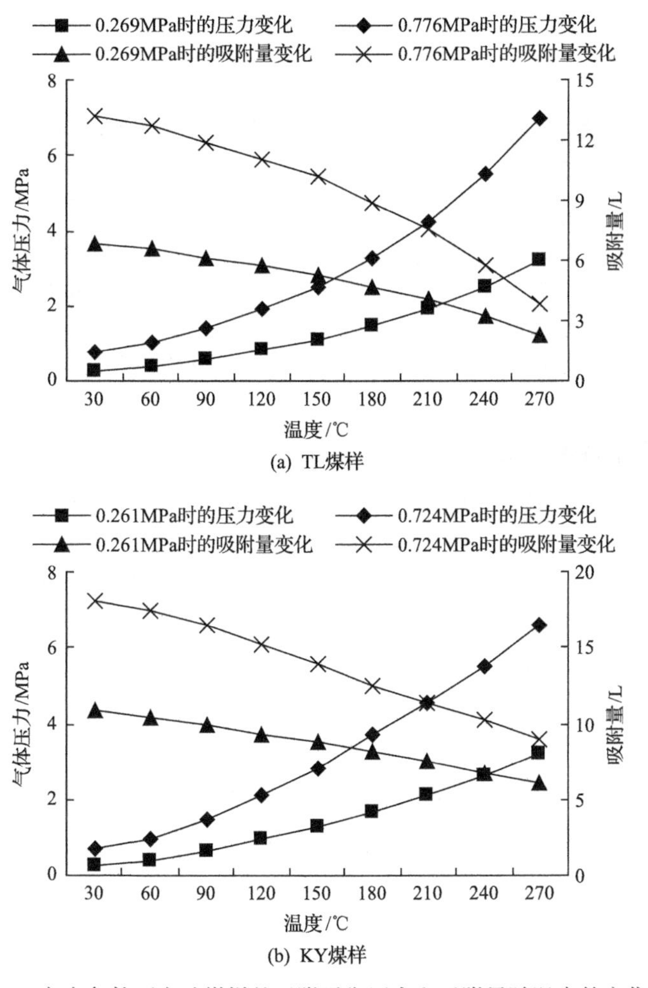

(a) TL煤样

(b) KY煤样

图 6-10　定容条件下实验煤样的吸附平衡压力和吸附量随温度的变化关系

压力的上升是相反作用的：一方面温度上升促使气体解吸，吸附量降低；另一方面气体压力的升高阻碍了吸附甲烷的解吸，使吸附达到新的平衡。

图 6-11 是定压吸附实验时 TL 和 KY 煤样的吸附量在吸附压力恒定的条件下随温度的变化规律。由图可见，定压吸附实验中，随着温度的升高，吸附量的下降幅度很大，要远高于定容时的下降值；并且吸附量在实验温度范围内的下降速率出现了与定容实验相反的特性，即随着温度的上升，吸附量的下降速率逐渐降低，共同的最大下降幅度出现在 30～60℃，而最小降幅出现在 240～270℃。由于定压实验时的吸附平衡压力恒定，说明温度对煤吸附甲烷能力的影响较大，实验温度范围内呈现出负指数规律的衰减。定压实验时的吸附量随温度的变化，仅取决于温度对煤吸附甲烷特性的影响，所以更加能够反映温度对吸附性的影响。

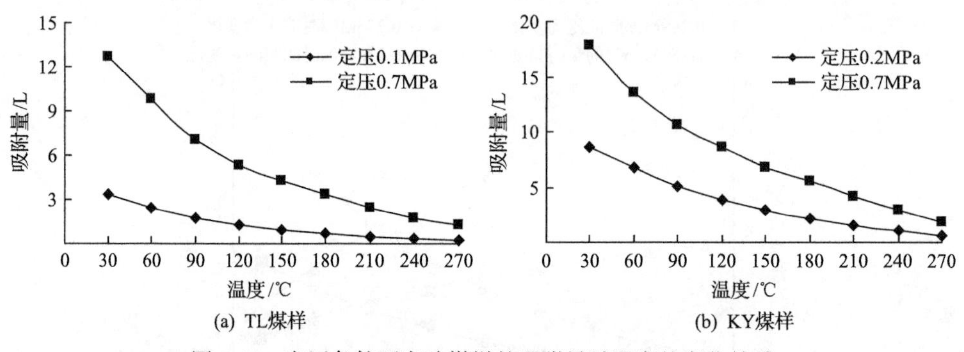

图 6-11　定压条件下实验煤样的吸附量随温度的变化关系

6.2.4　等温吸附特性分析

等温吸附线是描述煤对甲烷吸附特性最直观的曲线，并且可以预测不同温度下的吸附极限值。如表 6-8 所示，共进行了 9 种不同温度的吸附特性实验，每一种温度均有四个不同压力和吸附量的特征点，得到 TL 和 KY 煤样在不同温度下的等温吸附曲线，如图 6-12 所示。等温吸附线从上到下依次是 30～270℃，相同吸附平衡压力下，吸附量均随温度的升高而降低，并且可以看出，曲线中的特征点靠近最大吸附值时所需的平衡压力均随着温度的上升而增大，即温度越高，到达吸附极值所需的平衡压力越大。由图中的曲线可以看出，在 30～270℃、0.1～7.0MPa 的瓦斯吸附压力的范围内，均属于第一类吸附，即单分子层吸附模型，由于吸附平衡时的吸附速率等于解吸速率，则有

$$k_{\mathrm{a}}(1-\theta)p-k_{\mathrm{d}}\theta=0 \tag{6-2-8}$$

$$\theta=\frac{bp}{1+bp} \tag{6-2-9}$$

式中，θ 为甲烷分子在煤表面的覆盖度，最大值是 1，即完全覆盖；k_a、k_d 分别是吸附速率常数和解吸速率常数；$b = k_a/k_d$，MPa^{-1}；p 为甲烷的吸附平衡压力，MPa；由此可推导得出煤吸附甲烷的方程：

$$V_a = \frac{abp}{1+bp} \tag{6-2-10}$$

式中，V_a 为吸附量，L；a 为极限吸附量，L；b 为吸附常数，MPa^{-1}。本书重点研究温度作用下 a、b 的变化规律，参数 a 的变化可以表征不同温度下的吸附极限值的变化规律，而参数 b 可以表征不同温度下到达吸附极值时所需的平衡压力的变化规律。

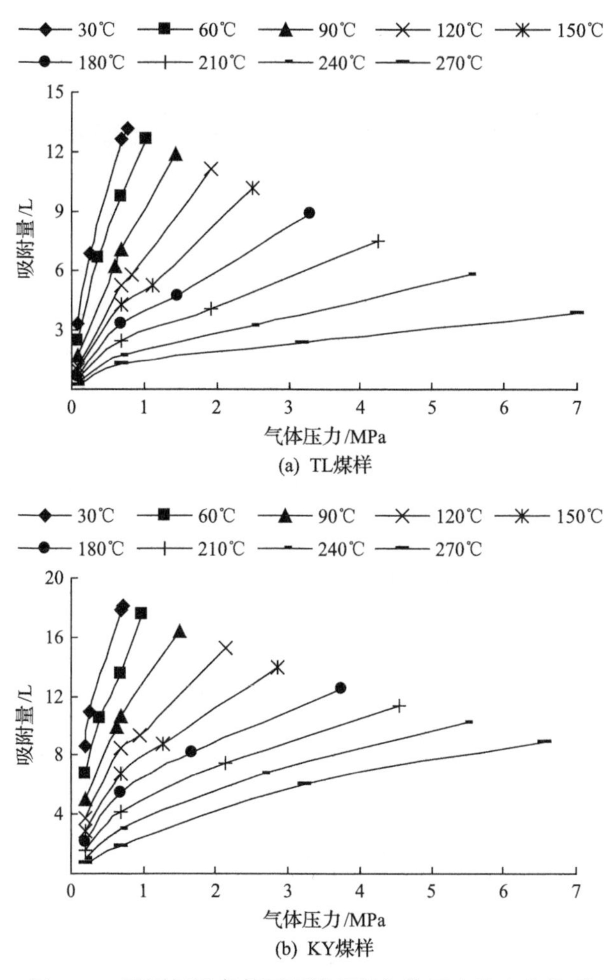

图 6-12　不同恒温条件下吸附量随气体压力的变化关系

6.3 结合吸附理论对结果的综合分析讨论

6.3.1 吸附模型的确定

采用式(6-2-10)对图 6-12 的等温吸附特征点进行回归分析。对式(6-2-10)进行变换，得

$$y=\frac{1}{a}+\frac{1}{ab}x \tag{6-3-1}$$

式中，$y=1/V_a$，$x=1/p$，结果如表 6-9 所示，并计算出 a、b 的值。

表 6-9 吸附参数 a、b 的拟合结果

煤样	温度/℃	拟合结果	相关系数 R^2	a	b
TL 煤样	30	$y=0.0254x+0.0449$	0.9985	22.27171	1.767717
	60	$y=0.0353x+0.0515$	0.9985	19.41748	1.458924
	90	$y=0.0536x+0.0605$	0.9979	16.52893	1.128731
	120	$y=0.0751x+0.0708$	0.9981	14.12429	0.942743
	150	$y=0.0995x+0.0823$	0.9985	12.15067	0.827136
	180	$y=0.1353x+0.0976$	0.9990	10.2459	0.72136
	210	$y=0.1922x+0.1207$	0.9992	8.285004	0.627992
	240	$y=0.2967x+0.1598$	0.9995	6.257822	0.538591
	270	$y=0.4545x+0.2088$	0.9991	4.789272	0.459406
KY 煤样	30	$y=0.0164x+0.0319$	0.9925	31.34796	1.945122
	60	$y=0.0220x+0.0386$	0.9937	25.90674	1.754545
	90	$y=0.0308x+0.0471$	0.9918	21.23142	1.529221
	120	$y=0.0418x+0.0549$	0.9932	18.21494	1.313397
	150	$y=0.0567x+0.0620$	0.9956	16.12903	1.093474
	180	$y=0.0784x+0.0679$	0.9982	14.72754	0.866071
	210	$y=0.1122x+0.0734$	0.9989	13.62398	0.654189
	240	$y=0.1736x+0.0782$	0.9994	12.78772	0.450461
	270	$y=0.2926x+0.0839$	0.9989	11.91895	0.28674

如表 6-9 所示，对于 TL 煤样，拟合相关度在 99.5%以上，对于 KY 煤样，拟合相关度在 99.0%以上，说明实验条件下(30～270℃、≤7MPa)煤对甲烷是单分子层的吸附。

6.3.2 吸附参数 *a*、*b* 的分析和讨论

图 6-13 是 TL 和 KY 煤样的吸附参数 a 随温度的变化规律。由图可见，随着温度的升高，a 值逐渐降低，且下降幅度呈现出先快后慢的趋势，最大降幅均是 30～60℃，而最小降幅是 240～270℃。经过回归分析得知，a 值随温度的衰减呈负指数规律，回归方程如图 6-13 所示，TL 煤样的相关度超过 98%，KY 煤样的相关度约是 95%。参数 a 体现为煤吸附甲烷的极限吸附量，根据实验可知 a 值受温度的影响明显。对于 TL 煤样，在 30～270℃内下降了 80%左右；对于 KY 煤样，下降幅度是 65%，说明 a 受温度的影响，TL 煤大于 KY 煤。由表面吸附理论可知，极限吸附量取决于吸附剂表面的活性，随着温度升高，活性降低，大量的吸附位在任何压力下都不能吸附气体，其结果体现在 a 的衰减上。因此，通过实验结果得到 a 受温度影响的关系式：

$$a = a_{\mathrm{m}} \mathrm{e}^{-cT} \tag{6-3-2}$$

式中，a_{m} 为最大极限吸附量；c 为与煤素质和组分等因素相关的物理量。参数 a 的极值 a_{m} 是指煤表面的所有可吸附气体的吸附位在达到一定气体压力时都可以吸附气体分子的临界状态。

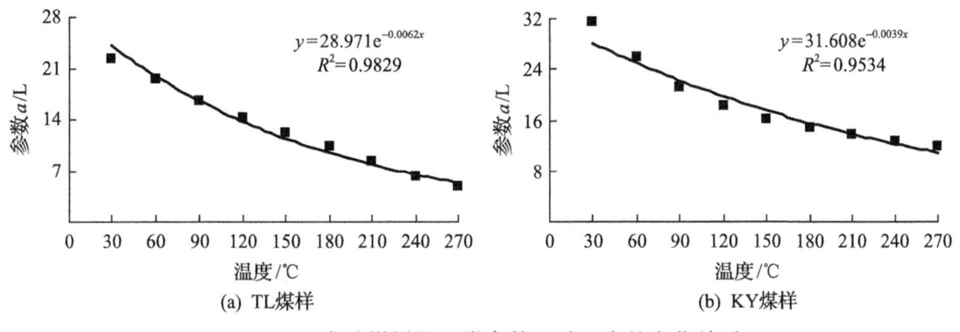

图 6-13 实验煤样的吸附参数 a 随温度的变化关系

图 6-14 是 TL 和 KY 煤样的吸附参数 b 随温度的变化规律。由图可见，随着温度的升高，b 值逐渐降低，对于 TL 煤样，下降幅度仍然呈现出先快后慢的趋势，最大降幅是 30～60℃，而最小降幅是 240～270℃；而对于 KY 煤样，下降幅度的变化范围不大。经过回归分析得知，b 值随温度的衰减呈负指数规律，TL 煤样的相关度接近 99%，KY 煤样的相关度约是 95%。根据 Anderson 的理论分析得知，参数 b 与温度的关系式是

$$b = b_{\mathrm{m}} \mathrm{e}^{-H_{\mathrm{a}}/(RT)} \tag{6-3-3}$$

式中，b_m为参数 b 的极值；H_a为煤对甲烷的吸附热；R 为常数，等于 8.314J/(mol·K)。

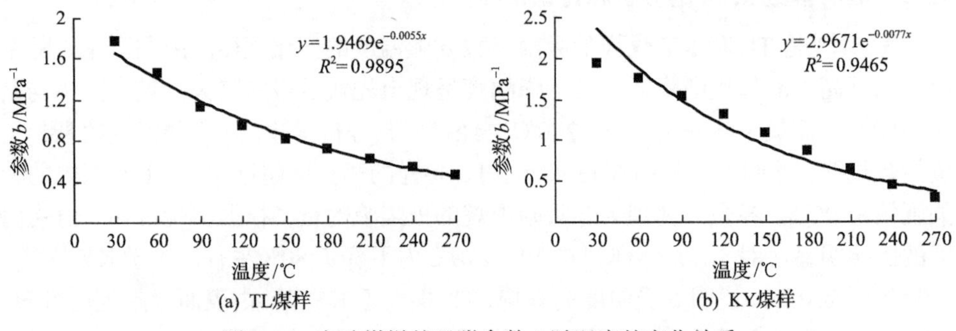

图 6-14 实验煤样的吸附参数 b 随温度的变化关系

可以推知，不同温度下煤吸附甲烷所涉及的吸附热是温度的二次函数，即

$$H_a = kT^2 \tag{6-3-4}$$

式中，k 为比例系数，由式(6-3-3)和式(6-3-4)可得

$$b = b_m e^{-kT/R} \tag{6-3-5}$$

系数 k 可能与煤素质或组分有关。因此，温度的升高造成煤吸附甲烷能力的降低，主要是由于煤表面的吸附位活性随着温度的上升逐渐降低，表现在可吸附气体的吸附位数量的减少。当压力达到一定极值时，在此温度下所有可吸附气体的吸附位都吸附着气体分子，当吸附能力受温度的影响降低到最小值接近于零时，则表明煤表面的所有吸附位都具有吸附气体分子的能力。

6.3.3 温度单一因素对吸附参数 *a*、*b* 的影响

由实验数据拟合得到的式(6-3-2)和式(6-3-5)可得，吸附参数 a、b 均受温度的影响，吸附参数 a 也称为极限吸附量，是指吸附气体压力达到一定的临界值后，煤对甲烷的吸附量不再随着吸附气体压力的增加而增大，而是稳定在一个确定的值附近；吸附参数 b 称为极限吸附压力，是指吸附气体所能达到的最有效的吸附压力。

参 考 文 献

李志强，鲜学福，隆晴明. 2009. 不同温度应力条件下煤样渗透率实验研究. 中国矿业大学学报，38(4)：523-527.
杨新乐，张永利，李成全，等. 2008. 考虑温度影响下煤层气解吸渗流规律实验研究. 岩土工程学报，30(12)：1811-1814.
张凤捷，吴宇，茅献彪，等. 2012. 煤层气注热开采的热-流-固耦合作用分析. 采矿与安全工程学报，29(4)：505-510.
张群，杨锡禄. 1999. 平衡水分条件下煤对甲烷的等温吸附特性研究. 煤炭学报，24(6)：566-570.

赵东. 2013. 水-热耦合作用下煤层气吸附解吸机制研究. 北京: 煤炭工业出版社: 100-128.

赵阳升. 2010. 多孔介质多场耦合作用及其工程响应. 北京: 科学出版社: 1-20.

Azmi A S, Yusup S, Muhamad S. 2002. The influence of temperature on adsorption capacity of malaysian coal. Chemical Engineering and Processing, 45: 392-396.

Crosdale P J, Moore T A, Mares T E. 2008. Influence of moisture content and temperature on methane adsorption isotherm analysis for coals from a low-rank, biogenically-sourced gas reservoir. International Journal of Coal Geology, 76: 166-174.

Feng Z C, Zhao D, Zhao Y S, et al. 2016. Effects of temperature and pressure on gas desorption in coal in an enclosed system: A theoretical and experimental study. International Journal of Oil, Gas and Coal Technology, 11(2): 193-203.

Frantisek B, Zdenka L. 2010. Temperature programmed desorption of coal gases-chemical and carbon isotope composition. Fuel, 89: 1514-1524.

Pini R, Ottiger S, Burlini L, et al. 2010. Sorption of carbon dioxide, methane and nitrogen in dry coals at high pressure and moderate temperature. International Journal of Greenhouse Gas Control, 4: 90-101.

第七章　水作用下高温煤体解吸甲烷的特性

本章介绍两个实验，一是 8MPa 的注水压力和恒定的作用时间条件下，含瓦斯煤样随温度上升(30～110℃)的解吸特性实验，能够说明相同水压作用下单一的温度因素对煤样解吸规律的影响；二是不同含水率下煤样的恒温(20℃)吸附特性实验，能够说明恒温条件下不同含量的水分对煤样吸附规律的影响。

7.1　水作用下高温吸附/解吸实验

7.1.1　含水煤高温吸附实验装置

本实验所涉及的温度最高可达 110℃，而大气压下水的沸点是 100℃，因此，采用常规的恒温水浴来控制整个实验系统的温度显然是不可行的，结合当今国内外对于高温恒温装置的研发进展，设计并制造出了高温电加热的实验系统，温控是采用热空气循环来实现。考虑到高温条件下常规装置可能发生的气体渗漏现象，在实验进行的所有温度范围内，均采用氦气来检查整套系统的气密性，并且针对实验过程中可能出现的压力上升的情形，相应地进行了高压条件下的气密性测试，经过测试证实整套试验系统在实验温度和压力范围内均具有良好的气密性，没有与外界发生任何气体交换。

经过改进后的实验系统的原理结构图如图 7-1(a)所示，实验系统外观图如图 7-1(b)所示。下面分别介绍实验系统各组成部分的功能和作用。

(1)注气和注水系统。注气系统能够通过流量计及压力表的压差显示注入的气量，注水系统也能时刻显示水的压力，并且具体的体积和压力都是能够在实验范围内进行控制的。针形阀 V1、V2、V3 和压力表 G1、G2、G3 能够控制和显示甲烷、氦和注水的质量和压力，流量计 F1、F2 能够显示气体和水的流量。转向阀 1(S1)能够使实验过程中的甲烷气瓶转向氦气而进行实验；煤层气的主要成分——甲烷是由高压气瓶 C1 供给；用于检查装置气密性的氦气，是由高压气瓶 C2 供给；注水装置 M1 用于向含瓦斯的试样中注水。为了确保实验数据的精确性，检查装置的气密性是非常必要的。气瓶 2(C2)就是用来在实验开始前检查装置气密性的，原因是煤对氦气是不吸附的。对装置的气密性检查完毕后，需要用真空泵 M2 来对煤样中的残余气体进行真空处理，真空泵持续工作 24h。

(2)放置试样的吸附装置和恒温控制装置。将煤样放置于吸附装置之后，上下各留有 10mm 的空间用于储存注入的水，顶部的不锈钢管用于气体的传输，底部

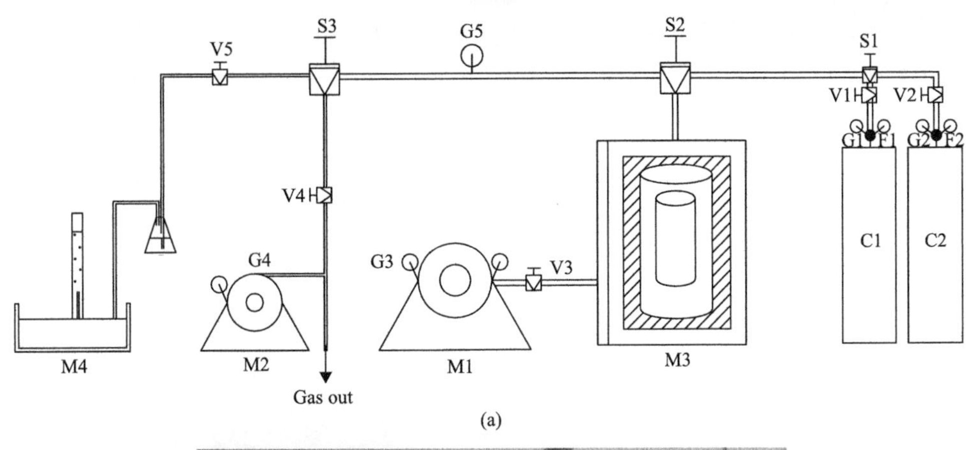

(a)

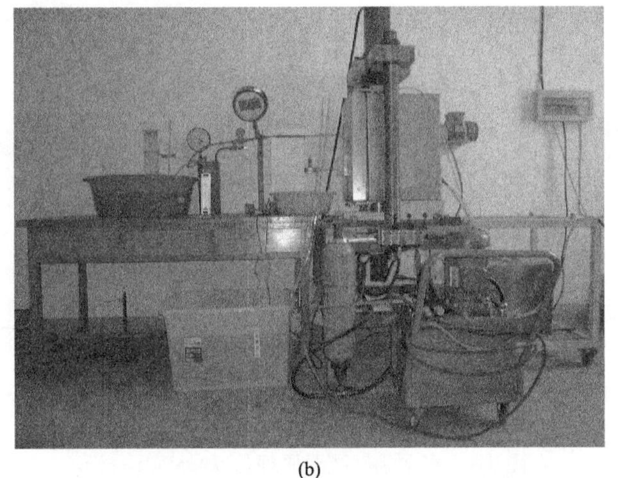
(b)

图 7-1　本实验所用实验系统的原理结构图(a)和实验系统外观图(b)

C1、C2 分别是甲烷(瓦斯)和氦气的贮气注气瓶；F1、F2 分别是测定气体流量的流量计；G1、G2 和 G3 是压力表，分别用来显示甲烷、氦气和水的压力；G4 是与真空泵相连接的负压表，用以标示抽真空过程中装置里的真空度；G5 是装置内部煤试件的气体压力；V1、V2、V3、V4 和 V5 都是控制流体进出的针形阀；S1、S2 和 S3 均是管路连接的三通装置；M1 是高压注水设备；M2 是真空泵；M3 是升温带温控的装置；M4 是集水集气装置

的用于水的输送。在检查完装置的气密性之后开始瓦斯的吸附，吸附平衡后从吸附装置底部向里面注水，注水压力必须等于或大于瓦斯的吸附平衡压力，最终能够使得水充分浸润煤样，标志是上端排气口有水浸出。这一过程可以模拟实际煤层气生产井中的注水井，在过热水注入煤层的过程中，模拟煤层经水作用后的状态。温度控制装置用于控制实验系统的温度，能够保证温度的始终恒定。装置原理如图 7-2 所示，恒温装置的精度是 0.1℃。加热方式为热空气对流循环，无明火，可以防止因甲烷泄露引起爆炸的危险。

(3) 测量装置。测量装置由瓦斯解吸体积的测定装置和水质量的测定装置组成，并且通过流量计能够在气体快速流动时测定出气体的流量。集气装置采用排水集气法；集水装置采用高精度的量杯，并且能精确读出水的体积。装置原理如图 7-3 所示。

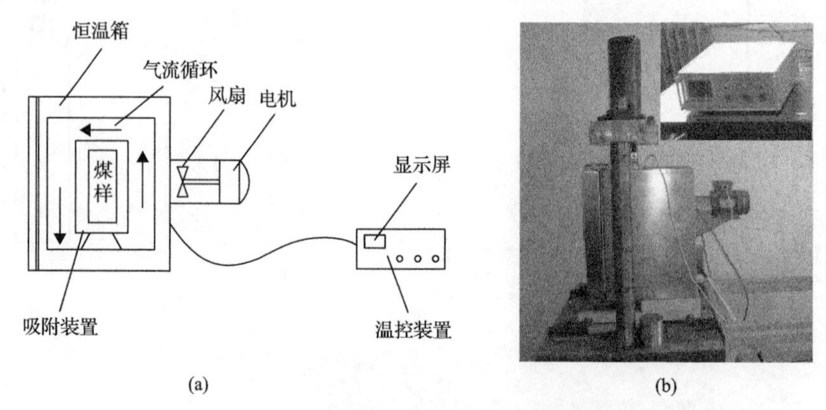

图 7-2　升温温控装置的原理(a)和外观图(b)

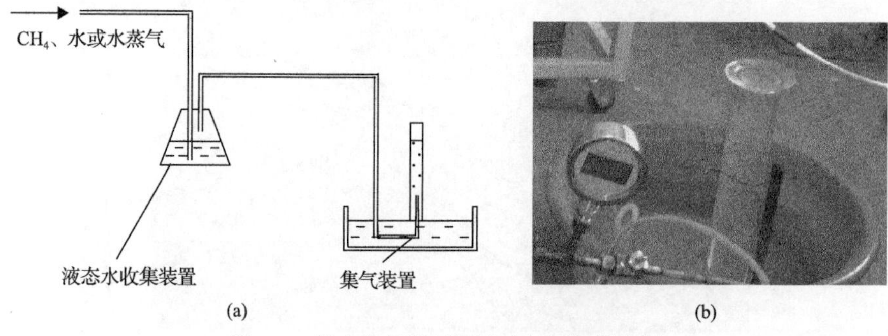

图 7-3　集水集气装置原理(a)和外观图(b)

(4)其他辅助设备。辅助设备由真空泵、鼓风干燥箱和电子天平组成。真空泵的抽气速率是 0.5L/s，外形尺寸是 58mm×25mm×35mm。鼓风干燥箱的型号是 DHG-9035AD，电子天平的精度是±0.1g。

(5)实验方案见表 7-1。

表 7-1　注水及高温条件下瓦斯吸附/解吸实验方案

实验方案		1#(屯留)	2#(开元)
吸附-注水-升温解吸实验	吸附平衡压力/MPa	0.65	0.65
	注水压力/MPa	8.0	8.0
	解吸温度/℃	30、50、70、90、110	30、50、70、90、110
	解吸压力/atm	1	1
注水-恒温吸附实验	含水率/%	0、1.06、1.80、2.02、2.71、3.01	0、0.34、0.88、1.11、1.70、2.00
	初始吸附压力/MPa	2.0	1.4
	吸附时间/h	24	24

7.1.2 含水煤高温吸附实验介绍

1. 实验准备

在进行吸附实验之前，首先要进行气密性检查。这是为了实验能够得到更为可靠的实验数据，而必须进行的一项准备工作，否则会造成实验装置的持续漏气，而使得压力不稳定。这个过程有两步：一是高压氦气的注入，二是真空处理。氦气的压力维持在 6MPa 左右，如果注气后装置压力能够保持稳定，则说明装置气密性良好。真空泵 2 持续运行 24h 以确保煤中的残余气体完全清除。基于注入氦气的质量以及装置的真空度，能够确定放入煤后吸附装置的自由体积。

瓦斯吸附过程：把气体转向阀转至瓦斯压力瓶后，打开吸附装置上端的阀门开始注气，持续 12h 后关闭阀门开始定容吸附。吸附持续 24h 后，气体压力维持在确定的值，此时吸附平衡，同时能够确定注气体积。本实验选取两种煤样，分别是潞安矿区屯留煤矿 3#煤层和阳泉矿区开元煤矿 9#煤层，各取一块试样进行实验，分别标记为 1#和 2#，并且两者的吸附压力均保持在 0.65MPa 左右。

2. 实验过程

两块煤样的实验均分三个阶段进行。第一阶段是吸附实验。第二阶段是注水实验：煤样吸附平衡后接通注水设备，在 8MPa 的注水压力下对吸附装置的下端进行注水，注水的同时打开上端出口排出少量的游离气体，待上端出口有水排出时，即可认定水贯通于整个煤样。此注水压力的水压持续 24h，以达到充分模拟向煤层注过热水的过程，记录整个注水过程中的水压变化。第三阶段是不同温度段的恒温解吸实验。注水完成后，接通滤水集气装置，首先进行 30℃的恒温常压解吸，至单位时间内解吸量小于 20mL/h 时，认定解吸达到平衡，记录此温度下的解吸排气量；30℃解吸平衡后升温至 50℃，如此循环进行每一温度点的恒温解吸实验，最终得到五个温度点的恒温解吸数据，分别是 30℃、50℃、70℃、90℃和 110℃。实验的吸附平衡压力大约是 0.65MPa，虽然不同的实验阶段会在此范围内有上下小幅度的波动，但是不影响实验的整体效果，最后待 110℃时气体完全解吸后，实验结束。

7.2 水作用下高温解吸实验结果

7.2.1 实验数据和参数的定义

表 7-2 是 8MPa 压力注水后的含瓦斯煤样随温度变化的吸附、解吸实验结果。表中各参数的含义：注气初始压力和终止压力分别是瓦斯贮气罐向煤样注入瓦斯

的初始和终止压力；压差是初始压力与终止压力的差值，乘以贮气罐的容积即得到注气体积；吸附平衡压力是吸附 24h 后煤样的瓦斯压力；注水压力是吸附平衡后向煤样注水的水压；自由体积是煤样放入吸附装置后的自由空间(包括煤样的孔隙裂隙和储水空间)；游离气体体积和吸附气体体积分别是吸附平衡后的游离和吸附瓦斯体积;不同温度段的解吸率分别对应此温度下解吸持续24h后的累计解吸率。

表 7-2 高压注水后的升温吸附、解吸实验结果

参数		$1^{\#}$	$2^{\#}$
吸附条件	注气初始压力/MPa	1.600	1.688
	注气终止压力/MPa	1.304	1.388
	压差/MPa	0.296	0.300
	吸附平衡压力/MPa	0.650	0.622
注水压力/MPa		8.0	8.0
自由体积/L		0.41	0.40
游离气体体积/L		2.665	2.488
吸附气体体积/L		8.583	8.912
单位质量吸附值/(mL/g)		5.732	5.535
煤样质量/g		1497.5	1610.1
解吸数据	30℃解吸率/%	14.13	9.81
	50℃解吸率/%	31.45	18.76
	70℃解吸率/%	52.44	34.03
	90℃解吸率/%	68.96	57.81
	110℃解吸率/%	99.25	99.21

7.2.2 瓦斯解吸率随温度的变化规律

图 7-4 是两煤样的解吸率随着时间的推移和随着温度的升高，在不同恒定温度时的累计变化。两曲线均分为五个部分，分别是 30℃、50℃、70℃、90℃和 110℃的恒温解吸曲线。由图中曲线可以看出，在前四个温度段，$1^{\#}$煤样的解吸率始终高于 $2^{\#}$煤样，说明高压注水对 $1^{\#}$煤样解吸的影响略小于 $2^{\#}$煤样；随着温度的逐渐上升，累计解吸率的差距亦有逐渐上升的趋势，这一趋势在 70℃达到最大，之后的 90℃差距有所缩小；而在 110℃时，两条曲线几乎重合，从数据上来看，累计解吸率均达到 99%以上。

比较两煤样各自恒定温度时的阶段解吸率(相邻两温度点累计解吸率的差值)可以发现，在 30～70℃范围内的三个温度点，$1^{\#}$煤样在此温度范围内的阶段解吸

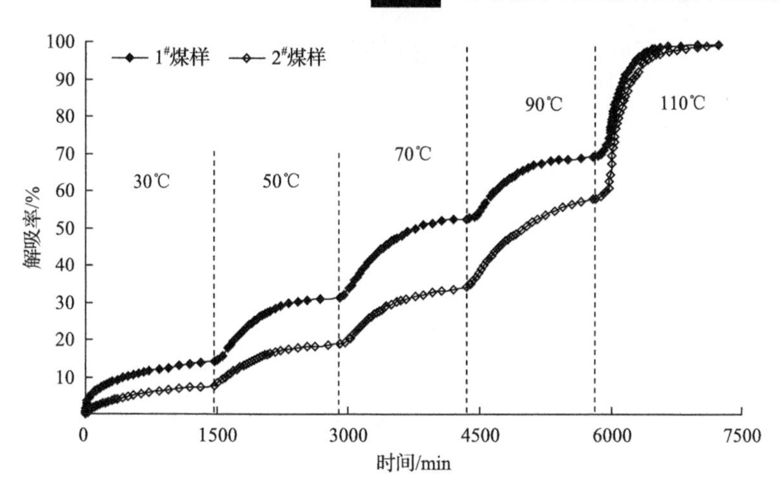

图 7-4 两煤样累计解吸率随温度、时间变化曲线

率均大于 2#煤样；并且 50℃时，1#煤样的阶段解吸率是 17.32%，2#煤样是 8.95%，二者相差 8.37%，是这一范围内两煤样解吸率的最大差值。而在 90℃，1#煤样的阶段解吸率是 16.52%，2#煤样是 23.78%，2#煤样高于 1#，说明此时温度对 2#煤样解吸的影响要大于 1#煤样；并且 110℃两煤样的阶段解吸率分别是 30.29%和 41.40%，2#煤样仍高于 1#，这说明 2#煤样在较高温度时受温度的作用高于 1#煤样。并且两煤样在 110℃时，解吸率的变化都有一个突变的趋势，突变后的解吸率几乎接近 100%。

图 7-5(a)是 1#煤样在不同恒定温度下，解吸率随时间的变化曲线。解吸率是随温度的变化逐渐累积的，可以看出各温度阶段的解吸率大致可以分为两个阶段：第一阶段是 900min 以内时，解吸率随时间的变化是逐渐上升的趋势，除了 30℃是先快速上升而后逐渐变缓外，其余四个温度段均是先缓慢上升，而后上升速率增加之后逐渐变缓，尤其是 110℃的 200～400min 时间内有一个非常明显的解吸率突变，之后上升速率变缓。中间三个温度阶段的变化趋势可以解释为，温度的上升过程有时间的滞后性，即升温过程中装置的温度最先达到恒定，之后吸附装置乃至煤样的温度随时间的推移才会逐步达到设定值，这是目前加热装置普遍存在的问题，但这并不影响实验结果的整体规律。最高温度阶段的突变可能是由于温度超过 100℃后，煤样不受外部应力的作用，煤中的液态水分逐渐蒸发变成气态，与煤样中的瓦斯混合后快速排出，并且高温可以增加实验煤样的通透性使得气体解吸的速率大幅度提升。因此，可以推断煤中水分在蒸发前由于受温度升高的影响，解吸率最大可以达到 68.96%，即 90℃时的累计解吸率。第二个阶段是 900～1440min 的范围内，所有温度段内的解吸率曲线几乎均是近似水平的，并且随着时间的进一步推移，斜率进一步减小，直至接近于零值，说明解吸后期的解吸率变化是非常小的，解吸的变化主要发生在第一个阶段内。而且还可以发现，在

等温度阶段的温度区间内，解吸率曲线初期的斜率随着温度的上升有微小增加的趋势，说明温度越高，煤中的孔隙压力越高，瓦斯的解吸速度越快。

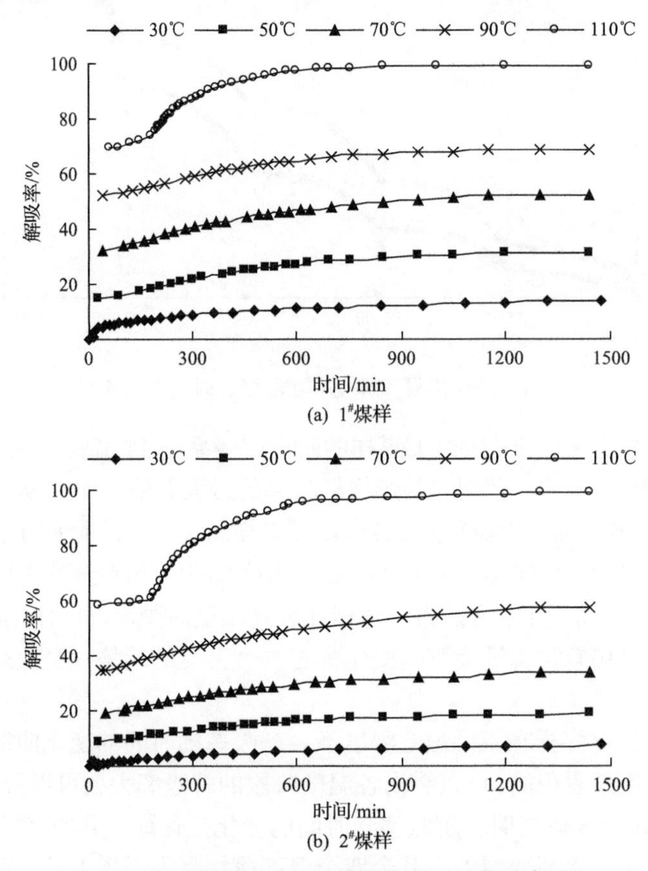

图 7-5 含瓦斯煤样在不同恒定温度时的解吸率对比

图 7-5(b)是 2#煤样在不同恒定温度下，解吸率随时间的变化曲线。与 1#煤样解吸的两个阶段相比，2#煤样各个温度段内的解吸达到平衡的时间较 1#煤样有所缩短，大约在 800min 之后解吸达到了动态平衡。此后解吸率曲线近似水平直线，随着时间的推移，斜率进一步缩小直至接近于零。但在 90℃的解吸率变化上，出现了与其他温度不同的现象，在 600min 之后解吸率有一个微小的突变，之后解吸率随时间的变化与其他温度段相比也是逐渐上升的，在后期 1200min 后达到了近似的平衡。推测 90℃可能是 2#煤样全过程解吸率突变的一个临界点，在此温度阶段内有解吸突变的趋势，但解吸平衡时没有结果的突变。之后的 110℃发生了与 1#煤样相同的解吸突变，在 200～400min 范围内解吸突然快速增加，之后增长速率逐渐变缓，至 800min 后趋于平衡。这说明 2#煤与 1#煤相比，在较低温度时的煤样渗透性较低。随着温度的上升，渗透性逐渐增加，在 90℃时的解吸率达到

57.81%，相比 30℃提高了近五倍，相对于 1#煤样比值提高了近一倍，并且在 110℃的突变程度也超过了 1#煤样，说明此煤种在后期对温度的变化较为敏感，变化程度高于 1#煤样。

7.2.3 试样累计解吸率随温度的变化

如图 7-6(b)所示，累计解吸率随温度的上升有规律地增长，1#、2#煤样 30℃的解吸率分别是 14.13%和 7.71%；50℃分别是 31.45%和 18.76%；70℃分别是 52.44%和 34.03%；90℃分别是 68.96%和 57.81%；而在 110℃，由于液-气相转变，解吸率分别达到 99.25%和 99.21%。可以看出，升温可以大幅度提高注水之后煤体瓦斯的解吸能力，1#、2#煤样在 90℃的解吸率分别是 30℃时的 4.88 倍和 7.50 倍。

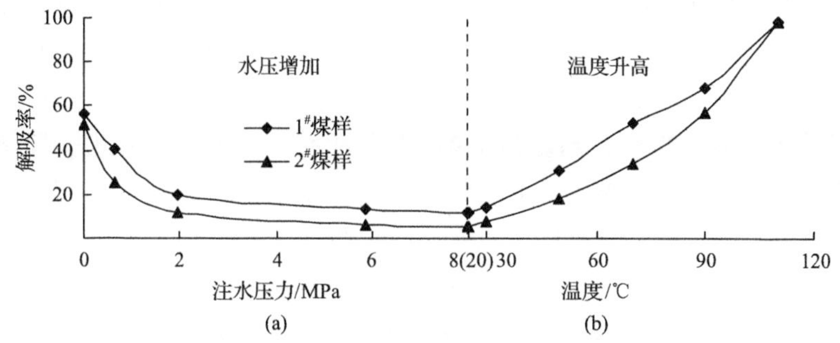

图 7-6 解吸率在常温 20℃下随注水压力的变化关系(a)及 8.0MPa 注水压力下随温度的变化关系(b)

结合 20℃时煤样在不同注水压力及 8MPa 注水压力下不同温度的解吸特征(图 7-6)，实际赋存的煤层由于外部压力的作用，解吸率极低，采用向煤层注过热水的方式加热煤层，能够加快煤层瓦斯的解吸速率。但此时由于水压的作用，煤中瓦斯解吸被水抑制，而采用升温的方法可以有效提高瓦斯及水的活性，使瓦斯解吸能力大大提升。由图可知，1#、2#煤样在 20℃自然状态时的解吸率分别是 56.17%和 51.50%，而此温度下 8MPa 压力注水并保持 24h 后解吸率分别只有 12.13%和 5.91%，仅为自然状态时的 0.22 和 0.11；而升温至 90℃后，解吸率显著提高，分别是自然解吸时的 1.23 和 1.12 倍。

7.3 水作用下甲烷高温解吸特性

7.3.1 温度对煤体解吸性的影响及规律

结合无外部应力状态下含瓦斯煤样的解吸特性实验，常温时的自然解吸率随煤种的不同略有差异。该实验用煤种在同等吸附平衡压力下的解吸率分别是：1#煤样 53.64%、2#煤样 47.10%，同等条件下 1#煤样的解吸能力高于 2#煤样。而当温度升至110℃时，煤中的残余瓦斯可以全部解吸出来，解吸率几乎达到100%。温度对煤自然解吸规律的影响，一方面体现在增加煤体的渗透性，使一部分残留瓦斯随着温度的上升逐渐由吸附态转变为游离态而解吸出来；另一方面体现在解吸完成的时间上。相关的实验数据表明，在110℃时，煤样残留的瓦斯在6h内就可以完全解吸，因此，升温可以大幅提高无外部应力煤体的自然解吸率(Zhao et al.，2011，2018；赵东，2013)。

实验煤样的注水压力是恒定的，均是8.0MPa，注水持续时间均是24h，因此，只针对两种煤样受水和温度影响的差异进行分析(赵东等，2011a，2011b)。由30℃煤样经水作用后24h的解吸率可知，1#煤样的解吸率是14.13%，2#煤样是9.81%；与自然状态同吸附压力时的解吸率相比，1#煤样的解吸率是自然状态解吸时的26.34%，2#煤样是20.56%。说明在同等条件下，2#煤样的解吸受水的影响程度要高于1#煤样。然而随着温度的上升，至100℃时，1#煤样的累计解吸率是68.96%，2#煤样是57.81%；与30℃的解吸率相比，分别是后者的4.88倍和5.89倍。这又说明在同等条件下，2#煤样受温度的影响程度要大于1#煤样。因此，可以得出，2#煤样受水和温度的影响均高于1#煤样，而且两煤样在受水作用24h后，在90℃时的累计解吸率均高于自然解吸时的解吸率。说明采用过热水加热煤层开采煤层气的工艺是可行的，此方法不仅可以使用水加热煤层，增强煤层的解吸能力，过热水还可以循环利用。因此，该实验为注过热水加热煤层开采煤层气的工艺提供了有力的实验数据支撑。

8MPa压力注水后的升温解吸过程中，解吸率随温度的升高逐渐增大，且变化速率逐渐提高，并在90℃时产生突变，最终解吸率接近100%。考虑温度可以增加分子活性及降低吸附能力的可能性，构造温度对煤样注水后的解吸率影响的关系式(7-3-1)进行回归分析：

$$\eta = cT^m \tag{7-3-1}$$

式中，c、m分别与流体活性及表面吸附势有关。结果得出，对于1#煤样，c=0.1146，m=1.4337，R^2=0.9971；对于2#煤样，c=0.0136，m=1.8644，R^2=0.9940。拟合结果如图7-7所示，由此可得，c值越大，水在煤样中的活性越大，解吸受水的影响越小；m值越大，煤样中的吸附气体受温度的影响越大。可以得出2#煤样受温度的影响程度大于1#煤样；受水作用的影响程度也高于1#煤样。

通过一定温度不同注水压力下的恒温解吸实验和一定注水压力不同温度下的升温解吸实验，采用90℃或以上的热水注入煤层开采煤层气在理论上是可行的。此观点提出后，面临的一项难题即是实验装置的研制与运用，该装置可以模拟实际煤层中水和气体的共存及流动状态。研究的关键点在于：①采用加热注水煤样的方式来代替注入煤层中的过热水；②采用甲烷来代替实际的煤层气；③由原煤直接加工成的圆柱形块状煤样来代替实际煤层；④保持水浸润试样的时间是24h，来模拟注入煤层的过热水对煤层作用的时间效应。

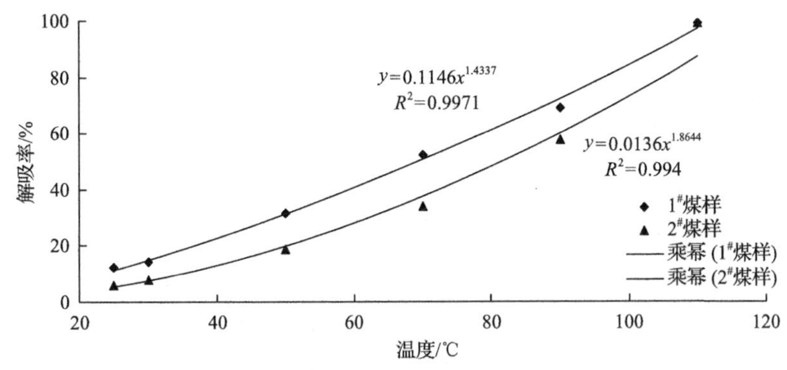

图 7-7 8MPa压力注水后累计解吸率随温度变化的函数关系

目前看来，注水对瓦斯解吸的初步研究以及注水后升温过程中的解吸规律研究都是在实验室较理想的条件下完成的，并且水压和温度对解吸的影响通过实验都可以确定出来。虽然该实验没有考虑水浸润煤样的时间对解吸的影响和不同水压下的升温解吸研究，但采用该装置都是可以实现的。为了确定水和温度双重作用对煤体瓦斯解吸的影响，可以考虑进行更多的实验来说明这一问题。

实验结果表明注水后含瓦斯煤样的解吸能力会随着温度的上升而逐渐增强，一旦达到或超过水的沸点后，解吸会发生突变，而且90℃时的解吸率仍然高于未注水自然解吸时的解吸率。

实验对于注过热水加热煤层开采煤层气所涉及的煤样与水的存在状态模拟较好，并且装置的成功研制并使用可以有效地模拟煤层注过热水开采煤层气的室内实验研究，因此，注过热水加热煤层开采煤层气的工艺是高效和可行的。

7.3.2 多种煤层气开采方案的效率对比

为了评估强化煤层气解吸和开采的能力，对水力压裂和 CO_2 置换煤层气(CO_2-ECBM)的强化开采数据进行了比较。天然承压煤层气的自然解吸率只有不到1%，本书中在没有水的条件下，碎裂煤体的煤层气解吸率为51%～56%，对于6MPa 水压作用下并保持24h 的块裂煤体(模拟水力压裂)，解吸率大约是10%。因此，水力压裂法的煤层气解吸效果是天然煤层的10倍，与普通钻孔抽采煤层气相比，深孔的抽采效率是普通钻孔的1.4倍，水射流技术的抽采效率是深孔抽采的2～3倍。水力压裂技术是可行的，但由于高压水的作用，大部分吸附煤层气不能被解吸并残留在煤中，影响了煤层气的开采效率。本书进行了水作用下的高温煤体解吸实验，煤体吸附平衡后恒定水压8MPa 并保持24h，当加热至90℃时，效率是水射流技术的1.5倍，是常规压裂开采的1.5～10倍；同时 CO_2-ECBM 的研究结果表明，注入 CO_2 后的解吸率提高了 1.5 倍。表 7-3 列出了多种煤层气开采方案的效率对比。

表 7-3 多种煤层气开采方案的效率对比

应力状态	自然解吸	普通钻孔	普通水射流	热力压裂	CO_2-ECBM
有外部应力	≤1%	10%	30%～40%	60%～70%	—
无外部应力	51%～56%	—	6.4%～40%	99%	88%～89%

如表 7-3 所示，水射流的抽采效率是普通钻孔的 3～4 倍，类似于本书中的 6MPa 高压注水后解吸，热力压裂的抽采效率是普通钻孔的 6～7 倍，同时，这也是简便易行的煤层气开采方案。然而，块裂煤体受不同压力的高压水作用后，解吸效率只有 20%～70%，但是温度升高至 110℃时解吸效率达 100%，同时是自由状态的煤体解吸率的 1.77～1.94 倍。CO_2-ECBM 的置换效率是 88%～89%，总之，热力压裂技术的抽采效率高于 CO_2-ECBM。

7.4 含水煤体定容吸附实验

7.4.1 实验样品、装置及实验过程

实验用煤样取自潞安矿区屯留煤矿 3#煤层和阳泉矿区开元煤矿 9#煤层，分别标记为 1#和 2#煤样。

实验装置主要由瓦斯吸附装置、高压注水设备、瓦斯注气装置、恒温水槽和真空泵组成，系统原理如图 7-8 所示。吸附装置的容积与煤样体积基本一致，高压注水设备的最高注水压力可以达到 16MPa；瓦斯注气罐的容积是 3.8L；精度是 ±0.1℃的恒温水槽可以控制装置的温度，并且保持恒温；真空泵用于测定放入煤

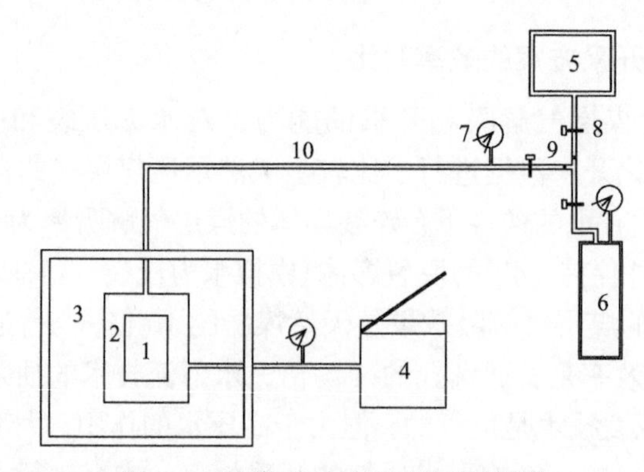

图 7-8 吸附-注水实验系统原理图

1. 实验煤样；2. 瓦斯吸附装置；3. 恒温水槽；4. 高压注水设备；5. 真空泵；6. 瓦斯注气装置；7. 精密数字压力表；8. 阀门；9. 四通装置；10. 管线

样后吸附装置的自由体积。基于煤储层的温度，全部实验过程的温度均控制在 20℃。压力的读取采用 ACD-25 型精密数字压力表，精度为 0.001MPa；煤样质量的测定采用 TD-2100 型数字天平，精度为 0.1g，满足实验要求。

实验过程分如下几个阶段进行。①将加工好的煤试样放置于恒温鼓风干燥箱中，以 106℃恒温持续烘干 12h 制成干燥煤样，采用高压氦气法对装置的气密性检验完毕后，将煤样放置于吸附装置中，接通瓦斯注气装置注气，之后关闭注气装置开始定容吸附，吸附时间持续 24h，直至吸附达到平衡，记录全部吸附过程的压力变化。②将吸附后的干燥煤样解吸至没有残余瓦斯为止，接通注水泵以 8MPa 压力向煤样注水，待水分充分浸润整个煤样后，持续 24h，以达到煤样的饱和含水，然后按照①所述的过程开始吸附，时间、平衡判定依据与①相同。③饱和含水吸附完成后取出煤样，蒸发掉一部分水分，重新放置于吸附装置中开始吸附，吸附完成后重复蒸发-吸附的循环过程，直至获得四种不同含水率下的非饱和含水吸附数据，此时吸附实验全部完成，1#与 2#煤样的实验过程相同。

7.4.2 吸附速率和吸附能力分析

1. 实验结果

注入吸附装置的瓦斯体积是根据瓦斯贮气装置的压降 ΔP 来计算，与吸附装置中的游离瓦斯体积之差就是煤样的吸附瓦斯体积，单位为 L。贮气装置的注气初始压力与终止压力之差即为压降，单位为 MPa；贮气装置的容积是 3.8L；恒温水浴使得实验系统恒定维持 20℃。由理想气体状态方程得

$$Q_1 = \frac{p_1 V_1 T_0}{p_{\mathrm{m}} T_1} \tag{7-4-1}$$

$$Q_2 = \frac{p_2 V_2 T_0}{p_{\mathrm{m}} T_1} \tag{7-4-2}$$

$$Q_0 = Q_1 - Q_2 \tag{7-4-3}$$

式中，Q_0、Q_1、Q_2 分别为吸附瓦斯体积、注入吸附装置的瓦斯体积和吸附装置中的游离瓦斯体积，L；p_1 为瓦斯贮气装置的压降，MPa；p_2 为吸附终止时吸附装置内的气体压力，MPa；V_1 为贮气装置的容积，L；V_2 为吸附装置的自由体积，L；T_0 为标准状况下的温度，K；T_1 为室温，K。计算结果如表 7-4 所示。

2. 煤样吸附速率分析

图 7-9(a)是 1#煤样在不同含水率下的定容吸附压力随时间的变化曲线，图 7-9(b)是 2#煤样在不同含水率下的定容吸附压力随时间的变化曲线。由图中曲线

表 7-4　不同含水率下的恒温吸附实验结果

煤样编号	含水率 M/%	p_1/MPa	p_2/MPa	Q_0/L	Q_1/L	Q_2/L
1#	0	0.100	0.086	3.600	0.155	3.445
	1.06	0.100	0.103	3.600	0.177	3.423
	1.80	0.100	0.223	3.600	0.401	3.199
	2.02	0.100	0.337	3.600	0.620	2.980
	2.71	0.100	0.629	3.600	1.190	2.410
	3.01	0.100	1.842	3.600	2.871	0.729
2#	0	0.078	0.185	2.688	0.309	2.379
	0.34	0.076	0.297	2.646	0.497	2.149
	0.88	0.064	0.480	2.206	0.711	1.495
	1.11	0.058	0.657	2.006	0.974	1.032
	1.70	0.057	1.000	1.969	1.480	0.489
	2.00	0.052	1.274	1.851	1.776	0.075

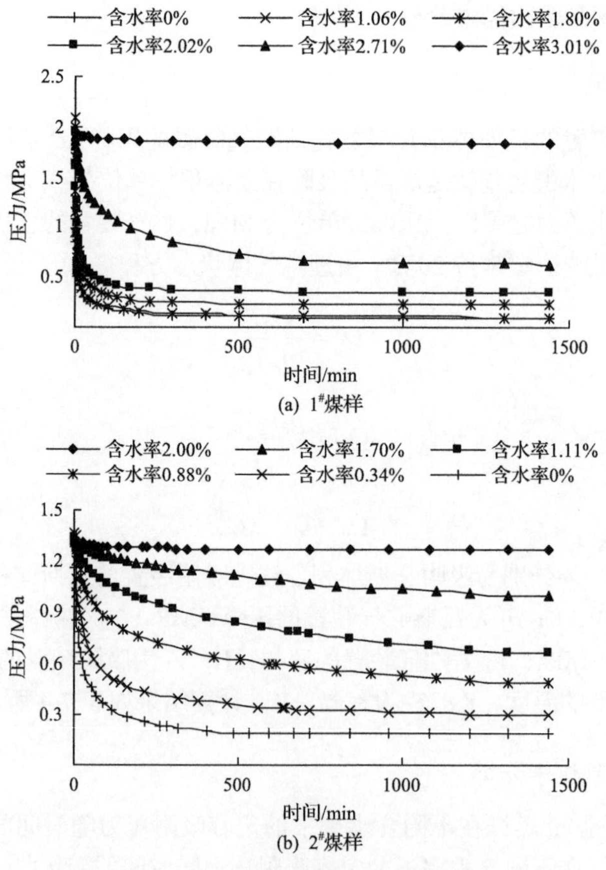

(a) 1#煤样

(b) 2#煤样

图 7-9　煤样在不同含水率下的吸附压力变化

可以看出，1#煤样的饱和含水率是3.01%，2#煤样的饱和含水率是2.00%；1#煤样的初始吸附压力都是2.0MPa左右，2#煤样的初始吸附压力都是1.4MPa左右；两种煤样的最大压降曲线所对应的含水率均是0%。在整个实验阶段，1#煤样的平衡吸附压力点随含水率的变化，分布不均，饱和含水率3.01%和次饱和含水率2.71%压降相差最大；而在其后的五种不同含水率，压降相差较小。尤其对于含水率0%和含水率1.06%两条曲线，几乎是重合的，在含水率0%～2.02%的范围内，压降相差是最小的。压降最大所对应的干燥煤样的吸附速率是压降最小所对应的饱和含水煤样的16倍，除了含水率2.71%外，其余五个阶段的含水率均能在较短时间内达到吸附平衡，只有此含水率达到吸附平衡所需的时间较长。2#煤样的平衡吸附压力点随含水率的变化，分布比较均匀，压降最大所对应的干燥煤样的吸附速率是压降最小所对应的饱和含水煤样的22倍；压降相差最小的两条曲线分别是含水率0%和0.34%；相差最大的分别是含水率1.11%和1.70%；并且在含水率最小的两条曲线和含水率最大的曲线中，能很快达到吸附平衡；而在其余三条曲线中，达到平衡所需的时间均较长。

如图7-9(a)所示，只在含水率2.71%出现了较长时间的吸附，直至700min左右达到平衡；而在其余五个阶段，均在200min左右就达到了平衡。这说明此煤种具有较为发育的孔隙和裂隙，使得气体渗流进入煤样的通道较多，水对其吸附影响较小，达到平衡的时间较短。在饱和含水率3.01%时，气体几乎不能渗流进入煤样中被吸附，吸附速率曲线近乎水平，并使得吸附过程在短时间内结束；随着含水率的进一步降低，液态水对气体吸附性的影响越来越小，当含水率小于2.02%之后，液态水对气体吸附性的影响非常小，此时气体均可以越过水封堵的通道而进入到煤样中被吸附。

如图7-9(b)所示，含水率1.11%和0.88%均出现了较为明显的全过程较长时间吸附、达到平衡时间较长的现象。这说明对于这两种含水率而言，二者之间的含水率在整个吸附过程中一直处于缓慢吸附瓦斯的状态。可能是由于中等含量的液态水不能完全封堵气体流入煤样的通道，随着时间的推移，气体可以不断进入煤样中形成吸附态。而对于饱和含水率2.00%、干燥和微湿状态的含水率0%和0.34%而言，分别是：气体在全过程始终不能逾越渗流通道而进入煤样被吸附，没有液态水对气体渗流的阻碍作用，液态水对气体的阻碍不明显，使得这三种情形下的吸附都可能在很短的时间内达到饱和，如图7-9所示是400min左右。

由此可见，液态水对于阻挡气体渗流通道，使得气体不能渗入煤样被吸附具有很大的影响；并且随着含水率的增加，这一影响越来越明显，直至饱和含水使得气体几乎不能渗入到煤样中。不同煤种在不同含水率下对瓦斯的吸附速率是有差别的，除了两种极端条件下的吸附差异，主要表现在中间未饱和含水煤样的吸附过程中。

3. 等初始吸附压力下的吸附量分析

图 7-10(a)是 1#煤样在相同初始压力、不同含水率下对瓦斯的吸附量随时间的变化曲线，图 7-10(b)是 2#煤样在相同初始压力、不同含水率下对瓦斯的吸附量随时间的变化曲线。虽然各个阶段的吸附终止压力不相同，但由于具有相同的初始压力，因此在不同的含水率下，其吸附量仍具有可比性，可以说明两种煤样随着含水率的增加，对瓦斯的吸附能力下降，吸附量逐渐降低，干燥时的吸附量最大，而饱和含水时的吸附量最小。对于 1#煤样，干燥时的吸附量仅是饱和含水时的 5 倍；对于 2#煤样，干燥时的吸附量是饱和含水时的约 32 倍。说明饱和含水对 1#煤样吸附特性的影响远小于 2#煤样，1#煤样虽处于饱和含水状态下，但气体仍可以透过有水分布的裂隙而进入内部的煤样中被吸附，因此水对其吸附性的影响较小；相比 1#煤样，2#煤样在饱和含水状态下几乎变为不吸附瓦斯的状态，由此预测只在其表面少数大裂隙分布的区域存在吸附态的瓦斯。

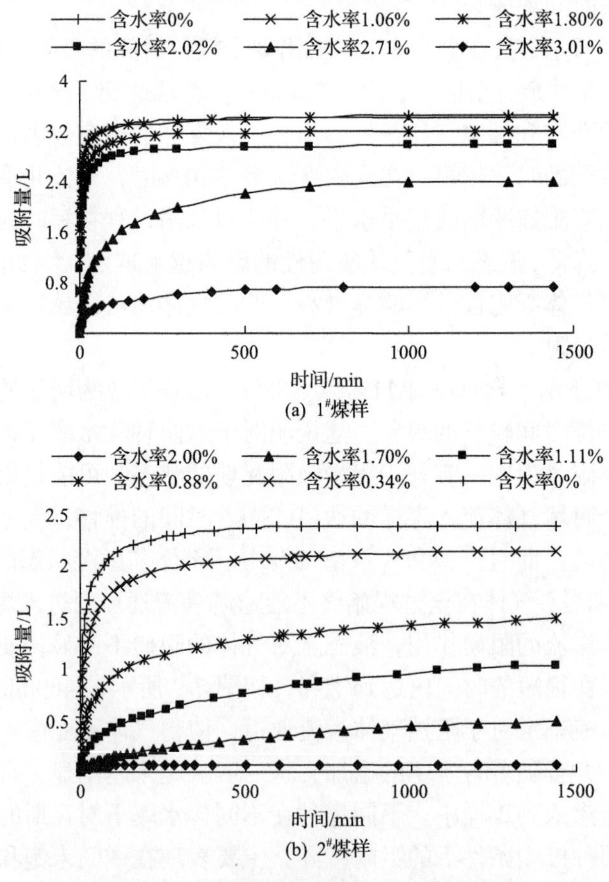

图 7-10　煤样等初始压力下的吸附量变化

1#煤样在含水率 2.02%以内的四个阶段，吸附量均比较接近，且都是在较短时间内达到吸附平衡，说明此范围内的含水率，液态水对煤样的吸附性影响较小；影响最大的阶段是饱和含水率 3.01%和次饱和含水率 2.71%的范围内，虽然两个阶段含水率相差较小，但吸附量前者是后者的近 1/3，说明这两个阶段内的含水率，液态水对煤样吸附性的影响有一个质的转变过程，转变之前液态水可以较大程度地阻碍瓦斯渗流进入煤样内部，而之后液态水对瓦斯的渗流阻碍作用逐渐降低。2#煤样在含水率最低的两个阶段 0%和 0.34%吸附能力最为接近，而在其后的各个阶段呈现平均分布的趋势。由此可得，对于 2#煤样在同等初始压力下的定容吸附，吸附量随着含水率的变化呈现一定规律性。

7.4.3 预先水作用的煤体吸附性讨论

1. 等初始压力下的定容吸附终态吸附量与液态水含水率之间的关系讨论

所有阶段的吸附均处于相同的初始压力条件下，因此，初始的吸附势阱相同，随着含水率的增加，吸附量逐渐降低，二者具有相关性。

图 7-11 是 1#、2#煤样在相同初始压力条件下的定容吸附，煤样的含水率与此含水率下的吸附量之间的关系。由图可以看出，1#煤样的吸附量随着含水率的变化先缓慢衰减，在含水率 2.02%后衰减速率增加，而在含水率 2.70%后急剧衰减，直至饱和含水率 3.01%时达到最低，整个过程表现出非常明显的非线性衰减；而 2#煤样的吸附量随含水率的变化呈线性衰减。针对 2#煤样衰减的线性规律，可以进行拟合，拟合结果如图 7-11 所示。拟合函数关系式是

$$Q_0 = -1.1802M + 2.456 \tag{7-4-4}$$

式中，拟合相关系数 R^2=0.9914，达到了 99%以上的精度。由此验证了 2#煤样在相同初始压力条件下的定容吸附中，吸附量随着含水率的增加呈现线性衰减的趋势。

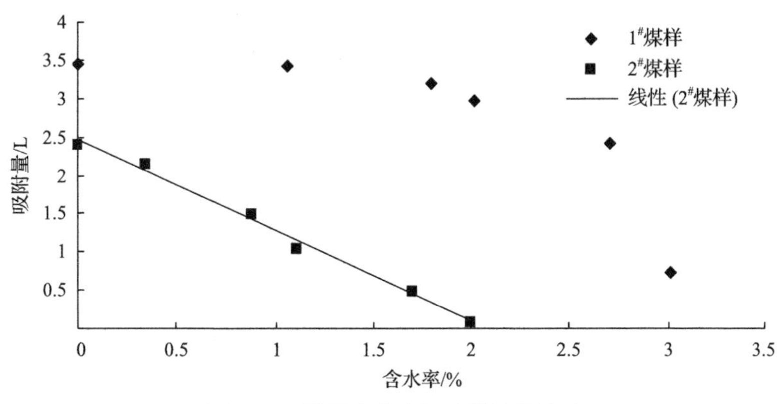

图 7-11 煤样含水率与吸附量的关系

2. 预先含水对块状煤样和粒度煤吸附性的差异

液态水对块状煤样吸附性的影响主要表现在封堵煤样表面的可见裂隙通道，使得气体在水的封闭作用下不能渗流进入煤样内部，从而不能为煤样所吸附；而液态水对粒煤的吸附性影响主要表现在颗粒煤表面的润湿作用使得煤在预先吸附水的情况下吸附瓦斯的能力降低，可以理解是气液共存情形下的耦合作用对含水粒煤吸附瓦斯能力的降低作用(张晓梅和宋维源，2006；张占存和马丕梁，2008；肖知国和王兆丰，2009；王兆丰等，2010；肖知国等，2010)。

针对不同煤种的粒煤，含水率对吸附性的影响有以下校正公式：

$$\eta = \frac{1}{1+(0.147\mathrm{e}^{0.022V_{\mathrm{daf}}})M} \tag{7-4-5}$$

$$Q_M = Q \cdot \eta \tag{7-4-6}$$

式中，η 为含水率为 M 时，水对吸附量的影响系数；Q_M 为此含水率下的吸附量；Q 为干燥煤样的吸附量；V_{daf} 为煤的干燥无灰基，针对不同煤种有所不同，对于该实验用的两煤种，介于 15%到 30%。由式(7-4-5)所算得的校正系数介于 0.62 和 1.00 之间，即处于最大含水率的粒煤，吸附量只有干燥时煤样吸附量的 62%。

对于特定煤种，例如该实验所用的 2#煤样——开元无烟煤，煤样在饱和含水的情形下对瓦斯的吸附能力几乎为零，如果对此煤种粒煤进行研究，则不会出现此种情形，因为同样质量的粒煤比大块煤样的表面积要大得多，足够大的表面积使得润湿后的煤对瓦斯的吸附能力受水的影响非常有限。而针对所用的 1#煤样——屯留贫煤，除了饱和含水之外，其余的阶段与粒煤的研究结果基本近似，说明此种煤的煤样具有非常发育连通的裂隙孔隙通道，一旦表面的某条裂隙被打通，就可以使大量的瓦斯通过此通道进入煤样中而被其吸附。因此，该实验得出的 1#煤样饱和含水率时的吸附量是干燥时吸附量的 1/5，2#煤样是 1/32，结论是科学的，可以被采用。由于实验条件所限，如果可以结合细观尺度对煤样裂隙孔隙特征进行详细研究，则能够更充分地说明液态水对煤样吸附瓦斯能力的影响随煤种的不同而不同。

7.4.4 煤体预先含水吸附的微观机制研究

1. 吸附中的气液二相流理论

煤对水分子的吸收从微观上看是由于水分子与煤表面相互吸引的结果(聂百胜等，2004)，并且对水分子的吸附是多层吸附，是由多层水分子共同叠加而附着于煤表面上的；而煤对瓦斯的吸附也是物理吸附，是煤孔隙表面的分子与瓦斯气体分子间相互吸引的结果。由于煤中含有大量的孔隙，且90%以上是微孔隙，吸附态瓦斯占煤中瓦斯总量的90%以上，因此，微孔对瓦斯的吸附性能有着极其重要的影响，而且绝大多数的孔隙都是连通的。由于煤对水和瓦斯的吸附都是物理吸附，就存在吸附水饱和之后的煤就不再吸附瓦斯的现象，而吸附瓦斯饱和的煤在同样的孔隙压力下也不会再吸附水。但实际情况中的多数吸附都属于不饱和吸附，例如本书所研究的未饱和含水状态下的吸附瓦斯现象，以及吸附瓦斯饱和后的高压注水现象，这些都是需要进行讨论并研究的。气液二相流理论就是存在一定孔径的孔隙，它只允许水分子或者气体分子通过，当有其中一种分子存在并占据通道时，另一种分子就不会再通过了。实验过程中发现，有相当数量的孔隙属于这一类孔隙，如果是位于煤体表面的这类孔隙，那么当它吸附完水后，就使得与其相连的所有通道对瓦斯均是隔绝的，这样就使得不吸附瓦斯或者只吸附少量的瓦斯(傅贵等，1998；降文萍等，2007；聂自胜等，2007；冯增朝，2008；冯增朝等，2009；郭红玉等，2010)。

2. 实验依据和微观机制

实验用块状煤样所测得的饱和含水率是分别是3.01%和2.00%，由经验方法(研磨法、压汞法和氮吸附法等)测得的煤的孔隙率远远大于这一数值；而由相关的吸附理论可知，一旦煤被破碎成粒状，其中所有孔隙都是可以被水分子充填的(赵东等，2014)。因此可以断定，对煤样的注水仅停留在试样表面，而一旦表面的所有孔隙通道全部充满水分子后，瓦斯分子就不会再进入了，因此实验方法是符合理论依据的。实验用大块煤样不仅含有大量孔隙，还存在大量的裂隙，所以对于用饱和含水后的蒸发而获得的不同含水率下的试样是符合要求的，水分的蒸发先是由裂隙开始的，而后扩展到大孔、中孔直至微孔，实验所得的结果符合理论依据；随着水分的蒸发，吸附能力逐渐提高，直至干燥状态时，吸附达到最大值。实验过程中发现1#试样的含水率蒸发到2.02%时，水分在短时间内变得难以继续自然蒸发，需要外加热量给予加速蒸发；而2#试样达到这一状态时的含水率是1%。

从理论上说明了气液二相流的孔隙的存在性，实验中得到了孔隙中水分的蒸发与孔隙的连通原理，即水分的蒸发路径是：大裂隙→小裂隙→大孔→中孔→小孔→微孔，由左至右储存的水分也是逐渐减少的，大裂隙存有的水分最多，而微孔存有的水分最少。由实验结果得知，1#煤样一旦处于不饱和含水状态时，吸附性就会有极大的提高；而2#煤样在含水率1%以内吸附能力较强，吸附完成较快，但在含水率1%以上时，吸附能力较弱，吸附完成较慢，一直处于微量的吸附状态中。由此推断1#煤样的孔隙发育状态远高于2#煤样，1%是2#煤样微孔蒸发水分的临界含水率，以上没有微孔蒸发，而以下全部是微孔蒸发，并且微孔的连通孔隙较其他孔隙裂隙要多。所以微孔隙一旦开始蒸发，吸附能力就有了质的飞越，此时吸附能力的提高速率远高于其他孔隙蒸发时的速率。微观解释是：一旦微孔隙端部打开，大量的瓦斯气体通过打开的微孔在已有的压力下尽可能多地渗入与其连通的所有孔隙中，此时的吸附与孔隙压力有密切关系，压力越大，气体分子渗入的孔隙越多，范围越广，吸附量也越大。吸附微观机制的研究可以扩展到宏观研究中，由于宏观吸附中吸附量是与含水率、孔隙压力和煤种相关的，不同的煤种孔隙构成与孔隙分布都是不相同的，因此，这些因素都是可以在微观下加以解释的，由微观研究扩展到宏观研究，结果更合理，更具有普遍性、真实性。

参 考 文 献

冯增朝. 2008. 低渗透煤层瓦斯强化抽采理论及应用. 北京：科学出版社: 1-10.

冯增朝, 赵东, 赵阳升. 2009. 块煤含水率对其吸附性影响的实验研究. 岩石力学与工程学报, 28(S2): 3291-3295.

傅贵, 陈学习, 雷治平. 1998. 煤样吸湿速度实验研究. 煤炭学报, 23(6): 630-633.

郭红玉, 苏现波. 2010. 煤层注水抑制瓦斯涌出机制研究. 煤炭学报, 35(6): 928-931.

降文萍, 崔永君, 钟玲文, 等. 2007. 煤中水分对煤吸附甲烷影响机制的理论研究. 天然气地球科学, 18(4): 576-583.

聂百胜, 何学秋, 王恩元, 等. 2004. 煤吸附水的微观机制. 中国矿业大学学报, 33(4): 379-383.

聂百胜, 何学秋, 冯志华, 等. 2007. 磁化水在煤层注水中的应用. 辽宁工程技术大学学报(自然科学版), 26(1): 1-3.

王兆丰, 李晓华, 戚灵灵, 等. 2010. 水分对阳泉 3 号煤层瓦斯解吸速度影响的实验研究. 煤矿安全, 2010, 41(7): 1-3.

肖知国, 王兆丰. 2009. 煤层注水防治煤与瓦斯突出机制的研究现状与进展. 中国安全科学学报, 19(10): 150-159.

肖知国, 王兆丰, 陈立伟, 等. 2010. 煤层高压注水防治煤与瓦斯突出效果考察及机制分析. 河南理工大学学报(自然科学版), 29(3): 287-293.

张晓梅, 宋维源. 2006. 煤岩双重介质注水驱气渗流的理论研究. 煤炭学报, 31(2): 186-190.

张占存, 马丕梁. 2008. 水分对不同煤种瓦斯吸附特性影响的实验研究. 煤炭学报, 33(2): 144-147.

赵东. 2013. 水-热耦合作用下煤层气吸附解吸机制研究. 北京：煤炭工业出版社: 71-99.

赵东, 冯增朝, 赵阳升. 2011a. 高压注水对煤体瓦斯解吸特性影响的试验研究. 岩石力学与工程学报, 30(3): 546-555.

赵东, 赵阳升, 冯增朝. 2011b. 结合孔隙结构分析注水对煤体瓦斯解吸的影响. 岩石力学与工程学报, 30(4): 686-692.

赵东, 冯增朝, 赵阳升. 2014. 基于吸附动力学理论分析水分对煤体吸附特性的影响. 煤炭学报, 39(3): 518-523.

Zhao D, Feng Z, Zhao Y. 2011. Laboratory experiment on coalbed-methane desorption influenced by water injection and temperature. Journal of Canadian Petroleum Technology, 50(7-8): 24-33.

Zhao D, Gao T, Ma Y L, et al. 2018. Methane desorption characteristics of coal at different water injection pressures based on pore size distribution law. Energies, 11(9): 2345.

第八章　煤层气气液两相流动界面模型及渗流

在实际煤储层中，煤层气藏形成需要有一个稳定的水动力条件，因而有大量的煤层水与煤层气共存；煤层气开采时一般会进行水力压裂，以沟通煤层中的天然裂缝，增加气的产量；吸附的煤层气从煤基质块表面和块内微孔隙表面解吸出来时，通过扩散进入割理裂缝，形成流线运动，裂隙网络中流体也为气液两相渗流。当气体和液体相接触时，会形成自由能界面，因此，本章介绍煤体中气液两相驱替流动界面模型，用欧拉观点和拉格朗日观点分析界面位置函数与界面流动规律，对气体相引入拟压力函数分情况进行了讨论与模型推导，通过已经获得的实验数据对模型进行验证分析。

8.1　气液两相流动界面理论

对于煤体中气驱水的过程，我们可以认为是两种不混溶的流体同时流动，液体与气体相接触，在它们之间存在一种自由能界面，引起这种自由界面能是水相与气相内部的分子和接触面的分子之间向内的引力差，由于分子的力场不平衡使得表面层分子储存了多余的自由能，如果具有自由能的表面可以收缩变形，那么自由界面能就以界面张力的形式变现出来，这样两相流体间就存在界面张力。

在渗流过程中，流体充满了整个渗流区域，且在孔隙裂隙中有明显的界面将两相分开，每种流体所占的比例是随空间和时间变化的。随着含水饱和度 S_w 逐渐减小，水渗流通道受到气相破坏，当水相流体处于束缚水饱和度时则变为不连续相且不再流动(杨栋，2008)。

当气体进入水渗流区域，会在气区前端形成一个气液混合流动区，该驱动包含三个区域，即气区、气液混合区、水区。

在实验中，水区的渗流是稳定的，在两相流体的界面附近会产生很薄的气液混合区过渡，为简化问题，可当成突变界面处理，有理想突变界面的驱替可看成活塞式驱替，研究中将问题转化为活塞式驱替界面问题。

气水界面 $x=\Omega(t)$ 由左向右运动，煤样被运动界面划分为两个部分：左侧为气与束缚水，右侧为单相水，由 Darcy 定律可知，截面的流量 Q 与渗透率 K、黏度 μ 的比值 (K/μ) 相关，界面位置 $\Omega(t)$ 移动，两侧区域发生变化，因而总阻力也随气水界面位置而变化。流量 Q 是界面位置的函数 $Q=Q(x)$。

欧拉观点研究了确定参考物下的流场中固定空间点的流体物理量，在欧拉观点中流体物理量是时间与空间位置的函数，因此，对于两相界面中的流量 Q 与界面位置的函数关系问题需用欧拉观点来解决。

拉格朗日观点则研究了任意流体质点的物理量随时间变化情况，对于不同的质点，用某时刻 t 的空间位置 (x, y, z) 描述，对于两相界面问题，运动界面始终是由一组固定的流体质点所组成的物质面，该物质面在运动过程中可用方程 $F(x, y, z, t)=0$ 描述，对于一维的直线运动，物质面可以写成

$$F(x,t) = x - \Omega(t) = 0 \tag{8-1-1}$$

$x=\Omega(t)$ 表示 t 时刻流体界面的坐标位置，所以在研究界面运动规律时用拉格朗日方法进行描述。

如图 8-1 所示，在长度为 L、横截面积为 A 的煤样中，孔隙全部被水占据且形成稳定的渗流。$t=0$ 时刻，开始进行气驱水，气水界面位置为 $x=\Omega(t)$，该界面从 $x=0$ 的入口端运动至 $x=L$ 的出口端，在 $x=0$ 位置有稳定供气边界，压力恒定；在 $x=L$ 的出口位置，压力也为恒定大气压。

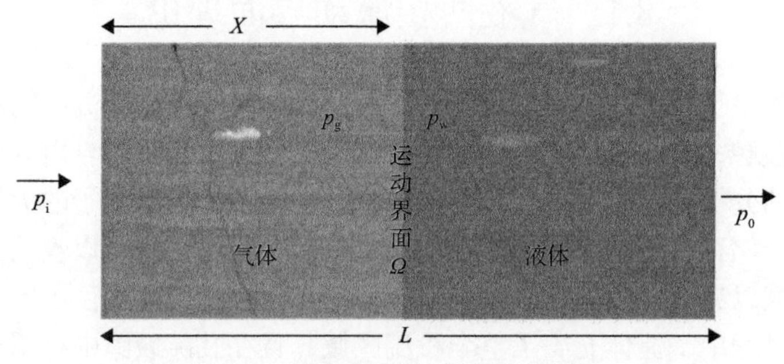

图 8-1　气液两相运动界面示意图

对该问题做如下假设：①忽略重力；②气液混合区当成突变界面处理，有理想突变界面的驱替可看成活塞式驱替。

气驱水问题的渗流方程及边界条件如下：

$$\frac{\partial^2 \tilde{p}_g}{\partial x^2} = 0, \qquad 0 < x \leqslant \Omega(t) \tag{8-1-2}$$

$$\frac{\partial^2 p_w}{\partial x^2} = 0, \qquad \Omega(t) \leqslant x < L \tag{8-1-3}$$

$$p_g = p_i, \qquad x = 0 \tag{8-1-4}$$

$$p_w = p_0, \qquad x = L \tag{8-1-5}$$

在界面 $x=\Omega(t)$ 处，压力与流量为连续，边界条件为

$$p_g = p_w, \qquad x=\Omega(t) \tag{8-1-6}$$

$$\frac{K_g}{\mu_g}\cdot\frac{\partial p_g}{\partial x}=\frac{K_w}{\mu_w}\cdot\frac{\partial p_w}{\partial x}=-\frac{Q(x)}{A}, \qquad x=\Omega(t) \tag{8-1-7}$$

式中，$\tilde{p}_g$ 为气体拟压力函数；p_g 为气体内任一位置流体压力，MPa；p_w 为水区内任一位置流体压力，MPa；p_i 为入口驱替压力，MPa；p_0 为出口大气压，MPa；K_g、K_w 为气相、水相渗透率，mD；μ_g、μ_w 为气相、水相黏度，Pa·s；Q 为界面流量，mL/s。

联立式(8-1-2)～式(8-1-7)，可得到界面流量 $Q(x)$ 的表达式。

拉格朗日观点中，界面可用如下方程表示：

$$F(x,t)=x-\Omega(t)=0 \tag{8-1-8}$$

该界面是由流体质点组成的物质面，因而有

$$\frac{\mathrm{d}F}{\mathrm{d}t}=\frac{\partial F}{\partial t}+v\frac{\partial F}{\partial x}=0 \tag{8-1-9}$$

式中，v 为流体质点速度。将界面方程(8-1-8)代入式(8-1-9)，可得

$$\frac{\partial F}{\partial t}=-\frac{\mathrm{d}\Omega}{\mathrm{d}t}, \quad \frac{\partial F}{\partial x}=1 \tag{8-1-10}$$

代入得

$$\frac{\mathrm{d}\Omega}{\mathrm{d}t}=v \tag{8-1-11}$$

因此

$$v=\frac{\mathrm{d}\Omega}{\mathrm{d}t}=\frac{Q(x)}{A} \tag{8-1-12}$$

对式(8-1-12)积分，即可建立界面运动方程，通过该方程我们可以研究不同时间下气液两相运动界面推进的位置。

在研究气体渗流时，最早 Al-Hussaing 和 Ramey(1966)引入了拟压力函数，通常表示为

$$\tilde{p}=2\int_{p_0}^{p}\frac{p}{\mu_g Z}\mathrm{d}p \tag{8-1-13}$$

式中，Z 为气体压缩因子。

Wattenbarger 和 Ramey(1968)对某种典型的天然气进行研究，绘制了 μ_g 与 p 的关系曲线。研究表明在低压下的气体，如 p<14MPa，$\mu_g Z$ 近似为常数。所以对于低压气体，用压力平方 p^2 表示的气体微分方程近似合理。对于高压气体，p>14MPa，$p/(\mu_g Z)$近似为常数，将拟压力方程还原为压力 p 方程，所以对于高压下气体，可用压力方程近似表示气体微分方程(孔祥言，2010)。

因此，在研究气液两相流动界面的模型构建中，引入拟压力函数的概念，将函数分为如下三种情况。

(1) $\dfrac{p}{\mu_g Z}$ 为常数，$\tilde{p}_g = p_g$。这种情况将气体渗流偏微分方程化为类似液体渗流方程，计算更为简单，可以得到解析解。

(2) $\mu_g Z$ 为常数，$\tilde{p}_g = p_g^2$。该情况利用压力平方 p^2 表示，形式上类似于液体渗流方程，为非线性方程，计算虽然复杂，但可以得到解析解。

(3) $\mu_g Z$ 为压力 p 的一次线性函数，$\tilde{p}_g = 2\int_{p_0}^{p_g} \dfrac{p}{ap+b}\mathrm{d}p$。根据经验数据，$\mu_g Z$ 与压力 p 拟合为一次线性函数的相关度较高，但该情况计算复杂，因此只能得到数值解。

8.2 气液两相流动界面模型

8.2.1 不计压缩性两相驱替界面模型

在求解流动界面问题时，有时为了简化模型，将气体渗流偏微分方程化为类似液体渗流方程，假设拟压力函数中 $\dfrac{p}{\mu_g Z}$ 项为常数，即拟压力函数 $\tilde{p}_g = p_g$，界面两端流体的渗流方程为

$$\frac{\partial^2 p_g}{\partial x^2} = 0, \qquad 0 < x \leqslant \Omega(t) \tag{8-2-1}$$

$$\frac{\partial^2 p_w}{\partial x^2} = 0, \qquad \Omega(t) \leqslant x < L \tag{8-2-2}$$

$$p_g = p_i, \qquad x = 0 \tag{8-2-3}$$

$$p_w = p_0, \qquad x = L \tag{8-2-4}$$

边界条件为

$$p_{\mathrm{g}} = p_{\mathrm{w}}, \qquad x = \Omega(t) \tag{8-2-5}$$

$$\frac{K_{\mathrm{g}}}{\mu_{\mathrm{g}}} \cdot \frac{\partial p_{\mathrm{g}}}{\partial x} = \frac{K_{\mathrm{w}}}{\mu_{\mathrm{w}}} \cdot \frac{\partial p_{\mathrm{w}}}{\partial x} = -\frac{Q(x)}{A}, \qquad x = \Omega(t) \tag{8-2-6}$$

由式(8-2-1)和式(8-2-2)，可假设

$$p_{\mathrm{g}} = Bx + C$$

$$p_{\mathrm{w}} = Dx + E$$

由渗流方程(8-2-3)和(8-2-4)，可得

$$C = p_{\mathrm{i}} \tag{8-2-7}$$

$$DL + E = p_0$$

得到

$$E = p_0 - DL \tag{8-2-8}$$

又由于式(8-2-5)，可得

$$B\Omega + C = D\Omega + E$$

将式(8-2-7)、式(8-2-8)代入上式，可得

$$B\Omega + p_{\mathrm{i}} = D\Omega + p_0 - DL$$

由式(8-2-6)可得

$$\frac{K_{\mathrm{g}}}{\mu_{\mathrm{g}}} B = -\frac{Q(x)}{A}\text{，得到 } B = -\frac{Q(x)}{A}\frac{\mu_{\mathrm{g}}}{K_{\mathrm{g}}}$$

$$\frac{K_{\mathrm{w}}}{\mu_{\mathrm{w}}} D = -\frac{Q(x)}{A}\text{，得到 } D = -\frac{Q(x)}{A}\frac{\mu_{\mathrm{w}}}{K_{\mathrm{w}}}$$

将上两式代入式(8-2-6)，可得

$$-\frac{Q(x)}{A}\frac{\mu_{\mathrm{g}}}{K_{\mathrm{g}}}\Omega + p_{\mathrm{i}} = -\frac{Q(x)}{A}\frac{\mu_{\mathrm{w}}}{K_{\mathrm{w}}}\Omega + p_0 + \frac{Q(x)}{A}\frac{\mu_{\mathrm{w}}}{K_{\mathrm{w}}}L$$

$$p_{\mathrm{i}} - p_0 = \frac{Q(x)}{A}\left(\frac{\mu_{\mathrm{w}}}{K_{\mathrm{w}}}L - \frac{\mu_{\mathrm{w}}}{K_{\mathrm{w}}}\Omega + \frac{\mu_{\mathrm{g}}}{K_{\mathrm{g}}}\Omega\right)$$

得到

$$Q(x)=\frac{A\left(p_{\mathrm{i}}-p_{0}\right)}{\frac{\mu_{\mathrm{w}}}{K_{\mathrm{w}}}L-\frac{\mu_{\mathrm{w}}}{K_{\mathrm{w}}}\Omega+\frac{\mu_{\mathrm{g}}}{K_{\mathrm{g}}}\Omega} \tag{8-2-9}$$

式(8-2-9)为不考虑压缩性的流体驱替模型求得的流量解析解。因此，只要知道驱替两端压力值，驱替与被驱替相的单相渗透率和黏度，由以上关系式就可知道任意界面处的液体流量。

8.2.2 压缩性两相驱替界面模型

但在实际状态中，驱替相气体是可压缩的，如果考虑气体的压缩性，μZ 为常数，该情况利用压力平方 p^2 表示，形式上类似于液体渗流方程，为非线性方程，拟压力函数为 $\tilde{p}_{\mathrm{g}}=p_{\mathrm{g}}^{2}$。

渗流方程为

$$\frac{\partial^{2}p_{\mathrm{g}}^{2}}{\partial x^{2}}=0,\qquad 0<x\leqslant\Omega(t) \tag{8-2-10}$$

$$\frac{\partial^{2}p_{\mathrm{w}}}{\partial x^{2}}=0,\qquad \Omega(t)\leqslant x<L \tag{8-2-11}$$

$$p_{\mathrm{g}}=p_{\mathrm{i}},\qquad x=0 \tag{8-2-12}$$

$$p_{\mathrm{w}}=p_{0},\qquad x=L \tag{8-2-13}$$

边界条件为

$$p_{\mathrm{g}}=p_{\mathrm{w}},\qquad x=\Omega(t) \tag{8-2-14}$$

$$\frac{K_{\mathrm{g}}}{\mu_{\mathrm{g}}}\cdot\frac{\partial p_{\mathrm{g}}}{\partial x}=\frac{K_{\mathrm{w}}}{\mu_{\mathrm{w}}}\cdot\frac{\partial p_{\mathrm{w}}}{\partial x}=-\frac{Q(x)}{A},\qquad x=\Omega(t) \tag{8-2-15}$$

由式(8-2-10)和式(8-2-11)，可假设

$$p_{\mathrm{g}}^{2}=Bx+C$$

$$p_{\mathrm{w}}=Dx+E$$

得到

$$2p_{\mathrm{g}}\frac{\partial p_{\mathrm{g}}}{\partial x}=B,\qquad \frac{\partial p_{\mathrm{g}}}{\partial x}=\frac{B}{2p_{\mathrm{g}}}=\frac{B}{2\sqrt{Bx+C}}$$

由于边界条件，故

$$C = p_{\mathrm{i}}^2 \tag{8-2-16}$$

$$DL + E = p_0$$

得到

$$E = p_0 - DL \tag{8-2-17}$$

又由式(8-2-14)、式(8-2-16)、式(8-2-17)可得

$$B\Omega + C = \left(D\Omega + E\right)^2$$

$$B\Omega + p_{\mathrm{i}}^2 = \left(D\Omega + p_0 - DL\right)^2$$

由式(8-2-15)可得

$$\frac{K_{\mathrm{g}}}{\mu_{\mathrm{g}}} \frac{B}{2\sqrt{B\Omega + p_{\mathrm{i}}^2}} = -\frac{Q(x)}{A}$$

得到

$$B = \frac{2\mu_{\mathrm{g}}^2 Q^2 \Omega \pm 2\sqrt{\mu_{\mathrm{g}}^4 Q^4 \Omega^2 + A^2 K_{\mathrm{g}}^2 \mu_{\mathrm{g}}^2 Q^2 p_{\mathrm{i}}^2}}{A^2 K_{\mathrm{g}}^2}$$

讨论 B 的取值

$$B = \frac{2\mu_{\mathrm{g}}^2 Q^2 \Omega - 2\sqrt{\mu_{\mathrm{g}}^4 Q^4 \Omega^2 + A^2 K_{\mathrm{g}}^2 \mu_{\mathrm{g}}^2 Q^2 p_{\mathrm{i}}^2}}{A^2 K_{\mathrm{g}}^2} \tag{8-2-18}$$

由式(8-2-7)可得

$$\frac{K_{\mathrm{w}}}{\mu_{\mathrm{w}}} D = -\frac{Q(x)}{A}$$

得到

$$D = -\frac{Q(x)}{A} \frac{\mu_{\mathrm{w}}}{K_{\mathrm{w}}} \tag{8-2-19}$$

将式(8-2-18)和式(8-2-19)代入式(8-2-14)中，可得

$$\frac{2\mu_g^2 Q^2 \Omega - 2\sqrt{\mu_g^4 Q^4 \Omega^2 + A^2 K_g^2 \mu_g^2 Q^2 p_i^2}}{A^2 K_g^2}\Omega + p_i^2 = \left(-\frac{Q(x)}{A}\frac{\mu_w}{K_w}\Omega + p_0 + \frac{Q(x)}{A}\frac{\mu_w}{K_w}L\right)^2$$

整理该式为关于流量 Q 的四次方程：

$$\begin{aligned}
&\left(\frac{Q}{A}\right)^4\left\{\left[\frac{\mu_w}{K_w}(L-\Omega)\right]^4 - 4\left[\frac{\mu_w\mu_g}{K_w K_g}(L-\Omega)\Omega\right]^2\right\} \\
&+\left(\frac{Q}{A}\right)^3\left\{4\left[\frac{\mu_w}{K_w}(L-\Omega)\right]^3 p_0 - 8\left[\frac{\mu_w\mu_g^2}{K_w K_g^2}(L-\Omega)\Omega^2\right]p_0\right\} \\
&+\left(\frac{Q}{A}\right)^2\left\{\left[\frac{\mu_w}{K_w}(L-\Omega)\right]^2\left(6p_0^2 - 2p_i^2\right) - 4\left(\frac{\mu_g}{K_g}\Omega\right)^2 p_0^2\right\} \\
&+\left(\frac{Q}{A}\right)\left[4\frac{\mu_w}{K_w}(L-\Omega)\left(p_0^3 - p_0 p_i^2\right)\right] + \left(p_0^2 - p_i^2\right)^2 = 0
\end{aligned} \tag{8-2-20}$$

将方程简化为

$$a\left(\frac{Q}{A}\right)^4 + 4b\left(\frac{Q}{A}\right)^3 + 6c\left(\frac{Q}{A}\right)^2 + 4d\left(\frac{Q}{A}\right) + e = 0 \tag{8-2-21}$$

则式中各系数表达式为

$$\begin{cases}
a = \left[\frac{\mu_w}{K_w}(L-\Omega)\right]^4 - 4\left[\frac{\mu_w\mu_g}{K_w K_g}(L-\Omega)\Omega\right]^2 \\
b = \left[\frac{\mu_w}{K_w}(L-\Omega)\right]^3 p_0 - 2\left[\frac{\mu_w\mu_g^2}{K_w K_g^2}(L-\Omega)\Omega^2\right]p_0 \\
c = \left[\frac{\mu_w}{K_w}(L-\Omega)\right]^2\left(p_0^2 - \frac{1}{3}p_i^2\right) - \frac{2}{3}\left(\frac{\mu_g}{K_g}\Omega\right)^2 p_0^2 \\
d = \left[\frac{\mu_w}{K_w}(L-\Omega)\left(p_0^3 - p_0 p_i^2\right)\right] \\
e = \left(p_0^2 - p_i^2\right)^2
\end{cases} \tag{8-2-22}$$

对标准一元四次方程(8-2-21)进行求解，谢国芳(2013)对求根方法做了详细的推导，方程只需符合标准形式即可进行。对一些系数作如下定义：

$$\begin{cases} H = b^2 - ac \\ I = ae - 4bd + 3c^2 \\ G = a^2 d - 3abc + 2b^3 \\ J = \dfrac{4H^3 - a^2 HI - G^2}{a^3} \\ \varDelta = I^3 - 27J^2 \end{cases} \tag{8-2-23}$$

称 $G \neq 0$，$I^2 + J^2 \neq 0$（即 I、J 不同时为 0）为一般情形，对下面这两种情况进行方程解的讨论。

（1）当 $\varDelta = I^3 - 27J^2 < 0$ 时，方程的四个根为

$$\begin{cases} \left(\dfrac{Q}{A}\right)_{1,2} = \dfrac{-b - \operatorname{sgn}(G)\sqrt{t} \pm \sqrt{|G| / \sqrt{t} - t + 3H}}{a} \\ \left(\dfrac{Q}{A}\right)_{3,4} = \dfrac{-b + \operatorname{sgn}(G)\sqrt{t} \pm \mathrm{i}\sqrt{|G| / \sqrt{t} + t - 3H}}{a} \end{cases} \tag{8-2-24}$$

式中，$\operatorname{sgn}(G)$ 为 G 的符号（sign），$\operatorname{sgn}(G) = \begin{cases} 1, & G > 0 \\ -1, & G < 0 \end{cases}$。

$$t = \frac{a}{2}\left(\sqrt[3]{-J + \sqrt{-\varDelta / 27}} + \sqrt[3]{-J - \sqrt{-\varDelta / 27}}\right) + H \tag{8-2-25}$$

（2）当 $\varDelta = I^3 - 27J^2 \geqslant 0$ 时，方程的四个根为

$$\begin{cases} \left(\dfrac{Q}{A}\right)_1 = \dfrac{-b + s\sqrt{y_1} + \sqrt{y_2} + \sqrt{y_3}}{a} \\ \left(\dfrac{Q}{A}\right)_2 = \dfrac{-b + s\sqrt{y_1} - \sqrt{y_2} - \sqrt{y_3}}{a} \\ \left(\dfrac{Q}{A}\right)_3 = \dfrac{-b - s\sqrt{y_1} + \sqrt{y_2} - \sqrt{y_3}}{a} \\ \left(\dfrac{Q}{A}\right)_4 = \dfrac{-b - s\sqrt{y_1} - \sqrt{y_2} + \sqrt{y_3}}{a} \end{cases} \tag{8-2-26}$$

式中，$y_1 = a\sqrt{\dfrac{|I|}{3}}\cos\dfrac{\theta}{3} + H$；$y_{2,3} = a\sqrt{\dfrac{|I|}{3}}\cos\left(\dfrac{\theta}{3} \pm \dfrac{2\pi}{3}\right) + H$；$s$ 是一个符号因子（sign factor)，等于 1 或−1，视实数 y_1、y_2、y_3 的符号而定：当 y_1、y_2、y_3 全为正数时 $s=-\mathrm{sgn}(G)$ ，否则 $s=\mathrm{sgn}(G)$ 。

$$\theta=\arccos\left(\frac{-J}{\sqrt{|I|^3/27}}\right) \tag{8-2-27}$$

通过以上推导，利用式(8-2-20)～式(8-2-27)便可以求得渗流方程及边界方程中流量 Q 的解析解，再通过实际物理意义对解出的根进行取舍，就可以得到考虑气体压缩性两相驱替模型中界面流量与位置的关系。

从推导过程来看，使用压力平方 p^2 表示的形式上类似于液体的渗流方程，虽理论上更合理且有解析解存在，但求解过程复杂，需要借助计算机进行，在工程上使用不方便。为此，我们通过气体压力与黏度、气体压力与压缩系数的取值关系，对拟压力函数做讨论。

8.2.3 拟压力函数方程驱替界面模型

在研究气体渗流时，引入的拟压力函数标准形式为 $\tilde{p}=2\int_{p_0}^{p}\frac{p}{\mu_g Z}\mathrm{d}p$ ，式中黏度 μ_g 与压缩系数 Z 都是关于压力 p 的函数，即拟压力函数为 $\tilde{p}=2\int_{p_0}^{p}\frac{p}{\mu_g(p)Z(p)}\mathrm{d}p$ ，通过查询物性参数表，对黏度 $\mu_g(p)$ 与压缩系数 $Z(p)$ 乘积与压力 p 进行拟合，如图 8-2 所示。

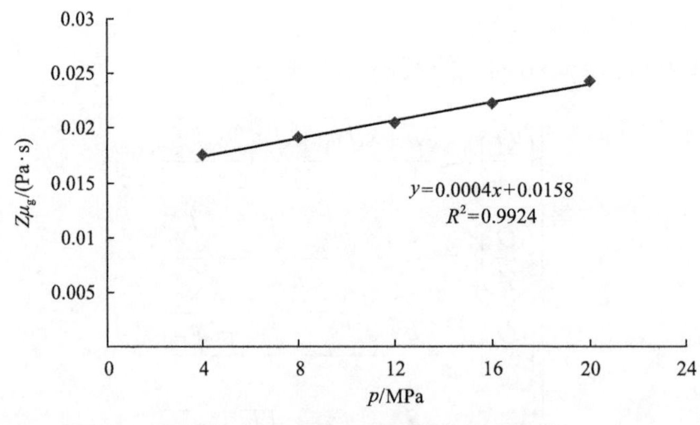

图 8-2　物性参数与压力拟合关系曲线

通过拟合可以看出，黏度 $\mu_g(p)$ 与压缩系数 $Z(p)$ 乘积与压力 p 具有较好的线性函数关系，相关系数 R^2 可以达到 0.9924。因此，对拟压力函数进行形式上的简化，简化后为

$$\tilde{p}_{\mathrm{g}}=2\int_{p_0}^{p_{\mathrm{g}}}\frac{p}{ap+b}\mathrm{d}p \tag{8-2-28}$$

渗流方程为

$$\frac{\partial^2\left(2\int_{p_0}^{p_{\mathrm{g}}}\frac{p}{ap+b}\mathrm{d}p\right)}{\partial x^2}=0,\qquad 0<x\leqslant\Omega(t) \tag{8-2-29}$$

$$\frac{\partial^2 p_{\mathrm{w}}}{\partial x^2}=0,\qquad \Omega(t)\leqslant x<L \tag{8-2-30}$$

$$p_{\mathrm{g}}=p_{\mathrm{i}},\qquad x=0 \tag{8-2-31}$$

$$p_{\mathrm{w}}=p_0,\qquad x=L \tag{8-2-32}$$

边界条件为

$$p_{\mathrm{g}}=p_{\mathrm{w}},\qquad x=\Omega(t) \tag{8-2-33a}$$

$$\frac{K_{\mathrm{g}}}{\mu_{\mathrm{g}}}\cdot\frac{\partial p_{\mathrm{g}}}{\partial x}=\frac{K_{\mathrm{w}}}{\mu_{\mathrm{w}}}\cdot\frac{\partial p_{\mathrm{w}}}{\partial x}=-\frac{Q(x)}{A},\qquad x=\Omega(t) \tag{8-2-33b}$$

由式(8-2-28)和式(8-2-29)，可假设

$$\tilde{p}_{\mathrm{g}}=2\int_{p_0}^{p_{\mathrm{g}}}\frac{p}{ap+b}\mathrm{d}p=\frac{2}{a}\left(p_{\mathrm{g}}-p_0\right)-\frac{b}{a^2}\left(\ln\frac{ap_{\mathrm{g}}+b}{ap_0+b}\right)=Bx+C \tag{8-2-34}$$

$$B=\left(\frac{2}{a}-\frac{b}{a^2p_{\mathrm{g}}+ab}\right)\frac{\partial p_{\mathrm{g}}}{\partial x}$$

$$\frac{\partial p_{\mathrm{g}}}{\partial x}=\frac{B}{\dfrac{2}{a}-\dfrac{b}{a^2p_{\mathrm{g}}+ab}}$$

$$p_{\mathrm{w}}=Dx+E \tag{8-2-35}$$

由式(8-2-30)和式(8-2-31)可得

$$C=\frac{2}{a}\left(p_{\mathrm{i}}-p_0\right)-\frac{b}{a^2}\left(\ln\frac{ap_{\mathrm{i}}+b}{ap_0+b}\right)$$

$$DL + E = p_0$$

$$E = p_0 - DL$$

又由式(8-2-32)可得

$$p_g\big|_{x=\Omega} = p_w\big|_{x=\Omega} = D\Omega + p_0 - DL \tag{8-2-36}$$

将式(8-2-36)代入式(8-2-34)可得

$$\frac{2}{a}(p_w - p_0) - \frac{b}{a^2}\left(\ln\frac{ap_w + b}{ap_0 + b}\right) = B\Omega + \frac{2}{a}(p_i - p_0) - \frac{b}{a^2}\left(\ln\frac{ap_i + b}{ap_0 + b}\right) \tag{8-2-37}$$

未知量 B 与 D 均与 Q 有关

由式(8-2-33)可得

$$\frac{K_g}{\mu_g}\frac{B}{\dfrac{2}{a} - \dfrac{b}{a^2 p_g + ab}}\Bigg|_{x=\Omega} = -\frac{Q(x)}{A} \tag{8-2-38}$$

把式(8-2-36)代入式(8-2-38)可得

$$B = -\frac{Q(x)\mu_g}{AK_g}\left(\frac{2}{a} - \frac{b}{a^2 p_g + ab}\right)\Bigg|_{x=\Omega}$$

$$B = -\frac{Q(x)\mu_g}{AK_g}\left(\frac{2}{a} - \frac{b}{a^2(D\Omega + p_0 - DL) + ab}\right) \tag{8-2-39}$$

由 $\dfrac{K_w}{\mu_w}D = -\dfrac{Q(x)}{A}$ 得到

$$D = -\frac{Q(x)}{A}\frac{\mu_w}{K_w} \tag{8-2-40}$$

把式(8-2-40)代入式(8-2-36)、式(8-2-39)中可得到 B

$$p_g\big|_{x=\Omega} = p_w\big|_{x=\Omega} = D\Omega + p_0 - DL = D(\Omega - L) + p_0 = -\frac{Q(x)}{A}\frac{\mu_w}{K_w}(\Omega - L) + p_0$$

$$B=-\frac{Q(x)\mu_{\mathrm{g}}}{AK_{\mathrm{g}}}\left\{\frac{2}{a}-\frac{b}{a^{2}\left[-\frac{Q(x)}{A}\frac{\mu_{\mathrm{w}}}{K_{\mathrm{w}}}(\Omega-L)+p_{0}\right]+ab}\right\}$$

$$=-\frac{2}{a}\frac{Q(x)\mu_{\mathrm{g}}}{AK_{\mathrm{g}}}+\frac{Q(x)\mu_{\mathrm{g}}}{K_{\mathrm{g}}}\frac{K_{\mathrm{w}}b}{a^{2}\left[-Q(x)\mu_{\mathrm{w}}(\Omega-L)+Ap_{0}K_{\mathrm{w}}\right]+abAK_{\mathrm{w}}}$$

$$=-\frac{2}{a}\frac{Q(x)\mu_{\mathrm{g}}}{AK_{\mathrm{g}}}+\frac{K_{\mathrm{w}}b\mu_{\mathrm{g}}}{\left[-\mu_{\mathrm{w}}(\Omega-L)+\frac{Ap_{0}K_{\mathrm{w}}}{Q(x)}\right]a^{2}K_{\mathrm{g}}+\frac{abAK_{\mathrm{w}}K_{\mathrm{g}}}{Q(x)}}$$

将式(8-2-40)代入式(8-2-37)与式(8-2-39)并消去 B，最终可得只有 Q 的一个方程，再利用数值计算求出

$$-\frac{2}{a}\frac{Q(x)}{A}\frac{\mu_{\mathrm{w}}}{K_{\mathrm{w}}}(\Omega-L)-\frac{b}{a^{2}}\left[\ln\frac{-a\frac{Q(x)}{A}\frac{\mu_{\mathrm{w}}}{K_{\mathrm{w}}}(\Omega-L)+ap_{0}+b}{ap_{0}+b}\right]$$

$$=-\frac{2}{a}\frac{Q(x)\mu_{\mathrm{g}}}{AK_{\mathrm{g}}}\Omega+\frac{K_{\mathrm{w}}b\mu_{\mathrm{g}}}{\left[-\mu_{\mathrm{w}}(\Omega-L)+\frac{Ap_{0}K_{\mathrm{w}}}{Q(x)}\right]a^{2}K_{\mathrm{g}}+\frac{abAK_{\mathrm{w}}K_{\mathrm{g}}}{Q(x)}}\Omega \quad (8\text{-}2\text{-}41)$$

$$+\frac{2}{a}(p_{\mathrm{i}}-p_{0})-\frac{b}{a^{2}}\ln\frac{ap_{\mathrm{i}}+b}{ap_{0}+b}$$

式(8-2-41)即为用一次线性表示拟压力函数的气相偏微分方程。该式没有解析解，在求有关截面流量和气水流动界面位置问题时，需用数值求解的方法，运用 Matlab 编程进行计算。

8.3 气液两相流动界面模型验证

8.3.1 非稳态气水两相流实验

1. 实验过程

为使实验测量更为简便，实验过程借鉴了《岩石中两相相对渗透率测定方法》(SYT 5345—2007)，实验方案见表 8-1，实验装置原理见图 8-3。

实验步骤：将干燥好的煤样装入夹持器中，按照实验方案施加围压及轴压，煤样首先在实验选定孔隙压下进行单相注水，进行单相液体渗透率的测量。通过蓄

能器可获得稳定压力的液体，记录耐压液位计中各个时刻的液体位置，以及夹持器出口处液体不同时间下的流量，可以获得单相液体的流速及煤样中的含水饱和度。

表 8-1　气液两相流体渗流实验方案

编号	轴压 σ_1/MPa	围压 σ_2/MPa	孔隙压力 p_1/MPa					
2#、4#	6	4	0.6	1.0	2.0	3.0		
	9	4		1.0	2.0	3.0	3.5	
	9	5			2.0	3.0	3.5	4.0
	12	5			2.0	3.0	3.5	4.0
	12	6					3.5	

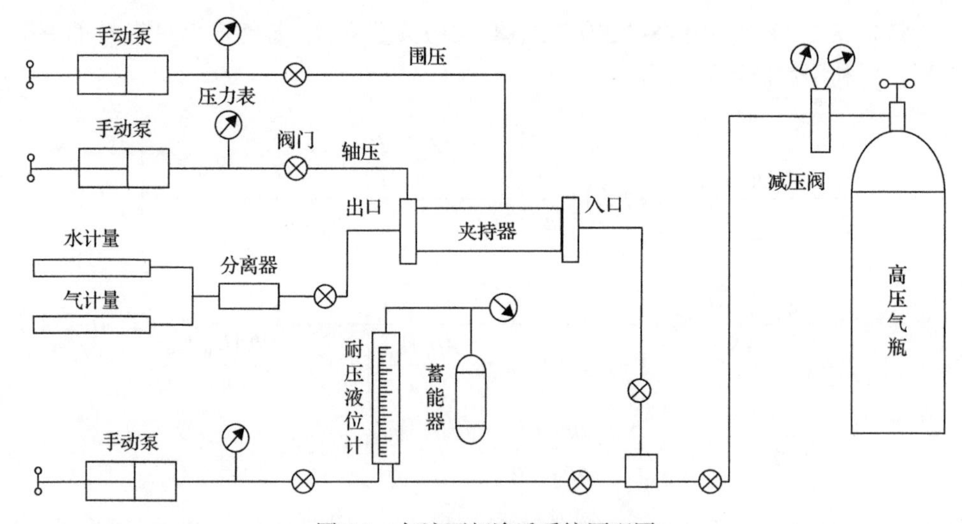

图 8-3　气液两相渗透系统原理图

待出口处形成稳定渗流后，调节高压气瓶的减压阀至与液体相同的压力，关闭进水阀切换到进气阀，气体以恒定孔隙压力注入，开始进行气驱水。在压差驱动下，液体随时间产出，煤样饱和度不断变化，计量出口处不同时间的产液与产气量，并根据渗透率计算方法进行计算。

气驱水过程结束即产液量不再变化后，进行含束缚水下气体渗流速度的测量，为计算气测渗透率提供基础数据，测量结束后关闭系统入口阀门。

由于压差及气体吸附解吸的影响，夹持器出口处仍会有气体产出，因此每组实验间隔 8h（气体可基本解吸出来），再调节实验装置设定压力进行下一组实验。

实验过程模拟了含水且稳定流动煤体，当气体从孔隙解吸扩散至裂隙，随着液体的不断排出，气体与裂隙中的水共同发生运移。该方法可以研究气水两相渗流过程的特征，通过改变试样的围压、轴压及孔隙压，同时得到应力对气、液相渗流的影响。

2. 非稳态气水两相流动全过程

由大量的实验证明，气驱水的整个过程中，当气体进入水渗流区域，会在气区前端形成一个气液混合流动区，该驱动包含三个区域，即气区、气水两相混合区、水区。

由实验数据可知，在驱替过程中，水区渗流为线性渗流，该区域所占比例稳定缩小，表现为试件出口端仅有水；气液混合区前缘随驱替前移，区域扩大，见气时刻表明混合区前缘已达到试件出口端且该区域范围达到最大。混合区内含气饱和度与含水饱和度均随时间变化；入口端的气区中存在无法排出的束缚水，气体存在吸附现象，由于孔隙压力恒定，吸附饱和后气体仍沿孔隙裂隙渗流。两相区前缘接近出口位置，含水饱和度会发生“突变”跳跃，随后出口见气，试件含水饱和度急剧减小，含气饱和度则迅速增大，直至气区前缘到达出口端不再有液体排出，试件中只存在气体渗流。

实验中统计的产液量随时间变化曲线(图 8-4)可以清楚地反映气驱水的两相渗流过程的三个区域前缘运动位置。

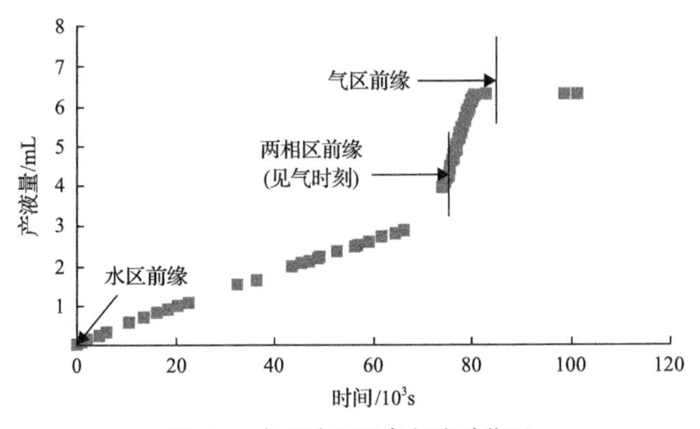

图 8-4 气驱水过程各相流动位置

以煤样轴压 6.0MPa、围压 4.0MPa、孔隙压力 0.6MPa 为例，记录了气体驱替开始试件的产液量与产气量，并按式(8-3-1)计算含水饱和度

$$S_w = \frac{V_1 - V_2}{V_1} \tag{8-3-1}$$

式中，进入试样的液体体积为 V_1，在气驱水过程中，液体不断被排出，产液量计量为 V_2。

见气时刻发生在产水量 4.18g 位置，为两相区前缘到达的时刻(图 8-4)，在该时刻前，含水饱和度便发生“跳跃”(图 8-5)，表现为非稳态的运动过程。

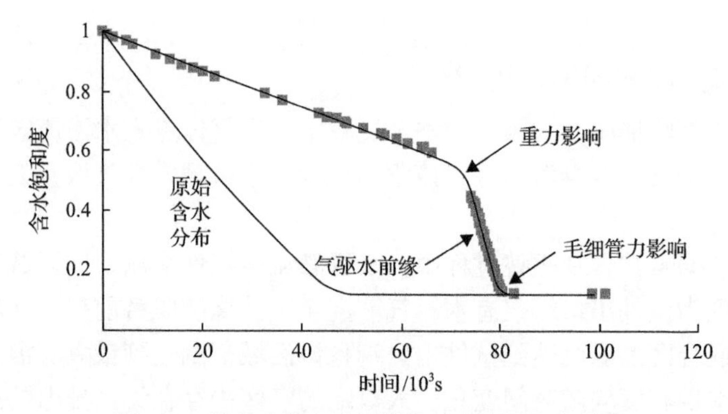

图 8-5　考虑重力和毛细管力时含水饱和度分布

根据统计学原理，对两组实验中的 33 组实验数据进行分析，统计了气驱水过程中突变点的含水饱和度值。2#煤样平均值为 0.32，4#煤样平均值为 0.47，平均突变点含水饱和度为 0.39。因此，可以得到当煤样中的含水饱和度降低至 0.5 以下时，随着排水的不断进行，即会发生饱和度突变，气区前缘即将达到。

以 Hassanizadeh 等(2002)为代表的国外学者研究了动态毛细管压力的效应，认为在非稳态运动过程中，毛细管压力不断变化，它不仅是湿相流体饱和度的函数，还受到湿相流体饱和度变化率的影响，即

$$p_{\mathrm{c}}=f\left(S_{\mathrm{w}},\frac{\partial S_{\mathrm{w}}}{\partial t}\right) \tag{8-3-2}$$

Hassanizadeh 等(2002)引入毛细管动态系数(τ)，给出了动态毛细管压力与含水饱和度变化率的关系式：

$$p_{\mathrm{c,dyn}}=p_{\mathrm{c,stat}}(S_{\mathrm{w}})+10^{-6}\tau\left(\frac{\partial S_{\mathrm{w}}}{\partial t}\right) \tag{8-3-3}$$

式中，$p_{\mathrm{c,dyn}}$ 为动态毛细管压力；$p_{\mathrm{c,stat}}$ 为静态毛细管压力。

田树宝等(2012)通过实验测得岩心的动态毛细管压力和含水饱和度变化率之间近似为正相关线性关系。由图 8-5 可知，气驱水开始后，含水饱和度变化率恒定，随后进入非稳态气水运动过程，且含水饱和度变化率增大，可以推断流体的动态毛细管压力也增大。

影响界面稳定的其中一个因素是毛细管压力。由于实际的煤样是非均质的，在气液流动过程中，运动界面运动至渗透率较大的点时，会使界面产生突出的微小距离，由于气体流动性好于液体，突出的微小距离随时间增大呈指数增长，界面产生不稳定，发生黏性指进。随着毛细管压力变大，且重力对气水产生了分离作用，气水运动界面受到较大扰动，因此，气体迅速运动至试件出口端，含水饱

和度骤降。

在实际的工程中，在煤层气排采过程中，排水速度即决定了煤储层中含水饱和度，也决定了随后的产气时间及产气效率，因而影响排水速度的地层因素及气体解吸压力便是煤层气开采的关键。为了研究地层应力条件及解吸压力对煤体气液渗流的影响，对实验数据进行了详细分析。

8.3.2 不计压缩性两相驱替界面模型数值模拟

对 8.2.1 节中的第一种不计压缩性两相驱替界面模型，用 Matlab 软件进行了编程，对轴压 6MPa，围压 4MPa，孔隙压力分别为 0.6MPa、2.0MPa、3.0MPa 三组实验进行模拟计算，程序参数选取实验测得的单相水渗透率、束缚水状态下气体渗透率，气体液体实验温度下的黏度、试件孔隙度及束缚水饱和度，参数 Ω 步长为 0.01，通过计算得到了不同时刻累计产出水量及不同时刻流动界面的位置。

图 8-6 为 3 种孔隙压下的计算结果与实验结果对比图，对气驱水过程的第一阶段做了对比。在实验中，水区的渗流是稳定的，在两相流体的界面附近会产生很薄的气液混合区过渡，在驱替第一阶段，含水饱和度较大，因此流动界面也较稳定。当驱替进行到第一阶段末尾，气体突破前方液体，气液两相流动界面不再稳定，影响界面稳定的其中一个因素是毛细管压力，而在数值计算中忽略了毛细管力，因此，在第一阶段进行比较合理。

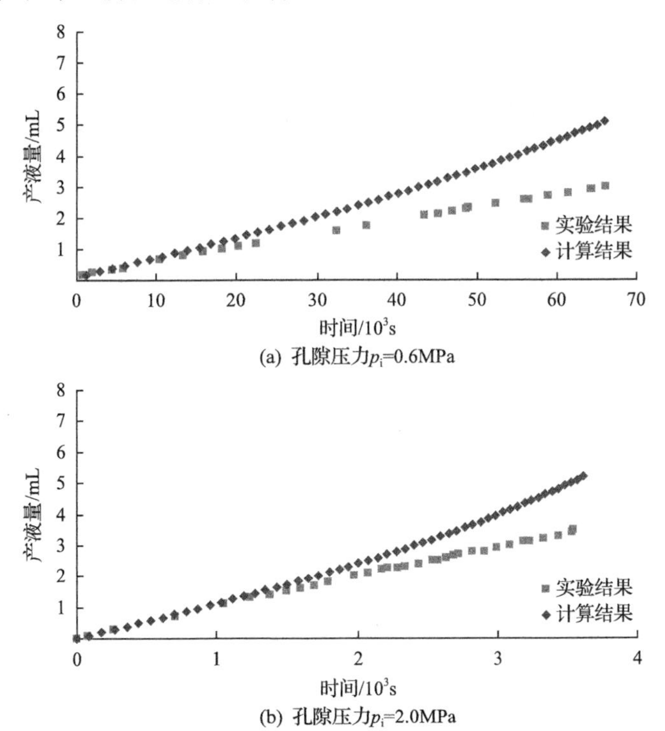

(a) 孔隙压力p_i=0.6MPa

(b) 孔隙压力p_i=2.0MPa

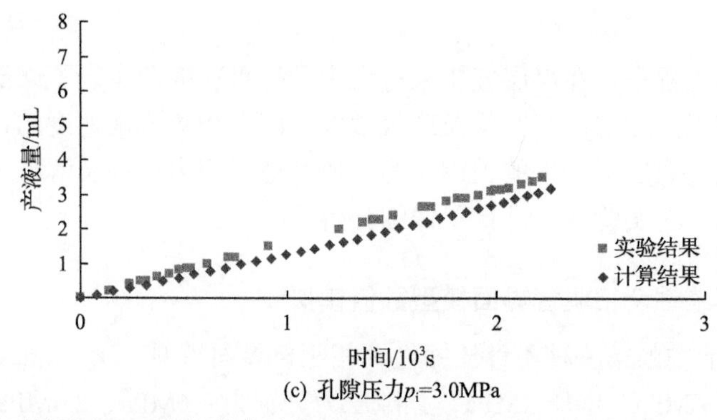

(c) 孔隙压力p_i=3.0MPa

图 8-6 不计压缩性两相驱替的数值计算结果与实验结果对比图(轴压 6MPa、围压 4MPa)

从图 8-6 可以看出，同一轴压围压下，孔隙压力越小，驱替后期计算值偏离实验值越大。分别对计算结果与实验结果曲线进行拟合，相关系数均为 0.99 以上，并计算平均误差。统计见表 8-2。

表 8-2 不计压缩性两相驱替产液量与时间的数值关系

孔隙压力/MPa	MPa 计算结果拟合函数	实验结果拟合函数	平均误差/%
0.6	$Q=0.0508t^{1.0792}$	$Q=0.0678t^{0.8908}$	12.98
2.0	$Q=1.1692t^{1.1051}$	$Q=1.0417t^{0.9411}$	17.78
3.0	$Q=1.2896t^{1.0578}$	$Q=1.5974t^{0.9894}$	9.23

同时，假设气液两相流动界面从 x=0 运动到 x=L 处，全长为试件长度 10.3cm，通过压力方程模型的数值计算，得到了气液流动界面不同时刻的流动位置，计算结果见表 8-3。

表 8-3 不计压缩性两相驱替气液界面位置

p_i=0.6MPa		p_i=2.0MPa		p_i=3.0MPa	
时间 $t/10^3$s	界面位置 Ω/cm	时间 $t/10^3$s	界面位置 Ω/cm	时间 $t/10^3$s	界面位置 Ω/cm
0.000	0.0	0.000	0.0	0.000	0.0
1.638	0.1	0.103	0.1	0.081	0.1
3.262	0.2	0.205	0.2	0.162	0.2
4.872	0.3	0.306	0.3	0.242	0.3
6.467	0.4	0.406	0.4	0.321	0.4
8.048	0.5	0.505	0.5	0.399	0.5
9.615	0.6	0.603	0.6	0.476	0.6
11.167	0.7	0.700	0.7	0.552	0.7
12.705	0.8	0.796	0.8	0.628	0.8
14.229	0.9	0.891	0.9	0.703	0.9

续表

p_i=0.6MPa		p_i=2.0MPa		p_i=3.0MPa	
时间 $t/10^3$s	界面位置 Ω/cm	时间 $t/10^3$s	界面位置 Ω/cm	时间 $t/10^3$s	界面位置 Ω/cm
15.738	1.0	0.985	1.0	0.777	1.0
17.233	1.1	1.078	1.1	0.850	1.1
18.714	1.2	1.169	1.2	0.923	1.2
20.180	1.3	1.260	1.3	0.994	1.3
21.632	1.4	1.350	1.4	1.065	1.4
23.070	1.5	1.439	1.5	1.135	1.5
24.493	1.6	1.527	1.6	1.204	1.6
25.902	1.8	1.613	1.8	1.273	1.8
27.297	1.9	1.699	1.9	1.340	1.9
28.677	2.0	1.784	2.0	1.407	2.0
30.043	2.1	1.867	2.1	1.473	2.1
31.395	2.2	1.950	2.2	1.538	2.2
32.732	2.3	2.032	2.3	1.602	2.3
34.055	2.4	2.112	2.4	1.666	2.4
36.658	2.6	2.271	2.6	1.791	2.6
37.938	2.7	2.348	2.7	1.852	2.7
39.204	2.8	2.425	2.8	1.912	2.8
40.455	2.9	2.500	2.9	1.971	2.9
41.692	3.0	2.575	3.0	2.030	3.0
42.915	3.1	2.648	3.1	2.088	3.1
44.123	3.2	2.721	3.2	2.145	3.2
45.317	3.3	2.792	3.3	2.201	3.3
46.497	3.4	2.863	3.4	2.257	3.4
47.663	3.5	2.932	3.5	2.311	3.5
48.814	3.6	3.000	3.6	2.365	3.6
49.950	3.7	3.068	3.7	2.418	3.7
51.073	3.8	3.134	3.8	2.470	3.8
52.181	3.9	3.199	3.9	2.522	3.9
53.274	4.0	3.264	4.0	2.572	4.0
54.354	4.1	3.327	4.1	2.622	4.1
55.419	4.2	3.389	4.2	2.671	4.2
56.469	4.3	3.451	4.3	2.719	4.3
57.506	4.4	3.511	4.4	2.766	4.4
58.528	4.5	3.570	4.5	2.813	4.5
59.535	4.6	3.628	4.6	2.858	4.6

续表

p_i=0.6MPa		p_i=2.0MPa		p_i=3.0MPa	
时间 $t/10^3$s	界面位置 Ω/cm	时间 $t/10^3$s	界面位置 Ω/cm	时间 $t/10^3$s	界面位置 Ω/cm
60.529	4.7	3.685	4.7	2.903	4.7
61.508	4.8	3.742	4.8	2.947	4.8
62.472	4.9	3.797	4.9	2.991	4.9
63.423	5.0	3.851	5.0	3.033	5.0
64.359	5.2	3.904	5.2	3.075	5.2
66.188	5.4	4.007	5.4	3.156	5.4
67.081	5.5	4.057	5.5	3.195	5.5
67.960	5.6	4.106	5.6	3.233	5.6
68.824	5.7	4.154	5.7	3.271	5.7
69.674	5.8	4.201	5.8	3.308	5.8
70.510	5.9	4.247	5.9	3.343	5.9
71.331	6.0	4.292	6.0	3.379	6.0
72.138	6.1	4.336	6.1	3.413	6.1
72.931	6.2	4.379	6.2	3.447	6.2
73.709	6.3	4.421	6.3	3.479	6.3
74.473	6.4	4.462	6.4	3.511	6.4
75.223	6.5	4.502	6.5	3.542	6.5
75.958	6.6	4.540	6.6	3.573	6.6
76.679	6.7	4.578	6.7	3.602	6.7
77.386	6.8	4.615	6.8	3.631	6.8
78.078	6.9	4.651	6.9	3.659	6.9
78.756	7.0	4.685	7.0	3.686	7.0
79.420	7.1	4.719	7.1	3.712	7.1
80.069	7.2	4.752	7.2	3.737	7.2
80.704	7.3	4.784	7.3	3.762	7.3
81.325	7.4	4.814	7.4	3.786	7.4
81.931	7.5	4.844	7.5	3.809	7.5
82.523	7.6	4.873	7.6	3.831	7.6
83.101	7.7	4.900	7.7	3.852	7.7
83.665	7.8	4.927	7.8	3.873	7.8
84.214	7.9	4.952	7.9	3.893	7.9
85.269	8.1	5.000	8.1	3.930	8.1
85.775	8.2	5.023	8.2	3.947	8.2
86.266	8.3	5.044	8.3	3.964	8.3
86.744	8.4	5.065	8.4	3.979	8.4

续表

p_i=0.6MPa		p_i=2.0MPa		p_i=3.0MPa	
时间 $t/10^3$s	界面位置 Ω/cm	时间 $t/10^3$s	界面位置 Ω/cm	时间 $t/10^3$s	界面位置 Ω/cm
87.207	8.5	5.084	8.5	3.994	8.5
87.655	8.7	5.103	8.7	4.008	8.7
88.090	8.8	5.120	8.8	4.022	8.8
88.510	8.9	5.137	8.9	4.034	8.9
88.916	9.0	5.152	9.0	4.046	9.0
89.307	9.1	5.166	9.1	4.057	9.1
89.684	9.2	5.180	9.2	4.067	9.2
90.047	9.3	5.192	9.3	4.076	9.3
90.395	9.4	5.203	9.4	4.084	9.4
90.729	9.5	5.214	9.5	4.092	9.5
91.049	9.6	5.223	9.6	4.099	9.6
91.645	9.8	5.238	9.8	4.110	9.8
92.184	10.0	5.250	10.0	4.118	10.0
92.666	10.2	5.257	10.2	4.122	10.2
92.885	10.3	5.259	10.3	4.123	10.3

比较表 8-3 中不同孔隙压力，由相同界面位置对应的时间可以看出：气水界面位置运动较稳定，孔隙压力增大，界面位置运动加快。该模型可以对不同应力条件下的两相流动界面位置进行模拟计算。

8.3.3　压缩性两相驱替界面模型数值模拟

对 8.2.2 节中的考虑压缩性两相驱替界面模型，用 Matlab 软件进行了编程计算，程序参数同样选取了轴压 6.0MPa，围压 4.0MPa，孔隙压力 0.6MPa、2.0MPa、3.0MPa 三组应力条件下的实验数据，通过计算得到了累计产出液量随时间变化曲线(图 8-7)及不同时间下的气液流动界面位置(表 8-5)。

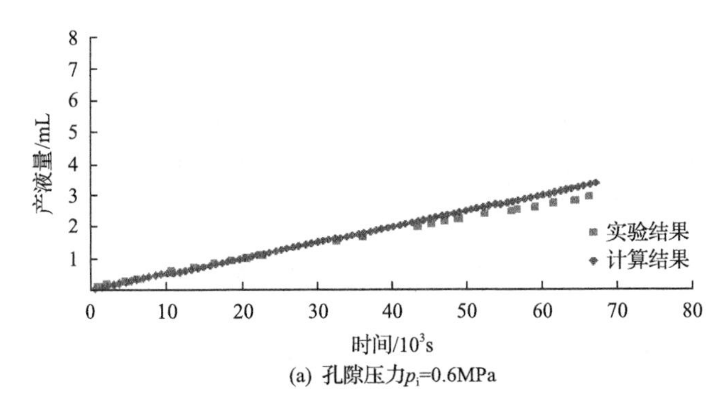

(a) 孔隙压力p_i=0.6MPa

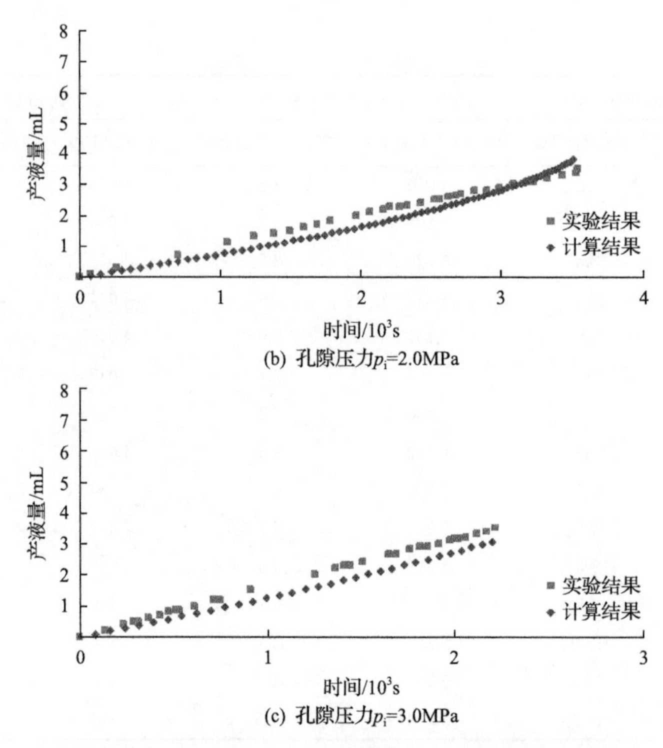

图 8-7　压缩气体驱水的数值计算结果与实验结果对比图(轴压 6.0MPa、围压 4.0MPa)

采用压力平方方程的计算结果与实验结果对比发现，气驱水过程的第一阶段，计算结果与实验结果趋势大致一致，减小了压力方程模型的误差，所以该模型对于气液驱替流动模拟是适用的。

数值计算结果与实验结果数学拟合及误差见表 8-4。利用压力平方方程进行数值计算，得到了气液流动界面不同时刻的流动位置，计算结果见表 8-5。

表 8-4　压缩气体驱水的产液量与时间的数学关系

孔隙压力/MPa	计算结果拟合函数	实验结果拟合函数	平均误差/%
0.6	$Q=0.05t^{1}$	$Q=0.0678t^{0.8908}$	8.80
2.0	$Q=1.1692t^{1.1051}$	$Q=0.7855t^{1.146}$	13.15
3.0	$Q=1.2846t^{1.0642}$	$Q=1.5974t^{0.9894}$	9.53

表 8-5　压缩气体驱水的气液界面位置

p_i=0.6MPa		p_i=2.0MPa		p_i=3.0MPa	
时间 $t/10^3$s	界面位置 Ω/cm	时间 $t/10^3$s	界面位置 Ω/cm	时间 $t/10^3$s	界面位置 Ω/cm
0.000	0.0	0.000	0.0	0.000	0.0
0.791	0.1	0.075	0.1	0.048	0.1

续表

p_i=0.6MPa		p_i=2.0MPa		p_i=3.0MPa	
时间 $t/10^3$s	界面位置 Ω/cm	时间 $t/10^3$s	界面位置 Ω/cm	时间 $t/10^3$s	界面位置 Ω/cm
1.581	0.2	0.151	0.2	0.094	0.2
2.372	0.3	0.226	0.3	0.139	0.3
3.163	0.4	0.298	0.4	0.183	0.4
3.953	0.5	0.367	0.5	0.227	0.5
4.744	0.6	0.435	0.6	0.271	0.6
5.534	0.7	0.504	0.7	0.316	0.7
6.325	0.8	0.573	0.8	0.360	0.8
7.116	0.9	0.642	0.9	0.402	0.9
7.906	1.0	0.710	1.0	0.443	1.0
8.697	1.1	0.779	1.1	0.484	1.1
9.488	1.2	0.845	1.2	0.525	1.2
10.278	1.3	0.908	1.3	0.566	1.3
11.069	1.4	0.971	1.4	0.607	1.4
11.859	1.5	1.035	1.5	0.648	1.5
12.650	1.6	1.098	1.6	0.688	1.6
13.441	1.8	1.161	1.8	0.726	1.8
14.231	1.9	1.224	1.9	0.764	1.9
15.022	2.0	1.285	2.0	0.802	2.0
15.813	2.1	1.344	2.1	0.841	2.1
16.603	2.2	1.402	2.2	0.879	2.2
17.394	2.3	1.461	2.3	0.916	2.3
18.184	2.4	1.519	2.4	0.951	2.4
19.766	2.6	1.635	2.6	1.023	2.6
20.556	2.7	1.689	2.7	1.059	2.7
21.347	2.8	1.744	2.8	1.093	2.8
22.138	2.9	1.798	2.9	1.127	2.9
22.928	3.0	1.853	3.0	1.160	3.0
23.719	3.1	1.905	3.1	1.194	3.1
24.509	3.2	1.956	3.2	1.226	3.2
25.300	3.3	2.007	3.3	1.258	3.3
26.091	3.4	2.058	3.4	1.290	3.4
26.881	3.5	2.108	3.5	1.321	3.5
27.672	3.6	2.156	3.6	1.352	3.6
28.463	3.7	2.204	3.7	1.382	3.7
29.253	3.8	2.252	3.8	1.412	3.8

续表

p_i=0.6MPa		p_i=2.0MPa		p_i=3.0MPa	
时间 $t/10^3$s	界面位置 Ω/cm	时间 $t/10^3$s	界面位置 Ω/cm	时间 $t/10^3$s	界面位置 Ω/cm
30.044	3.9	2.298	3.9	1.441	3.9
30.834	4.0	2.343	4.0	1.469	4.0
31.625	4.1	2.388	4.1	1.498	4.1
32.416	4.2	2.434	4.2	1.526	4.2
33.206	4.3	2.477	4.3	1.554	4.3
33.997	4.4	2.520	4.4	1.581	4.4
34.788	4.5	2.563	4.5	1.607	4.5
35.578	4.6	2.605	4.6	1.633	4.6
36.369	4.7	2.645	4.7	1.659	4.7
37.160	4.8	2.686	4.8	1.684	4.8
37.950	4.9	2.725	4.9	1.708	4.9
38.741	5.0	2.764	5.0	1.732	5.0
39.531	5.2	2.801	5.2	1.756	5.2
41.113	5.4	2.874	5.4	1.803	5.4
41.903	5.5	2.909	5.5	1.825	5.5
42.694	5.6	2.944	5.6	1.847	5.6
43.485	5.7	2.979	5.7	1.869	5.7
44.275	5.8	3.012	5.8	1.889	5.8
45.066	5.9	3.045	5.9	1.910	5.9
45.856	6.0	3.077	6.0	1.930	6.0
46.647	6.1	3.108	6.1	1.950	6.1
47.438	6.2	3.138	6.2	1.969	6.2
48.228	6.3	3.168	6.3	1.988	6.3
49.019	6.4	3.196	6.4	2.006	6.4
49.810	6.5	3.225	6.5	2.024	6.5
50.600	6.6	3.252	6.6	2.041	6.6
51.391	6.7	3.278	6.7	2.058	6.7
52.181	6.8	3.304	6.8	2.074	6.8
52.972	6.9	3.329	6.9	2.090	6.9
53.763	7.0	3.354	7.0	2.105	7.0
54.553	7.1	3.377	7.1	2.120	7.1
55.344	7.2	3.400	7.2	2.135	7.2
56.135	7.3	3.422	7.3	2.149	7.3
56.925	7.4	3.443	7.4	2.163	7.4
57.716	7.5	3.464	7.5	2.176	7.5

续表

p_i=0.6MPa		p_i=2.0MPa		p_i=3.0MPa	
时间 $t/10^3$s	界面位置 Ω/cm	时间 $t/10^3$s	界面位置 Ω/cm	时间 $t/10^3$s	界面位置 Ω/cm
58.506	7.6	3.483	7.6	2.189	7.6
59.297	7.7	3.502	7.7	2.201	7.7
60.088	7.8	3.521	7.8	2.213	7.8
60.878	7.9	3.539	7.9	2.224	7.9
62.460	8.1	3.572	8.1	2.245	8.1
63.250	8.2	3.587	8.2	2.255	8.2
64.041	8.3	3.602	8.3	2.264	8.3
64.831	8.4	3.616	8.4	2.273	8.4
65.622	8.5	3.629	8.5	2.282	8.5
66.413	8.7	3.641	8.7	2.290	8.7
67.203	8.8	3.653	8.8	2.297	8.8
67.994	8.9	3.664	8.9	2.304	8.9
68.785	9.0	3.674	9.0	2.311	9.0
69.575	9.1	3.684	9.1	2.317	9.1
70.366	9.2	3.692	9.2	2.323	9.2
71.157	9.3	3.700	9.3	2.328	9.3
71.947	9.4	3.707	9.4	2.333	9.4
72.738	9.5	3.714	9.5	2.337	9.5
73.528	9.6	3.720	9.6	2.341	9.6
75.110	9.8	3.729	9.8	2.347	9.8
76.691	10.0	3.735	10.0	2.352	10.0
77.482	10.1	3.737	10.1	2.353	10.1
79.063	10.3	3.738	10.3	2.355	10.3

比较表 8-3 与表 8-5 中相同界面位置对应的时间可以看出：该模型计算的结果在界面流动时间上比不考虑压缩性的界面模型计算结果时间短，即该模型计算的界面流动速度更快。

8.3.4 拟压力函数方程驱替界面模型数值模拟

对 8.2.3 节中的第三种界面模型，同样用 Matlab 软件进行编程计算，程序参数选取了和其他模型一样的轴压 6.0MPa，围压 4.0MPa，孔隙压力 0.6MPa、2.0MPa、3.0MPa 三组应力条件下的实验数据，并参考压力方程模型的计算结果对模型参数求解范围进行设定。通过计算得到了累计产出液量随时间变化曲线(图 8-8)及不同时间下的气液两相流动界面位置(表 8-6)。

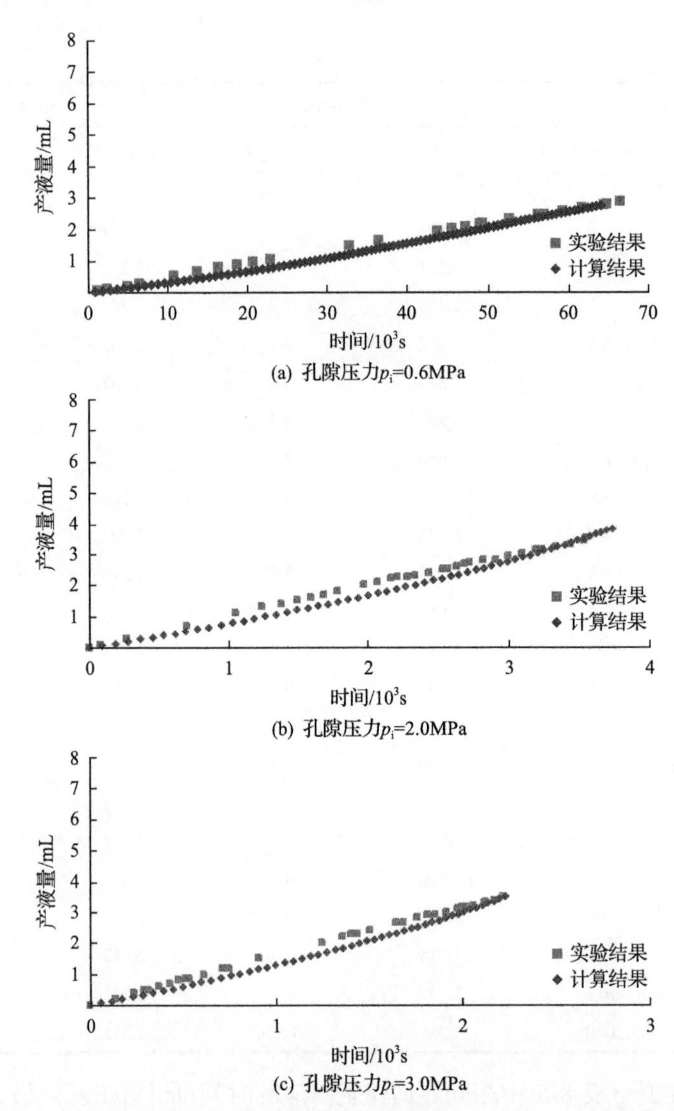

图 8-8　数值计算结果与实验结果对比图(轴压 6.0MPa、围压 4.0MPa)

从图 8-8 可以看出，压力线性方程模型拟合效果最好，分别对计算结果与实验结果曲线进行拟合，相关系数均为 0.99 以上，并计算平均误差。统计见表 8-6。

表 8-6　数值计算结果与实验结果分析

孔隙压力/MPa	计算结果拟合函数	实验结果拟合函数	平均误差/%
0.6	$Q=0.0246t^{1.12442}$	$Q=0.0678t^{0.8908}$	7.42
2.0	$Q=0.8155t^{1.1098}$	$Q=1.0417t^{0.9411}$	12.23
3.0	$Q=1.3534t^{1.0578}$	$Q=1.5974t^{1.0966}$	5.17

模拟气液两相流动界面从 x=0 运动到 x=L 处，全长为试件长度 10.3cm，通过压力线性方程模型的数值计算，得到了气液流动界面不同时刻的流动位置，计算结果见表 8-7。

表 8-7 气液两相流动界面位置计算结果

p_i=0.6MPa		p_i=2.0MPa		p_i=3.0MPa	
时间 $t/10^3$s	界面位置 Ω/cm	时间 $t/10^3$s	界面位置 Ω/cm	时间 $t/10^3$s	界面位置 Ω/cm
0.000	0.0	0.000	0.0	0.000	0.0
0.914	0.1	0.092	0.1	0.060	0.1
1.820	0.2	0.184	0.2	0.118	0.2
2.719	0.3	0.277	0.3	0.173	0.3
3.609	0.4	0.365	0.4	0.228	0.4
4.491	0.5	0.449	0.5	0.284	0.5
5.366	0.6	0.533	0.6	0.339	0.6
6.232	0.7	0.617	0.7	0.395	0.7
7.091	0.8	0.702	0.8	0.450	0.8
7.942	0.9	0.786	0.9	0.503	0.9
8.784	1.0	0.870	1.0	0.554	1.0
9.619	1.1	0.954	1.1	0.606	1.1
10.446	1.2	1.035	1.2	0.657	1.2
11.265	1.3	1.112	1.3	0.708	1.3
12.076	1.4	1.190	1.4	0.759	1.4
12.879	1.5	1.267	1.5	0.811	1.5
13.674	1.6	1.345	1.6	0.860	1.6
14.461	1.8	1.422	1.8	0.908	1.8
15.240	1.9	1.500	1.9	0.955	1.9
16.011	2.0	1.574	2.0	1.003	2.0
16.774	2.1	1.646	2.1	1.051	2.1
17.529	2.2	1.718	2.2	1.099	2.2
18.277	2.3	1.790	2.3	1.145	2.3
19.748	2.5	1.933	2.5	1.234	2.5
20.471	2.6	2.002	2.6	1.279	2.6
21.187	2.7	2.069	2.7	1.323	2.7
21.894	2.8	2.136	2.8	1.366	2.8
22.594	2.9	2.203	2.9	1.408	2.9
23.286	3.0	2.269	3.0	1.450	3.0
23.969	3.1	2.334	3.1	1.492	3.1
24.645	3.2	2.397	3.2	1.533	3.2

续表

p_i=0.6MPa		p_i=2.0MPa		p_i=3.0MPa	
时间 $t/10^3$s	界面位置 Ω/cm	时间 $t/10^3$s	界面位置 Ω/cm	时间 $t/10^3$s	界面位置 Ω/cm
25.313	3.3	2.459	3.3	1.572	3.3
25.973	3.4	2.521	3.4	1.612	3.4
26.625	3.5	2.582	3.5	1.651	3.5
27.269	3.6	2.641	3.6	1.690	3.6
27.905	3.7	2.699	3.7	1.727	3.7
28.534	3.8	2.758	3.8	1.765	3.8
29.154	3.9	2.815	3.9	1.801	3.9
29.766	4.0	2.870	4.0	1.837	4.0
30.370	4.1	2.926	4.1	1.872	4.1
30.967	4.2	2.981	4.2	1.908	4.2
31.555	4.3	3.035	4.3	1.942	4.3
32.136	4.4	3.087	4.4	1.976	4.4
32.708	4.5	3.140	4.5	2.009	4.5
33.273	4.6	3.191	4.6	2.041	4.6
33.833	4.7	3.240	4.7	2.073	4.7
34.394	4.8	3.290	4.8	2.105	4.8
34.955	4.9	3.338	4.9	2.135	4.9
35.515	5.0	3.386	5.0	2.165	5.0
36.637	5.3	3.477	5.3	2.224	5.3
37.197	5.4	3.521	5.4	2.253	5.4
37.758	5.5	3.564	5.5	2.281	5.5
38.319	5.6	3.607	5.6	2.309	5.6
38.879	5.7	3.649	5.7	2.336	5.7
39.440	5.8	3.690	5.8	2.362	5.8
40.001	5.9	3.731	5.9	2.387	5.9
40.561	6.0	3.769	6.0	2.413	6.0
41.122	6.1	3.807	6.1	2.437	6.1
41.682	6.2	3.845	6.2	2.461	6.2
42.243	6.3	3.880	6.3	2.485	6.3
42.804	6.4	3.916	6.4	2.508	6.4
43.364	6.5	3.950	6.5	2.530	6.5
43.925	6.6	3.984	6.6	2.552	6.6
44.486	6.7	4.016	6.7	2.573	6.7
45.046	6.8	4.047	6.8	2.593	6.8
45.607	6.9	4.078	6.9	2.613	6.9

续表

p_i=0.6MPa		p_i=2.0MPa		p_i=3.0MPa	
时间 $t/10^3$s	界面位置 Ω/cm	时间 $t/10^3$s	界面位置 Ω/cm	时间 $t/10^3$s	界面位置 Ω/cm
46.168	7.0	4.108	7.0	2.632	7.0
46.728	7.1	4.137	7.1	2.651	7.1
47.289	7.2	4.165	7.2	2.669	7.2
47.850	7.3	4.192	7.3	2.686	7.3
48.410	7.4	4.218	7.4	2.704	7.4
48.971	7.5	4.243	7.5	2.720	7.5
49.531	7.6	4.267	7.6	2.736	7.6
50.092	7.7	4.291	7.7	2.751	7.7
50.653	7.8	4.313	7.8	2.766	7.8
51.774	8.0	4.356	8.0	2.793	8.0
52.335	8.1	4.375	8.1	2.806	8.1
52.895	8.2	4.394	8.2	2.818	8.2
53.456	8.3	4.412	8.3	2.830	8.3
54.017	8.4	4.429	8.4	2.841	8.4
54.577	8.5	4.445	8.5	2.852	8.5
55.138	8.7	4.461	8.7	2.862	8.7
55.699	8.8	4.475	8.8	2.872	8.8
56.259	8.9	4.488	8.9	2.880	8.9
56.820	9.0	4.501	9.0	2.889	9.0
57.380	9.1	4.512	9.1	2.896	9.1
57.941	9.2	4.523	9.2	2.904	9.2
58.502	9.3	4.533	9.3	2.910	9.3
59.062	9.4	4.542	9.4	2.916	9.4
59.623	9.5	4.549	9.5	2.922	9.5
60.184	9.6	4.556	9.6	2.926	9.6
60.744	9.7	4.563	9.7	2.931	9.7
61.305	9.8	4.568	9.8	2.934	9.8
61.866	9.9	4.572	9.9	2.937	9.9
62.426	10.0	4.575	10.0	2.940	10.0
62.987	10.1	4.578	10.1	2.942	10.1
63.548	10.2	4.579	10.2	2.943	10.2
64.108	10.3	4.579	10.3	2.944	10.3

通过对拟压力线性函数方程模型的计算，可知气液流动界面运动速度是介于不考虑压缩模型与考虑压缩模型之间的，对两相流动驱替过程模拟的误差是最小的。

在真实物理条件下，所模拟的控制体内会包含大量的不确定因素，例如初边值条件的不确定性、几何模型的不确定性、各种实验数据误差和物理模型参数的不确定性等，都会给模型的模拟带来不可避免的误差。

因此，对比三种模型，在气液两相流动界面模拟时，可以选用不考虑压缩的两相驱替界面模型先进行试算，给出接近的参数取值，在拟压力线性函数方程模型中参考设定参数范围，此方法可使得到的计算结果更加接近真实物理过程。

参考文献

孔祥言. 2010. 高等渗流力学. 合肥: 中国科技大学出版社: 342-354.

田树宝, 雷刚, 何顺利, 等. 2012. 低渗透油藏毛细管压力动态效应. 石油勘探与开发, 39(3): 378-384.

谢国芳. 2013. 一般实系数四次方程的谢国芳公式-绝对准确可靠又最简明快捷的求根公式. https://wenku.baidu.com/ view/2ac910223169a4517723a39a.html.

杨栋, 赵阳升. 2008. 裂缝中气液二相流体临界渗流现象及其随机混合渗流数学模型研究. 岩石力学与工程学报, 27(01): 84-89.

Al-Hussaing R, Ramey H J Jr. 1966. Application of real gas flow theory to well testing and deliverability forecasting. Journal of Petroleum Technology, 18(05): 637-642.

Hassanizadeh S M, Celia M A, Dahle H K. 2002. Dynamic effect in the capillary pressure-saturation relationship and its impact onunsaturated flow. Vadose Zone Journal, 1(1): 38-57.

Wattenbarger R A, Ramey H J Jr. 1968. Gas well testing with turbulence, damage and wellbore storage. Journal of Petroleum Technology, 20(8): 877-887.

第九章　温度应力作用下煤体气液两相流动

温度是影响煤层气渗流的重要因素之一(杨新乐等，2008)，近些年来针对煤储层的低渗透、产量低，作者团队提出注热强化煤层气开采来解决该难题。本章介绍温度作用下的气液两相流体在煤层的流动实验。通过测量产液量、气水产出过程各阶段随温度变化情况，分析了温度对两相流体渗透率的影响，对比了温度控制下的渗透率与有效应力关系。此外，在温度的作用下，煤层及气液两相流体的流动过程会发生改变，因此压降及排采时间也与常规的排采不同，通过实验数据，分析了两相压降过程的温度敏感性。

9.1　温度控制下气液两相流实验

9.1.1　气液两相流实验设备及试件

煤样采用实验前统一加工好的标准样，5#煤样长度为 104.92mm，直径为 49.96mm，煤类为贫煤。由图 9-1 可见，实验煤样含有明显的垂直裂隙，部分次裂隙与主裂隙相交，煤样端面发育程度不高，仅有一条裂隙张开度较大，且有细小裂隙呈网状分布。

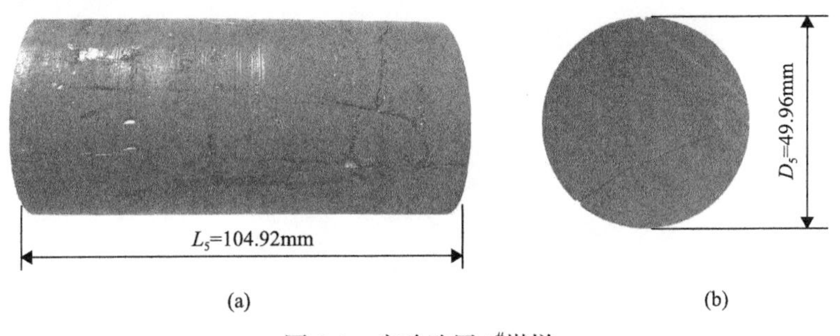

图 9-1　实验选用 5#煤样

实验采用的装置在自行研制的气液两相高精度渗透系统上做了改进，将夹持器放入控温实验台进行加热(图 9-2)。

由于高温对加热方式、渗透装置密封性能的限制，相关的实验研究大部分采用恒温水浴作为加热方式，但温度集中在 100℃以下，实验所设计温度高达 180℃，因此不能采用恒温水浴加热方式。该实验将耐高温渗流装置(夹持器)置于温控箱内进行精确加热，温控精度为 0.1℃。该装置已通过密闭、恒温测试。加热系统主要由控温实验台、电机、温控装置组成。

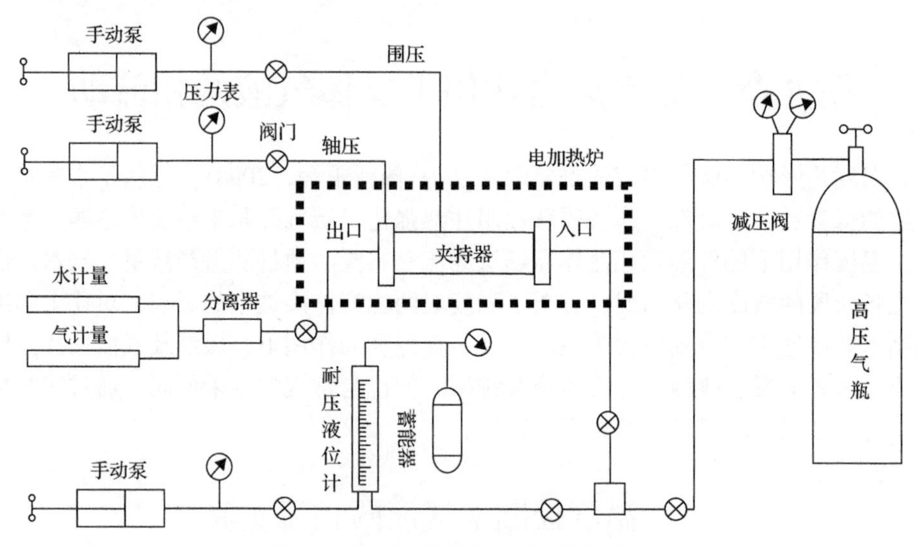

图 9-2　高温气液两相渗透系统原理图

针对实验加热过程中由于温度上升而导致的压力上升情况，分别在渗流系统各个压力控制端加入了稳压装置，即使温度升高，各压力均保持在实验设定值，确保了实验的准确性。实验系统外观图见图 9-3。

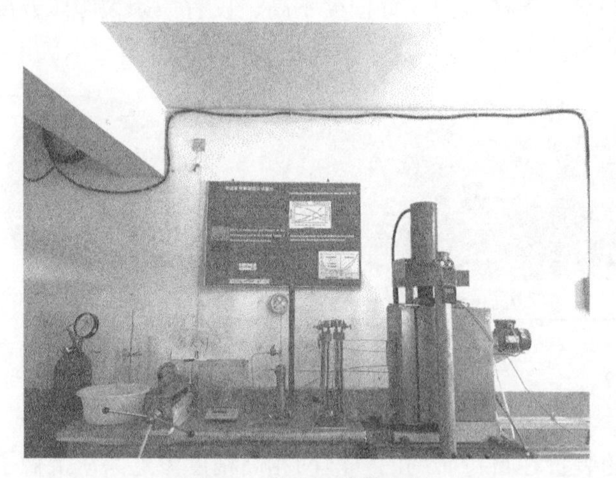

图 9-3　实验系统外观图

9.1.2　气液两相流实验方案与步骤

为研究温度及应力作用条件下煤体中气体解吸后进行渗流时对煤体中水的运移影响，实验借鉴了《岩石中两相相对渗透率测定方法》(SYT 5345—2007)，首先给干燥煤样恒压注水，形成稳定渗流后再以相同恒定压力注入气体，在压差驱动下，液体随时间产出，煤样饱和度不断变化，通过计量随时间变化的产液量与产气量，根据渗透率计算方法进行计算。实验温度设定范围 30～180℃，控制温度变化梯度，在轴压、围压、孔隙压力均不变的情况下，温度依次从 30℃、60℃、90℃、120℃、150℃、180℃逐渐增加，每组温度加热 3h，各部位温度传感器值恒定时开始进行渗流测量。为了使得到的温度变化规律具有普遍性，进行了不同轴压、围压条件下的变温过程。

实验选用了表 9-1 所示的轴压、围压、孔隙压力 3 种应力组合，在压力不变的情况下，每组温度依次从 30℃、60℃、90℃、120℃、150℃、180℃逐渐增加。通过该实验方案，研究温度和应力对煤储层气液两相渗流影响。

表 9-1 不同有效应力条件下的实验方案

轴压/MPa	围压/MPa	孔隙压力/MPa	出口压力/MPa
6.0	4.0		
9.0	4.0	3.0	0.1
9.0	5.0		

实验步骤如下：

(1) 将清洁、干燥的煤样称重后装入夹持器，加适当的轴压及围压，调节好稳压器等其他装置，启动加热装置并设定到实验所需温度，不同位置温度传感器值均达到设定要求后恒温 3h。

(2) 对试件进行恒压注水，记录夹持器入口耐压液位计及出口水计量水量，待入口和出口流量稳定后，连续测三次水相渗透率 K_w。

(3) 用气驱水的方法，以相同恒定压力注入气体，计量各个时刻下的累计产液量 V_w 与产气量 V_g，至束缚水状态，即产液量不再变化，测束缚水状态下的气相有效渗透率 K_{eg}。

(4) 调节加热装置至下一温度，待各部位温度传感器值恒定后恒温 3h，重复步骤 (2)、(3) 至实验结束。

9.2 温度对气液两相渗流过程的影响

9.2.1 温度对产液阶段的影响

同一轴压、围压、孔隙压力下，单相液体在试件中形成稳定渗流，假设相同压力下煤体孔隙裂隙结构稳定，随温度升高，煤体细观结构会发生变化。通过对 $5^{\#}$煤样结果做统计，计量实验整个过程中从气驱水开始至不再出水为止，各个温度下的累计产液量，结果见表 9-2。

表 9-2　不同温度下累计液量 V_w

轴压/MPa	围压/MPa	孔隙压力/MPa	不同加热温度下的累计液量/mL					
			30℃	60℃	90℃	120℃	150℃	180℃
6.0	4.0	3.0	5.36	5.63	6.59	6.89	7.8	9.14
9.0	4.0		5.26	5.51	5.88	5.96	7.5	8.32
9.0	5.0		5.21	5.36	5.63	5.77	6.74	7.22

图 9-4 为根据表 9-2 的实验数据所绘出的 3 种应力条件下累计产液量随温度变化曲线，V_w为气驱水累计产液量，T为温度。可以看出，随温度的升高，各个压力下产出的液体量均为增加的趋势。在温度低于 120℃时产液量增加缓慢：轴压 6MPa、围压 4MPa(标注为 A6C4)增量占总增加量的 40.48%；同样，轴压 9MPa、围压 4MPa(标注为 A9C4)也占总增加量的 22.88%；同样，轴压 9MPa、围压 5MPa(标注为 A9C5)也仅占 27.86%。可见产量增加主要发生在高温阶段(120℃以后)。说明在温度为 180℃范围内，温度越高，煤体产生热膨胀变形越大，孔隙裂隙连通性更好，同时，水分子在高温下所获的热能越大，克服黏滞阻力后转化为动能也就越多，越有利于煤体中液体产出，使得束缚水饱和度变小。

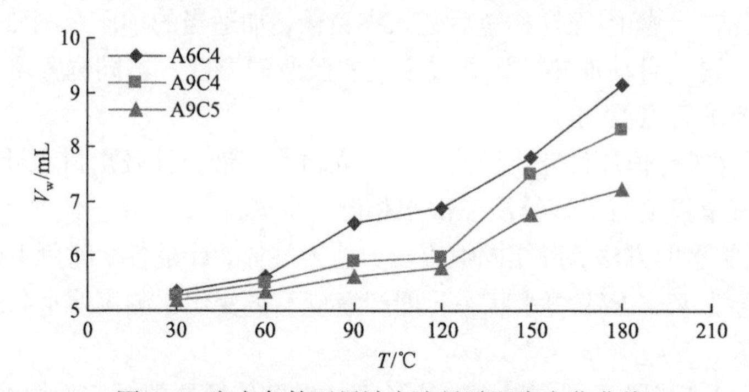

图 9-4　应力条件下累计产液量随温度变化曲线

在相同温度条件下，轴压 6MPa、围压 4MPa(A6C4)累计产液量最高，增加约 70.52%；轴压增加至 9MPa(A9C4)累计产液量降低，增加约 58.17%；再增加围压(A9C5)累计产液量最低，增加量仅为 38.58%。因此，增加围压和轴压，有效应力改变，使得煤体内部的孔隙裂隙被压缩，部分液体无法被排出，留下了更多的束缚水，产出的水量就越少。

9.2.2　温度对气液两相渗流各阶段的影响

由应力作用下的实验已经证明(余进和李允，2003)：气驱水的整个过程并不完全是活塞式推进，当气体进入水渗流区域，会在气区前端形成一个气液混合流动区，此段为非活塞式驱动。对比 30℃下测得的全过程产液量随时间变化曲线与 90℃、180℃曲线（图 9-5）可以看到，温度的升高并没有影响气驱水全过程中气水运移的整体规律，只是不同程度地影响了运移过程中气相和液相速度、产量、饱和度的变化。

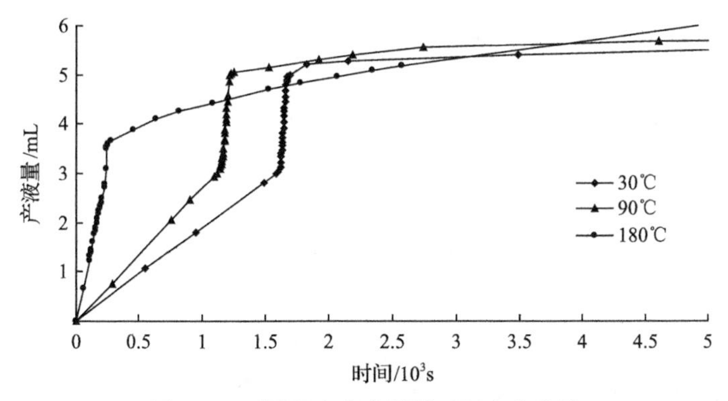

图 9-5 不同温度产液量随时间变化曲线

因此，我们将全过程划分为三个阶段：第Ⅰ阶段水渗流区域为线性渗流，该区域随着驱替推进不断减小，试件出口端仅有水产出；第Ⅱ阶段为气液混合阶段，前缘位置不断前移，区域范围随之扩大，见气时刻表明混合区前缘已达到试件出口端，水相流速加快，导致含水饱和度发生“突变”，饱和度值急剧减小，而气体流速及产量均增大，饱和度值迅速增大；第Ⅲ阶段以气体为主的混合流动，会有少量水被带出，逐渐形成稳定单相气体渗流，煤体中有束缚水存在。三个阶段产液量随时间变化曲线见图 9-6。

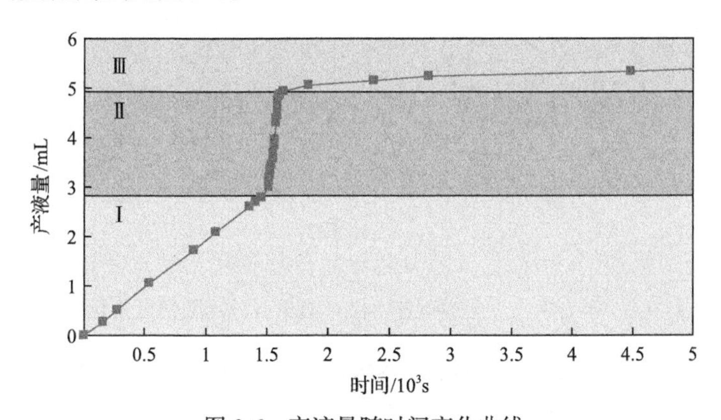

图 9-6 产液量随时间变化曲线

对于不同温度，三个阶段产液量所占比例是不同的，即温度对液体渗流、气液混合流动、束缚水下气体的渗流影响是不同的。统计各个应力状态下不同阶段的产液量所占总产量百分比情况，其随温度变化曲线见图 9-7。

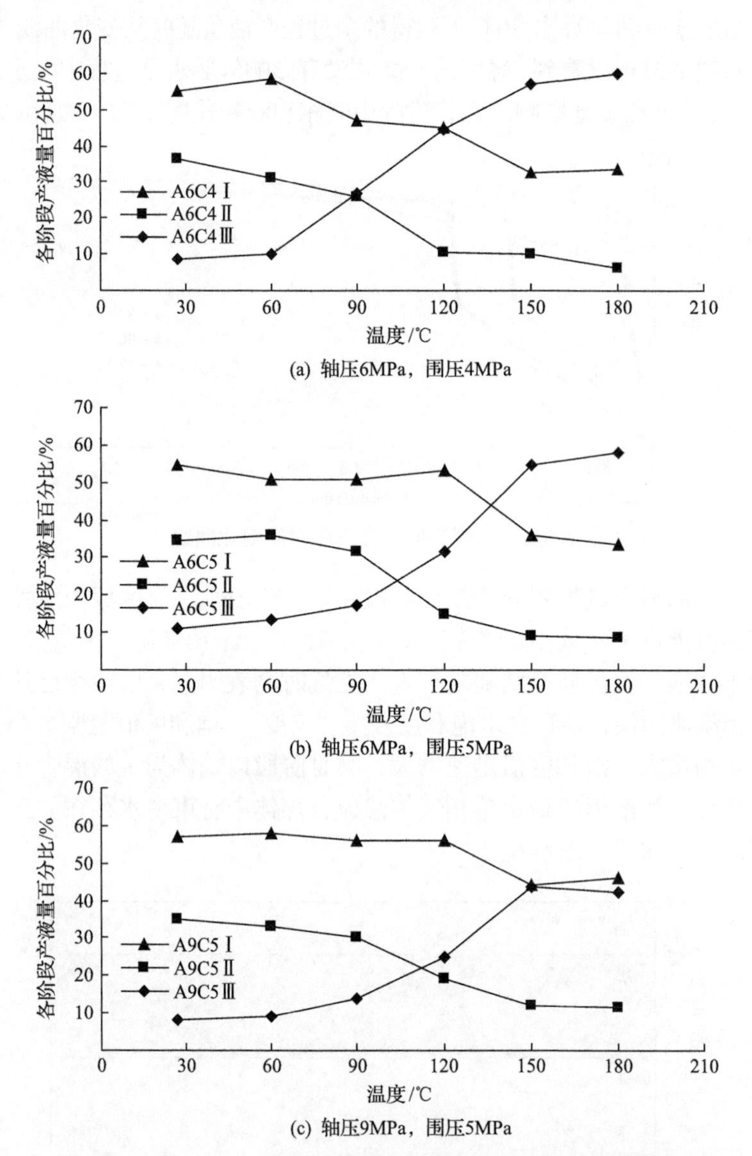

(a) 轴压6MPa，围压4MPa

(b) 轴压6MPa，围压5MPa

(c) 轴压9MPa，围压5MPa

图 9-7　应力条件下全过程各阶段产液量百分比随温度变化曲线

在应力恒定条件下，不同温度气驱水均为三阶段渗流，各阶段产液量所占液体总产量百分比是随温度变化的。第Ⅰ阶段为液体为主的液体线性渗流阶段，流速稳定，随温度升高，产液量百分比缓慢减小，温度高于 120℃后减小幅度加大；第Ⅱ阶段为气液混合流动阶段，液体流速急速呈线性增加，气体流速则平稳加快，随温度升高，该阶段产液量百分比逐渐减小，但温度高于 90℃后减小量更明显。

第Ⅲ阶段为气体为主的混合流动，该阶段受温度影响比较明显，产液量百分比提升较大，温度低于60℃时该阶段产液量占10%左右，以Ⅰ、Ⅱ阶段为主；当温度达到150℃左右，该阶段产液量百分比达到50%左右，均超过了Ⅰ、Ⅱ阶段。

而对于同一个阶段内，由于应力的不同，在温度作用下，产液量变化是不同的。如图 9-8 所示，(a)～(c)为分别第Ⅰ、Ⅱ、Ⅲ阶段的产液量百分比与温度变化曲线。

实验结果对比发现：全过程三个阶段中的任何一个阶段，不同压力下的实验结果具有一致性，第Ⅰ阶段均在120℃左右流量开始发生变化，有所降低，这是因为温度升高后充满孔隙裂隙中的水相流速加快，尤其是裂缝中的水由于渗透阻力小而沿着渗透通道加速流向出口，由于速度加快，大裂隙分支下的微小裂缝及孔隙中的水来不及流入裂隙而滞留，且速度越快，留下的水量越多，因此第Ⅰ阶段的产液量占总产液量的百分比会随温度降低。第Ⅱ阶段在90℃附近曲线发生了骤降，在 120℃时降低幅度有所缓和。该阶段是气体突破裂隙中的水而逐渐形成气相的渗流通道的过程，处于混合流动。从曲线可以看出，温度对两相流动影响是很明显的，尤其是温度达到90℃后，注入气体驱替开始形成两相渗流的混相流动中，液体分流量有很大程度上的减小，温度的升高使液体渗流区域加快流出，小

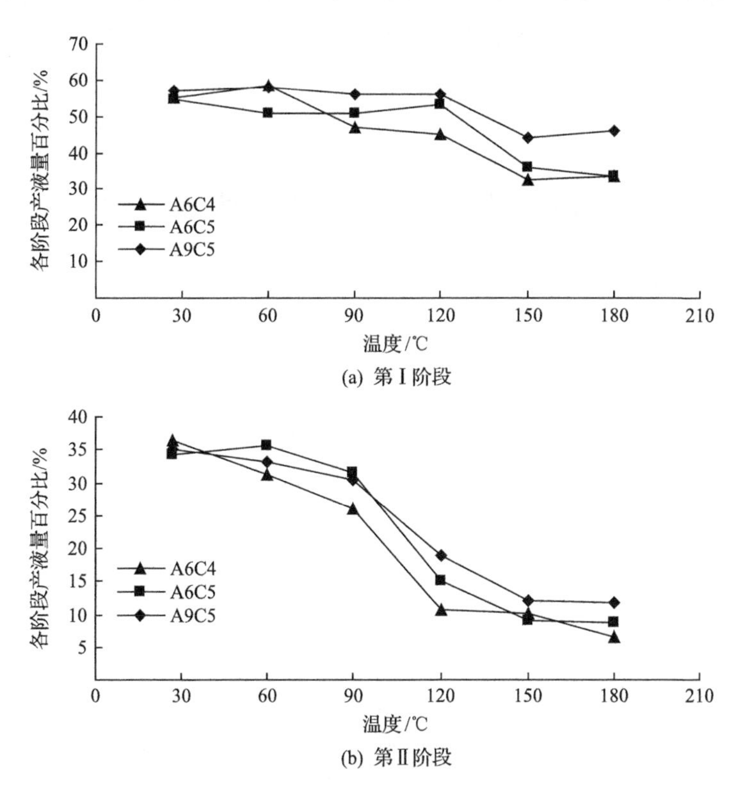

(a) 第Ⅰ阶段

(b) 第Ⅱ阶段

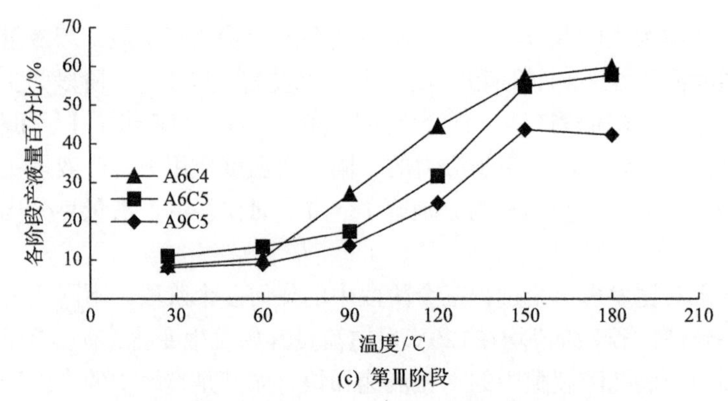

(c) 第Ⅲ阶段

图 9-8　相同阶段不同压力下产液量百分比随温度变化曲线

裂隙、孔隙滞留的水也越多，可与气相混合的液体减少。第Ⅲ阶段是束缚水下气体流动过程，此时气体流动通道已经完全形成，60℃后，束缚水的产出是一个加速增加的过程，到 150℃后逐渐平衡。气体在微小裂隙及孔隙的流动性优于液体，所以可以占据部分小裂隙与孔隙，同时将这部分液体驱替出来。

综上所述，温度对整个气驱水渗流过程的影响表现在初期排水阶段，排水速度加快，但排水量有所减少，可加快见气效率，见气后气体产量增加，但随着产气速度加快，水产量也出现了增加的现象。因此，加热煤层有利于提高产气效率，但不利于煤层中水分的初期排采，这取决于煤层液相、气相渗透率对温度的敏感程度。

9.3　温度作用下气液两相流体渗流规律

9.3.1　温度对单相流体渗流影响

温度对气液两相渗流过程的影响，本质在于温度不仅使多孔介质的骨架产生膨胀变形，同时改变了每一相流体的渗流特性。实验过程中，获得了单相液体的渗流速度 q_w 和束缚水状态下单相气体的渗流速度 q_g，实验数据见表 9-3、表 9-4，同时得到了流体渗流速度与温度关系曲线(图 9-9)。

表 9-3　应力、孔隙压力及温度控制下的单相液体渗流速度

轴压/MPa	围压/MPa	孔隙压力/MPa	不同加热温度下的单相液体渗流速度/(10^{-3}mL/s)					
			30℃	60℃	90℃	120℃	150℃	180℃
6.0	4.0	3.0	2.36	2.97	4.01	4.58	8.18	12.85
9.0	4.0		1.84	1.80	2.48	3.74	4.97	10.37
9.0	5.0		1.47	1.57	1.78	1.51	2.77	4.83

表 9-4　不同温度下单相气体渗流速度

轴压/MPa	围压/MPa	孔隙压力/MPa	不同加热温度下的气体渗流速度/(mL/s)					
			30℃	60℃	90℃	120℃	150℃	180℃
6.0	4.0	3.0	1.50	1.80	2.23	2.04	3.06	4.27
9.0	4.0		1.13	0.90	1.04	2.40	5.00	10.00
9.0	5.0		1.54	0.75	0.75	0.93	1.96	4.14

图 9-9 为单相液体渗流速度 q_w 及束缚水下气体渗流速度 q_g 与温度关系曲线。

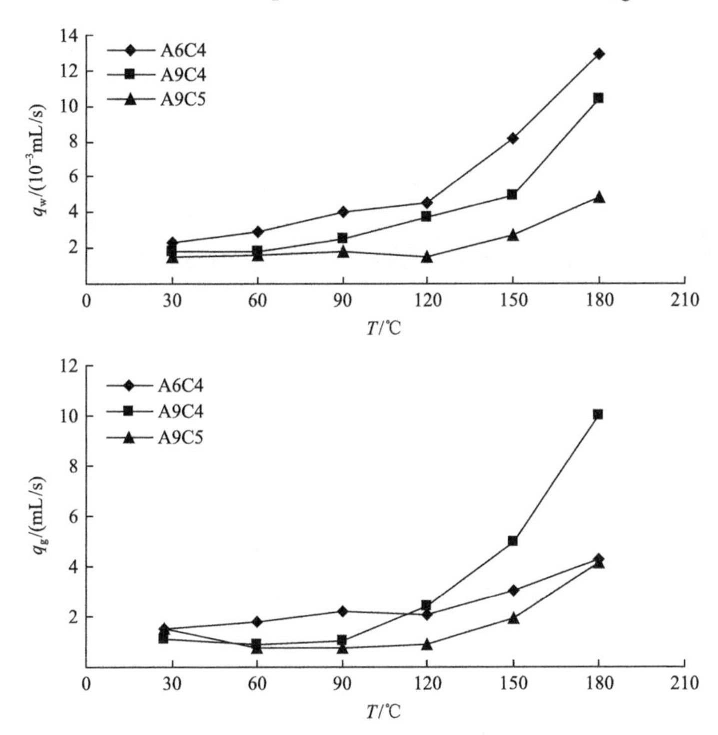

图 9-9　流体渗流速度与温度关系曲线

三种应力条件下，q_w 均随温度的升高而增加，且温度越高增速越快，从流体角度看，因为温度升高，水分子热运动越剧烈，导致流速增快。从能量的角度来看，岩石受热膨胀释放弹性能，其中一部分克服液体的黏滞性和煤体的渗透性等产生的渗流阻力，损失掉部分能量，剩余能量则转换为液体的动能，加快了渗流速度。

该煤样分别在增加围压和轴压的情况下，流速降低，应力的增加导致了煤样渗流方向上孔隙裂隙的闭合，且应力的作用大于煤样热膨胀变形的作用。因此，在高应力作用下，煤样的渗流速度是减小的。

而对于气体，则出现了与液体不同的渗流规律。轴压 6MPa、围压 4MPa，渗流速度在随温度上升过程中在 120℃时略微减小，可能是实验测量误差引起的。轴压 9MPa、围压 4MPa，轴压 9MPa、围压 5MPa 则均在温度达到 60℃时渗流速度减小，减小幅度分别为 20.35%和 51.3%，之后随温度升高速度逐渐加快。

由不同温度条件下的渗流速度，通过下式计算得到相应温度条件下水相渗透率 K_w 和束缚水状态下气相有效渗透率 K_g(mD)的值：

$$K_w = \frac{q_w \mu_w L}{A(p_1 - p_0)} \tag{9-3-1}$$

$$K_g(S_w) = \frac{2p_0 q_g \mu_g L}{A(p_1^2 - p_0^2)} \tag{9-3-2}$$

式中，q_w、q_g 为液体、气体在试件中的流速，mL/s；μ_w、μ_g 为液体、气体黏度系数，Pa·s；L 为试件长度，cm；A 为试件横截面积，cm^2；p_1、p_0 为试件进口、出口段孔隙压力，MPa。

图 9-10 为单相流体渗透率随温度变化曲线，其中液体渗透率在三种应力状态

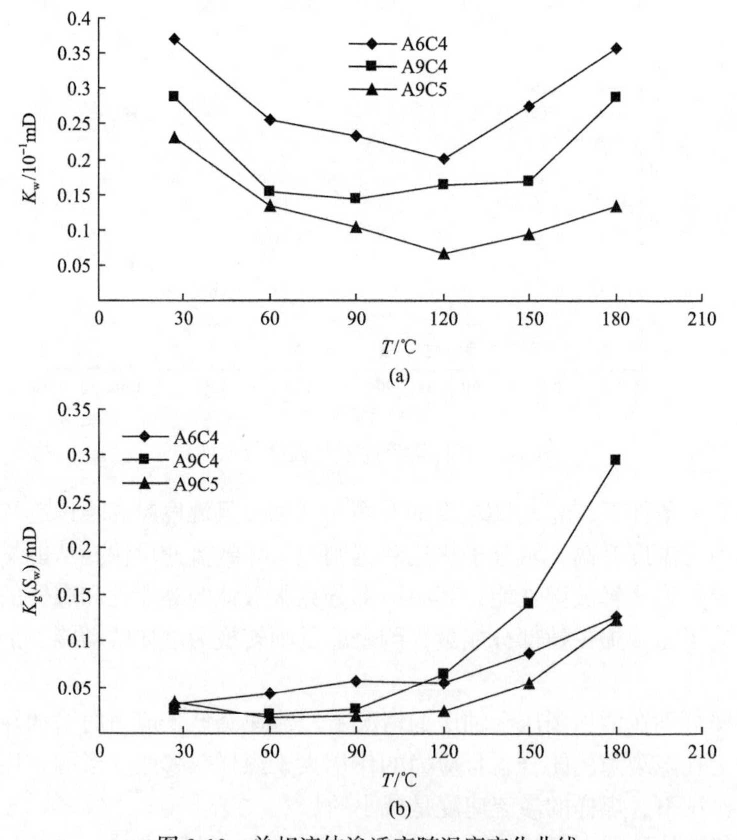

图 9-10 单相流体渗透率随温度变化曲线

下均成 V 形变化，气体渗透率除轴压 6MPa、围压 4MPa 条件下为平稳增加外，其他两种压力下出现了先略微减小后逐渐增大的变化。

在温度作用下，对渗流的影响可以归为两类：一是温度导致的流体本身物理特性的改变，如流体的黏度、密度等；二是温度对渗流的多孔介质影响，在热的作用下，多孔介质结构、强度等会发生变化(许江等，2011)。

从式(9-3-1)看出，液体渗透率变化受到黏度变化影响。黏度是流体黏滞性的一种量度，是流体流动力对其内部摩擦现象的一种表示。当温度为 30～120℃时，液体动力黏度随温度变化幅度很大，减小约 72.0%；温度在 120～180℃范围内，黏度减小趋势变缓，减小约 36.7%。显然水黏温性较差，即黏度指数较低。而对于气体，黏度随温度变化近似呈线性增长，温度由 30℃增加至 180℃，黏度只增加了 33.8%(图 9-11)。根据分子运动理论，气体的定向运动可以看成是一层层的，分子本身无规则的热运动会使分子在两层之间相互碰撞交换能量。温度升高时，分子热运动加剧，碰撞更频繁，气体黏度也就增加。但温度升高时，液体的黏度迅速下降，这是由于液体产生黏度的原因和气体完全不同，液体黏度是由于分子内聚力引起的，温度越高，分子振动加强，内聚力变小，黏度下降。

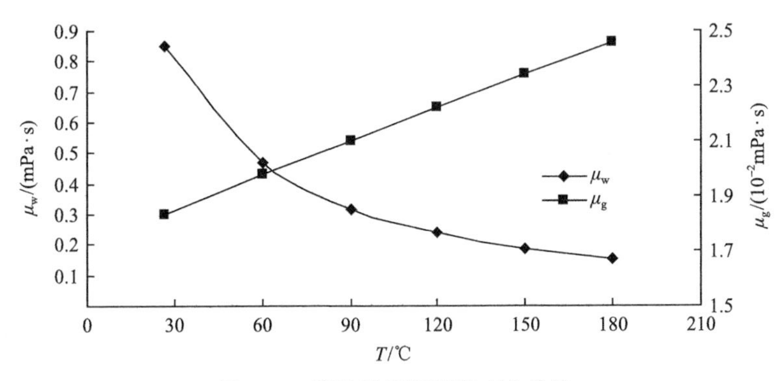

图 9-11　流体黏度随温度变化曲线

温度的增加对气体本身物理性态没有液体影响大，但多孔介质的变化在很大程度上影响了气体渗流：煤体受热发生结构的改变，影响了气体渗流通道。温度对岩石孔隙结构的影响比较复杂。温度升高使得非均质的固体颗粒差异性膨胀变形，可能导致新的微裂缝出现，或扩大原来空隙，也有可能导致原裂缝闭合，这主要取决于煤体的性质。

已有的研究表明(曲方，2007)，煤体的渗透率(气测)随温度的变化分为三个阶段，涉及的温度范围为室温(20℃)到最高温度(600℃)。在常温到 300℃的阶段，煤体的渗透率是随温度增加的，是一种波动阶段，但是波动幅度很小，煤体在热的作用下，内部水分蒸发，孔隙大小及连通情况处在调整阶段。

从实验结果来看(图 9-12)，温度在 30～180℃的变化范围内，渗透率变化又分为两个阶段：低温段(30～120℃)，该阶段温度对流体影响占主导，对比液测和气测的渗透率(图 9-10)，在该温度变化阶段，液体黏度变化显著，减小的幅度较大,而气体黏度略有增加,测量结果与黏度的变化趋势一致。高温段(120～180℃)，温度对多孔介质结构的改变成为主要影响因素。在该温度下，液体、气体黏度变化均较平缓，而渗透率的变化却有大幅度提高，说明受温度影响，煤样的孔隙裂隙发生了变化，渗流通道较低温段连通性更好，有利于流体的流动。

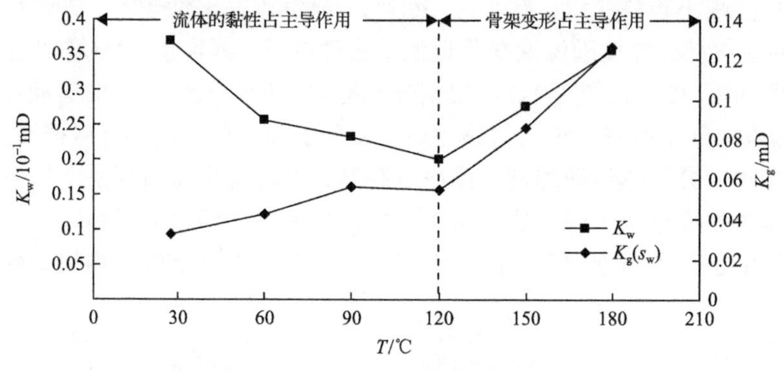

图 9-12 多孔介质渗流受温度影响阶段

9.3.2 温度对气液两相相对渗透率的影响

为了研究温度对气液两相相对渗透率的影响，选取了 5#煤样相同应力下不同温度下的相对渗透率曲线进行分析，如图 9-13 所示。

从图中可知：随着温度的升高，气液两相渗流区变宽，束缚水饱和度减小，液相相对渗透率随含水饱和度的降低而减小趋势变缓，温度越高，对气液两相相对渗透率曲线的影响逐渐减小。通过气液两相渗流机制，以及温度对产液量、气液各阶段和单相流体的影响分析可知，温度越高，裂隙壁面的液体分子振动加强，内聚力变小，黏度下降，而孔隙中的气体分子热运动加剧，碰撞更频繁，因此温度升高，有利于液体在裂隙渗流及气体的扩散，形成气液两相渗流，两相渗流区域扩大；同时，水分子在高温下所获得的热能越大，克服黏滞阻力后转化为动能就越多，越有利于煤体中液体产出，使得束缚水饱和度减小。从图 9-13 中可以看出，温度为 120～180℃时，气液两相相对渗透率随含气饱和度变化很小，在此温度下，煤体的结构受到温度的影响，制约了流体受温度影响的渗流变化。因此，加热对气驱水是有利的，但高效排水产气的温度不宜过高，应从经济效益选择合适的温度。

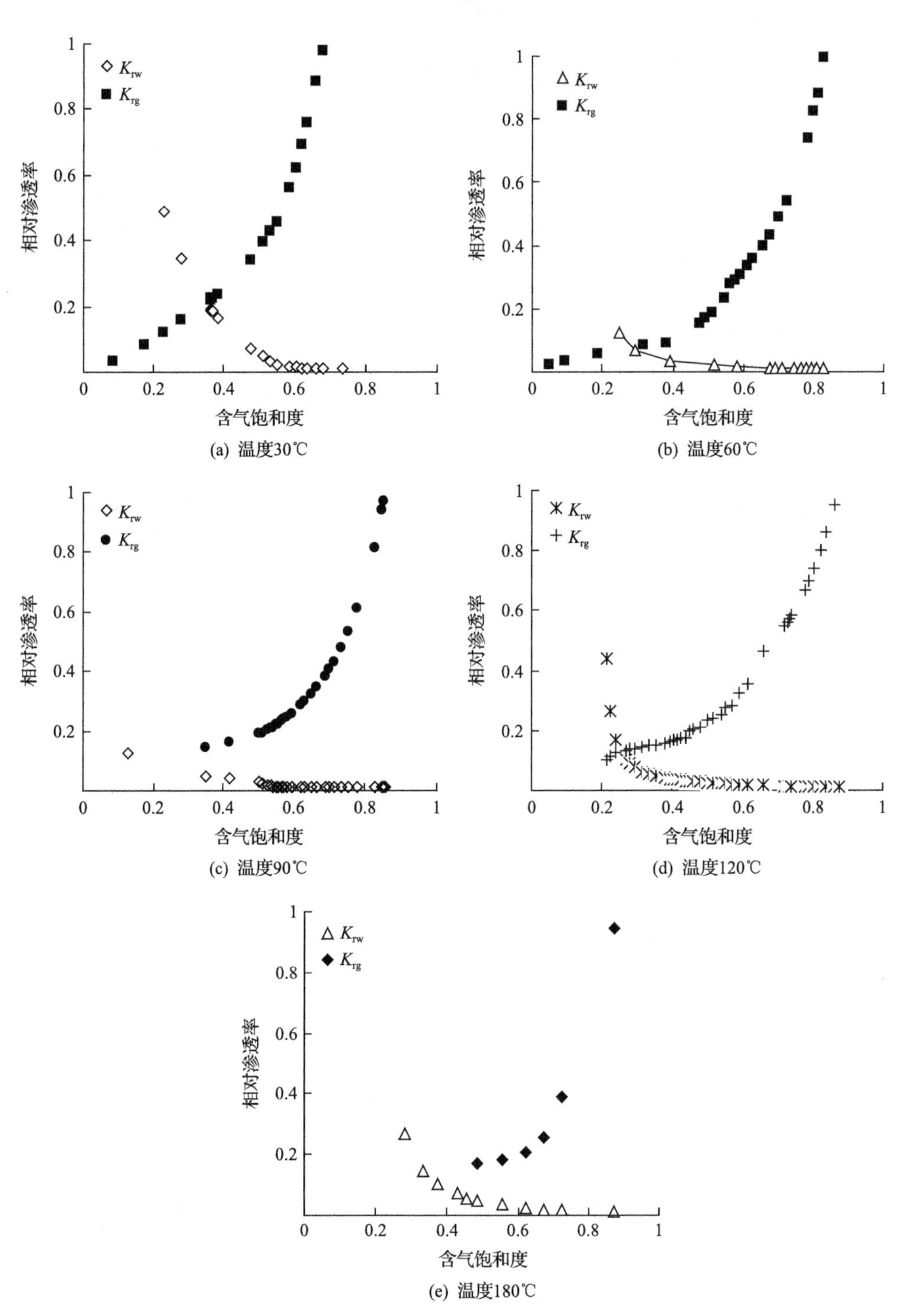

图 9-13 温度对 5#煤样相对渗透率曲线的影响

9.4 温度及应力作用下气液两相流变化规律

围压作用下单向流体渗流实验结果表明：有效应力作用下渗透率变化明显，在增加有效应力初期范围内，水渗透率、气有效渗透率均急速减小(黄远智和王恩志，2007)，损失率较大，但有效应力后期高于 5MPa 后减小趋势逐渐变缓。曲线的数学拟合表明，不同孔隙压下有效应力与渗透率基本具有较好的幂指数关系。

本章利用不同温度下三种应力组合获得的实验数据(表 9-3)，分析了温度控制下水渗透率与有效应力的关系，见图 9-14。

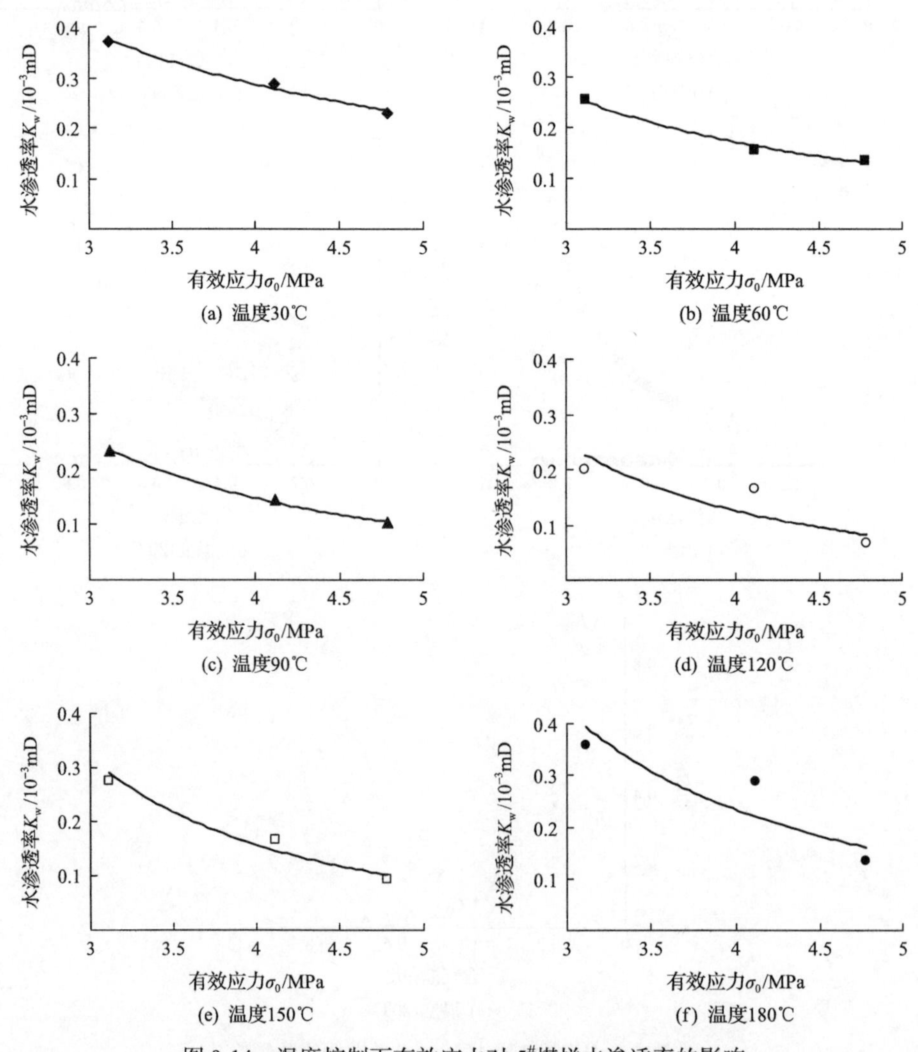

图 9-14 温度控制下有效应力对 5#煤样水渗透率的影响

从图 9-14 中可以看出，各温度下水渗透率与有效应力关系曲线仍然具有较好的幂指数关系，说明温度作用没有改变渗透率随有效应力增大而呈幂指数减小的总体规律，但相比于常温下的曲线，温度控制下的曲线下降更加平缓，即渗透率随有效应力的变化并不是常温下的迅速降低。

有效应力相同时，受热情况下的煤体水相渗透率基本高于常温下的渗透率，除了试样之间的个体差异因素以外，煤由应力作用后再受到热作用，固体骨架结构及内部的矿物组成都会发生变化，与只有应力作用的情况是不同的。

因此，经过热作用后的煤应力敏感性会下降，在注热强化煤层气开采的过程中，通过对煤储层注热而达到加热煤层的作用，在排水产气的过程中煤储层的应力状态会发生改变，而煤应力敏感性下降会使排水产气过程更加平缓，避免了传统降压开采中遇到的气体突然大量产出的情况。

9.5 气液两相产出过程温度敏感性分析

煤层气井在开采前期不断排水，随后经历气液两相流动阶段，煤储层的水相相对渗透率逐渐降低，井的产水量逐渐下降，而气相相对渗透率不断增大，产气量增加且逐渐趋于稳定。在该过程中，煤层气藏由于产出的影响导致储层压力发生变化，排采及两相流动阶段其持续时间的长短决定整个煤层气井的经济效益。

同时，注热开采煤层气中，在温度的作用下，煤层及气液两相流体的流动过程会发生改变，因此压降及排采时间也与常规的排采不同。通过实验数据分析了两相在压力降低过程的温度敏感性。

实验中，煤样两端压力始终保持恒定，入口压力 p_1 为 3MPa，出口压力 p_0 为大气压 0.101MPa，流体通过同一煤样，在压差与距离恒定的条件下，压降梯度也是恒定的。测试不同实验温度下统计气驱排水阶段至产气阶段的时间，来衡量压力降低过程对温度的敏感性。

图 9-15 统计了三种应力状态下不同温度的气驱排水至见气时间，随温度的升高，时间越短，同一温度有效应力较低，所需时间更短。为客观地反映由温度变化引起的压力降低过程，提出了温度敏感性系数。温度敏感性系数为有效应力和驱替压差保持恒定时，温度每升高 1℃所引起的煤压力降低时间的相对变化量，为

$$\alpha = \frac{\Delta t}{t} \cdot \frac{1}{\Delta T} \cdot \frac{1}{\sigma_0} \tag{9-5-1}$$

式中，α 为温度敏感性系数，$℃^{-1} \cdot MPa^{-1}$；t 为排水至见气时间的初始值，s(取温

度为 30℃时的时间值为初始值)；Δt 为时间的变化量，s；ΔT 为温度变化量，℃；σ_0 为有效应力，MPa。

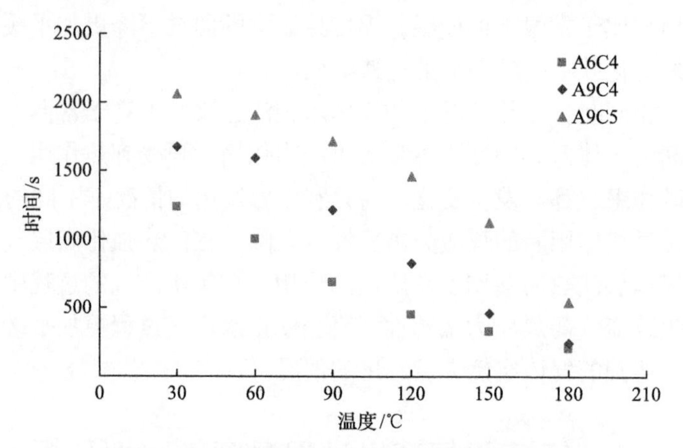

图 9-15　不同温度下压力降低所需时间曲线

由式(9-5-1)不难看出：α 值越大，说明两相流动压力降低过程对温度变化越敏感，在相同的温度变化幅度下，煤层排水见气的时间越短；反之，α 值越小，表明压力降低过程对温度变化越迟缓，在相同的温度变化幅度下，排水见气的时间越长。

对得到的温度敏感系数与温度曲线(α-T)进行拟合(图 9-16)，三条曲线均满足如下函数关系式：

$$\alpha = A\ln T - B \tag{9-5-2}$$

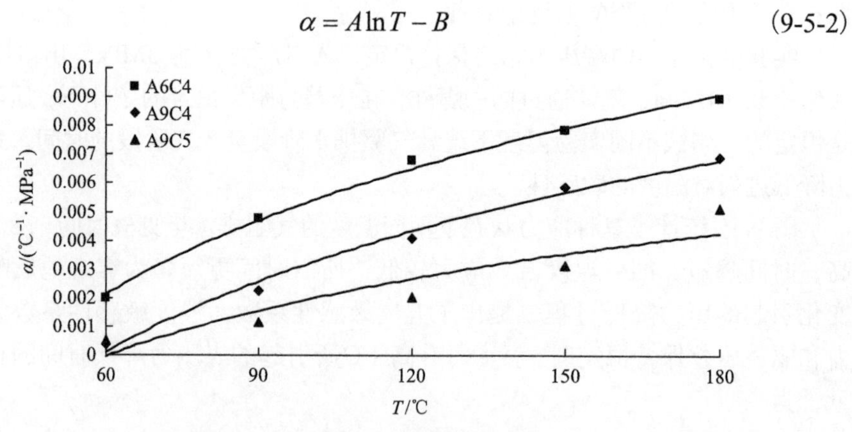

图 9-16　不同温度下敏感性系数曲线

温度敏感系数与温度较好地服从对数函数关系，A、B 为拟合系数，结果如表 9-5 所示。

表 9-5 不同条件下参数 *A*、*B* 取值

轴压/MPa	围压/MPa	*A*	*B*	相关系数 R^2
6.0	4.0	0.0063	0.0238	0.9956
9.0	4.0	0.0061	0.0249	0.9899
9.0	5.0	0.0039	0.016	0.8666

通过图 9-15 和图 9-16 及表 9-5 分析，可以看出：

(1)在煤层气排水至见气的压降过程中，显然温度越高，见气时刻越早，即有利于煤层气的产出，因而提高煤储层的温度，不仅加速了煤孔隙裂隙的气水渗流速度，加快了排水降压的过程，而且在压差与温度的双重作用下，加速了煤层中吸附状态气体解吸的过程，使煤层气的解吸—扩散—渗流过程由高势能位置向低势能位置连续进行，最终提高了煤层气的产量。

(2)温度敏感系数是温度变化对排水压力降低过程的客观反映，从拟合函数关系可以看出，在温度上升过程中，敏感系数变化是不同的，温度越高，敏感系数值变化越小，也就是说当温度升高到一定的阈值，排水降压的加速过程变缓并趋于稳定，因为在温度上升过程中煤储层的结构会在热作用下发生膨胀变形，而在应力的作用下变形的范围是有限制的，这种结构的改变并不是随温度升高持续进行的。

参 考 文 献

黄远智, 王恩志. 2007. 低渗透岩石渗透率对有效应力敏感系数的试验研究. 岩石力学与工程学报, 26(2): 410-414.

曲方. 2007. 原位状态煤体热解及力学特性的实验研究. 徐州: 中国矿业大学博士学位论文.

许江, 张丹丹, 彭守建, 等. 2011. 三轴应力条件下温度对原煤渗流特性影响的实验研究. 岩石力学与工程学报, 30(9): 1848-1854.

杨新乐, 张永利, 李全成, 等. 2008. 考虑温度影响下煤层气解吸渗流规律试验研究. 岩土工程学报, 30(2): 1811-1814.

余进, 李允. 2003. 水驱气藏气水两相渗流及其应用研究的进展. 西南石油学院学报, 25(3): 36-40.